"十二五"职业教育国家规划教材
经全国职业教育教材审定委员会审定

新编高职旅游大类精品教材

ZHONGGUO YINSHI WENHUA

中国饮食文化

（第3版）

杜莉　姚辉　郑伟　编著

旅游教育出版社
·北京·

图书在版编目（CIP）数据

中国饮食文化 / 杜莉，姚辉，郑伟编著. -- 3版
. -- 北京 ：旅游教育出版社，2022.1 （2023.7重印）
　新编高职旅游大类精品教材
　ISBN 978-7-5637-4352-0

　Ⅰ．①中… Ⅱ．①杜… ②姚… ③郑… Ⅲ．①饮食－
文化－中国－高等职业教育－教材 Ⅳ．①TS971.2

　中国版本图书馆CIP数据核字(2021)第261454号

新编高职旅游大类精品教材

中国饮食文化（第3版）

杜莉　姚辉　郑伟　编著

责任编辑	郭珍宏
出版单位	旅游教育出版社
地　址	北京市朝阳区定福庄南里1号
邮　编	100024
发行电话	（010）65778403　65728372　65767462（传真）
本社网址	www.tepcb.com
E - mail	tepfx@163.com
排版单位	北京旅教文化传播有限公司
印刷单位	北京泰锐印刷有限责任公司
经销单位	新华书店
开　本	787 毫米 × 1092 毫米　1/16
印　张	14.75
字　数	255 千字
版　次	2022 年 1 月第 3 版
印　次	2023 年 7 月第 2 次印刷
定　价	42.00 元

（图书如有装订差错请与发行部联系）

前　言

　　中国饮食文化是中华民族在长期的饮食品的生产与消费实践过程中创造并积累的物质财富和精神财富的总和。作为未来从事旅游服务或管理工作的高职院校旅游专业学生，了解我国悠久的饮食历史、民俗和饮食美学，掌握中国饮食文化的内涵，形成宣传和推销我国旅游商品的能力，并具备高尚的审美情趣，是成为一名优秀的旅游工作者的必要前提，本书即是为满足这一教学需要而编写的。

　　《中国饮食文化》是高校旅游专业的一门专业基础课教材，也可作为烹饪专业的专业基础课教学用书。本书通过介绍中国饮食的起源与发展，饮食品制作过程中的一般技术、科学、艺术，以及消费过程中所形成的基本观念、制度、习俗、礼仪、规范等内容，使学生增长知识、开阔视野，了解中国悠久的饮食历史、民俗以及包括饮食哲学、美学、养生学在内的科学思想，掌握中国饮食文化的特点及其内涵，接受中国优秀饮食文化的熏陶，形成宣传和推销中国旅游商品的能力。为此，编者将全书内容分为七章，包括中国饮食的起源与发展、中国饮食科学与人物、中国饮食民俗与礼仪、中国肴馔文化、中国筵宴文化、中国茶文化、中国酒文化，由四川旅游学院杜莉和姚辉共同编撰。其中，杜莉教授负责撰写第一、二、三、五章并统稿，姚辉教授负责撰写第四、六、七章。郑伟副教授进行了相关资料的收集、整理和资料库建设工作。此外，本书在编写过程中，还参考吸收了已有的优秀教学科研成果，在此表示谢意。

　　本教材的主要对象是高校旅游专业的学生，同时也包括烹饪专业学生和其他相关专业、饮食文化爱好者，在编撰原则上，全方位地把握和体现中国饮食文化的总体精神，力求通俗易懂、深入浅出，在吸收、借鉴已有研究成果的基础上，以培养职业能力为目标，精选内容、保证重点。作者于2005年曾编写一本《中国饮食文化》，受到广大师生、有关专家和饮食文化爱好者的好评，成为普通高等教育"十一五"国家级规划教材。然而，随着时间的推移，中国饮食文化不断发展，教材的个别内容已显陈旧，同时，有关专家、广大师生和饮食文化爱好者在使用该教材的过程中提出了许多反馈意见。为此，我们于2012年、2016年先后重新编写了《中国饮食文化》，主要做了4项工作：（1）修改了教材中原有的个别差错，更新和补充了内容，在保证教材体系完整的前提下适当增加了案例教学的比重，设计了"案例分享"，注重前瞻性和理论联系实际。（2）强调了以学生为本位的思想，模块设置上突出教学重点，"引言""学习目标""特别提示""拓展知识""思考与练习"不仅更有利于引起学生的兴趣，而且能够扩大学生的视野、学以致用。（3）增添了"教学参考建议"，有利于教学质量和效果的提高。（4）配备了相关的电子课件和试题库，增补了相关阅读资料，方便广大师生使用。该教材出版后再次受到广大师生、有关专家和饮食文化爱好者的好评，成为"十二五"职业教育国家规划教材。随着时间的推移，为紧跟时代步伐、及时反映中国饮食文化发展的状况，我们又对教材进行修订，删除陈旧、过时的内容，更新和补充新的内容，尤其是针对新冠疫情防控下饮食业和饮食消费的新要求、新情况进行了阐述。

总之，这本修订后的教材，内容更加充实，形式更加完美，能够更好地展示中国悠久而灿烂的饮食文化，实用性强，易学易懂，更加有利于广大师生和读者准确、高效地了解和掌握中国饮食文化的精髓。

编者

2022年1月

目　录

第一章　中国饮食的起源与发展

引　言

中国饮食有着悠久而辉煌的历史，从产生、发展到繁荣，经历了漫长的过程。对于中国饮食历史的分期，最具代表性的划分方法和观点有三种：一是主要以生产力水平和烹饪技艺水平作为进步的标志来分，有史前熟食、陶器烹饪、青铜器烹饪、铁器烹饪等阶段；二是以历史朝代来分，有史前时期、夏商周时期、春秋战国时期、汉魏六朝时期、唐宋时期、元明清时期等；三是以饮食发展的进程来分，有萌芽时期、形成时期、发展时期、成熟时期、繁荣时期等。这里为了更直观、更清晰地了解中国饮食发展的进程及其在整个饮食历史中的地位，采用第三种划分方法和观点。中国饮食在每个时期不论是物质方面还是精神方面都有自己独特之处，并对世界饮食产生了一定影响。因此，本章主要阐述每个时期在炊餐器具、食物原料、烹饪技法、饮食成品、饮食著述等方面的特色，以揭示中国饮食形成、发展的脉络，并反映中国饮食独有的文化内涵。

❖学习目标

1. 能了解中国饮食在各个重要历史时期的发展特点。
2. 能掌握中国饮食的未来发展趋势。

第一节　中国饮食的萌芽时期

人是离不开饮食的。自从有了人类，就有了人类的饮食。但是，只有当人类开始用火熟食，进而用陶器烹饪的时候，区别于动物单纯的饮食本能并具有文化属性的人类饮食才逐渐萌芽。中国人的饮食，也是在经历了由生食到用火熟食的过程以后，才逐渐进入萌芽时期的。

一、人类饮食的起源

（一）生食时期

人类是由古猿进化而来的。猿猴在动物界中不是最凶猛的动物，习惯于在树上居住，以杂食为生，既吃植物，也吃一些动物。早期的人类继承了这些习性，主要靠采集植物的果实、嫩叶、根茎，捕捉鸟兽虫鱼作食物，过着原始、粗陋、茹毛饮血的饮食生活。中国的先民在传说中被称为有巢氏之民，也过着同样的生活。《庄子·盗跖》言："古者禽兽多而人少，于是民皆巢居以避之。昼拾橡栗，暮栖木上，故命之曰有巢氏之民。"《礼记·礼运》则记载道：昔者先王"未有火化，食草木之实、鸟兽之肉，饮其血，茹其毛"。《古史考》也说："太古之初，人吮露精，食草木实，穴居野处。山居则食鸟兽，衣其羽皮，饮血茹毛。"

❖特别提示

长期生食不洁净的禽兽对人体健康有极大损害。

所谓茹毛饮血，是指连毛带血地生吃禽兽。毛血未净且生的动物肉不仅腥膻味重、很难咀嚼，而且人体很难消化吸收其营养成分，更糟糕的是它们常常带有各种致病菌和寄生虫，对进食之人造成极大伤害，导致各种疾病的发生甚至死亡。正如《韩非子·五蠹》所言：上古之世，"民食果、蓏、蚌、蛤，腥臊恶臭，而伤害腹胃，民多疾病"。据考古发现证明，当时的人寿命很短，许多人只活到十几岁就夭折了。

（二）用火熟食时期

1. 用火熟食时期的概貌

火，在地球上出现的时间比人类还早，但是，人类开始懂得使用火以及用来制熟食物，却经历了漫长的岁月。其时间大致可以分为自然火的利用与保存阶段、人工取火阶段。

最初的火，多是电闪雷鸣、火山爆发、岩石撞击、枯草自燃等原因引起的。居住在森林中的先民们遇到大火，就会纷纷逃出森林，一些动物因为来不及逃跑而被烧死。当大火熄灭以后，先民们回到森林，发现被烧死的动物已经毛尽肉焦，散发出阵阵香味。饥饿中的人们鼓足勇气拿来食用，却发现这些熟肉比生肉好吃得多，而且易嚼、易消化。这种现象重复了千万次以后，先民们不断摸索，终于懂得用自然火来制熟食物，开始跨入熟食时期。大约在 170 万年~180 万年前，中国先民就开始懂得利用自然火烤熟食物，到 50 万年前的北京人时期已经能够很好地管理火、长期保存火种。尽管如此，火种还是会有熄灭的时候，只能继续生食、等待下一次获得自然火。先民们不甘心完全听命于自然，经过长时间的苦苦探索，终于在距今约 5 万年至 1 万年的旧石器时代后期发明了人工取火技术。而人工取火，不仅表明人类对火这种自然力有了支配能力，更为人类熟食提供了有力的保障。

❖拓展知识

关于中国先民最早利用自然火的时间问题，主要有四种说法：一是距今 180 万年说。考古工作者在山西省芮城县西侯度文化遗址中发现了动物烧骨、带切痕的鹿角等，经古地磁断代初步测定它们距今已有180万年的历史，有学者认为这可能是中国古人类最早用火熟食的遗迹。二是距今170万年说。云南省元谋县元谋人遗址中出土了厚约3米的灰烬和哺乳动物化石、烧骨等，据古地磁断代测定，其时间距今有170万年。三是距今100万年~50万年说。在距今100万年~50万年的陕西省蓝田县蓝田人遗址中也出土了灰烬和灰屑。四是距今50万年说。在距今50万年左右的北京房山区周口店北京人遗址中，不仅有更多的灰烬和灰屑，或成堆，或为层，最厚的灰烬达6米，而且有许多烧过的骨头、石头和动物化石。综合起来，可以说，在170万年~180万年前，中国先民开始懂得用火，但是真正能够很好地管理火、长期保存火种，却是在50万年前的北京人时期。

关于中国先民人工取火的具体时间，目前还没有考古资料足以确证。据考古学家分析，在距今5万年至1万年的旧石器时代后期，中国先民已经懂得人工取火。在中国古代传说中，燧人氏钻木取火，就是这段历史的形象反映，也表达了后人对祖先伟大功绩的赞颂。《韩非子·五蠹》在叙述了生食对人体健康的损害后说："有圣人作，钻燧取火，以化腥臊，而民说之，使王天下，号之曰燧人氏。"燧，是取火用的工具，有阳燧、木燧两种。用钻子钻木，因摩擦发热而生出火星，即可取得火种，这就是钻木取火，也是人类最古老的人工取火方法。

2. 用火熟食的意义

用火熟食，不仅是一场人类生存的大革命，更是人类烹饪的起源、饮食历史的起源，是人类第一次能源革命的开端，对人类及其饮食而言，主要有三个方面的重大意义。

（1）用火熟食，标志着人类从野蛮走向文明，标志着人类饮食历史的开端。

恩格斯在《反杜林论》中说："摩擦生火在解放人类的作用上，甚至超过蒸汽机的作用。因为摩擦生火第一次使人支配了一种自然力，从而最终把人同动物分开。"他在《自然辩证法》中还认为："可以把这种发现看作是人类历史的开端。"既然如此，也可以更进一步说，摩擦生火、用火熟食应该被看作包括中国人在内的人类饮食历史的开端。

（2）用火熟食，结束了人类生食的生活状态，使人类身体素质和智力得到更迅速的提高。

人类早期的生存环境非常恶劣，常常遭受自然灾害、猛兽袭击和疾病困扰，生命不断受到各种威胁。用火熟食，不仅能够改善食物的滋味，使其味道鲜美、容易咀嚼，而且能够消灭食物中的许多致病菌和寄生虫，有利于人体消化吸收其营养成分、减少疾病，从而增强人的身体素质，促进其大脑的发育。同时，用火熟食，也在一定程度上扩大了食物来源，并且有利于贮存食物，使人类逐渐摆脱了"饥则觅食，饱则弃余"的状况。

（3）用火熟食，孕育了原始的烹饪，奠定了人类饮食史上第一次大飞跃的物质基础。

人类自从用火熟食，就意味着烹饪的起源与开始。最初，人们把食物直接放在火上进行烧、烤、烘、熏使其成熟，这被后世的一些人称为"火烹法"。后来，为了使食物成熟均匀，避免焦煳和火灰等污染，改善其风味，人们又逐渐发现并利用热传导原理，从而开始出现"包烹法""石烹法"等。所谓包烹法，是指将食物包裹上草或泥后再用火烧、烤或煨的方法；石烹法，则是将石板、石块等加热后使食物受热成熟的方法，如史称的"石上燔谷"等。可以说，用火熟食催生了多种原始烹饪方法的产生。同时，火的使用，还促进了对人类烹饪、饮食具有划时代意义的陶器的诞生，为人类饮食史的第一次大飞跃打下了坚实的物质基础。

二、中国饮食的起源与萌芽

用火熟食，也是中国烹饪的起源，同样为中国的文明饮食播下了种子。但是，仅有这些是不够的。要想使文明饮食的种子生根、发芽，还必须有人工制造的炊餐具和相对稳定的食物原料等基本条件。据考古成果表明，中国饮食的萌芽时期大约在新石器时代，即始于约公元前 6000 年，延续至公元前 2000 年左右。

（一）中国饮食萌芽的产生条件

1. 食物原料来源相对稳定

在新石器时代，人们逐渐掌握了种植谷物和养殖禽畜的技术，黄河流域及长江中下游的农业和畜牧业有了一定的发展。在谷物方面，粟、黍、稷、稻、麦等都是中国最古老的栽培作物，在中国古文化遗址中有大量发现。如粟，在距今 7000~8000 年的河南裴李岗文化遗址、在距今 8000~10 000 年的河北武安磁山文化遗址，在距今 5000~7000 多年的仰韶文化遗址等，都被发现过。而稻谷的遗存物，在中国已挖掘的新石器时代文化遗址中发现过 30 余处。其中，湖南曾发现距今 8000 年以上的稻谷遗存，浙江余姚河姆渡文化遗址发现的稻谷也有 7000 多年历史，都是世界上早期的人工栽培稻。在禽畜方面，猪、狗、鸡、牛、羊、马等先后被人工饲养，同样也大量出现在中国古文化遗址中。如在距今 8000~10 000 年的河北武安磁山文化遗址，出土过猪、狗等家畜的骨骸；在距今 5000~7000 年的仰韶文化遗址中，除了猪、狗外，还可以看出，鸡已成为家禽；在距今 6000~7000 年的河姆渡文化遗址中，可以看出，猪、狗、牛已被人工饲养。正是由于能够人工种植谷物、饲养禽畜，使得中国古人的食物原料来源开始相对稳定，为中国人文明饮食的萌芽创造了必不可少的条件。

2. 陶器的产生与使用

中国先民最初用火熟食、进行原始烹饪时没有使用炊具，而是直接在火上烧烤食物，即"炮生为熟"，或者用石头传热使食物成熟；在食用食物时也没有餐饮器具，饿了，用手抓食；渴了，用手捧水喝，正如《礼记·礼运》所言："其燔黍捭豚，污尊而抔饮。"这种饮食状况持续了很长时间，直到陶器产生、使用后才发生了根本变化。所谓陶器，是指用黏土为胎、经加工成型后用火焙烧而成的器具。在日常生活中，中国先民常用陶器作炊具、饮食器具等。由于陶器拥有远胜于石材的传热力和较高的耐火性，可以在其中加水煮熟食物，于是出现了今人所称的具有完备意义的烹饪。

《古史考》总结道："古者茹毛饮血；燧人氏钻火，始裹肉而燔之，曰'炮'；神农时食谷，加米于烧石上而食之；黄帝时有釜、甑，饮食之道始备。"意思是说，有了火，有了食物原料，有了釜、甑等炊具，可以进行真正的烹饪，制作食品的各种条件就已经具备了。由此，中国的文明饮食进入萌芽时期。

❖拓展知识

关于陶器的发明，中国古代有各种传说，如黄帝作陶、神农作陶等，但实际上，陶器是先民们在长期的实践中逐步创造出来的。他们通过无数次的实践发现，被火烧过的黏土会变成坚硬的泥块，其形状与火烧前完全一样，而且不会熔散，于是人们就试着在荆条筐的外面抹上厚厚的泥，风干后放入火堆里烧，当取出来时荆条已化为灰烬，剩下的便是形状与荆条筐相同的坚硬之物了，这就是最早的陶器，出现在新石器时代。据考古成果显示，新石器时代早期的裴李岗文化遗址、磁山文化遗址等出土的陶器都比较原始，陶质较疏松，形状较简单；到后期的龙山文化时，制陶技术明显提高，陶器生产有了很大发展。人们用陶器来盛装食物，便有了盛具和饮食器具；用陶器加热制熟食物，便产生了炊具。陶器的产生和制陶业的兴起，对中国烹饪、饮食历史具有划时代的意义。

（二）中国饮食萌芽时期的特点

在中国饮食历史上，其萌芽时期大约经历了4000多年。在这么长的时间里，中国先民已经从完全依赖自然的采集渔猎跃进到主动地征服、改造自然的活动中，开始农耕和畜牧，饮食生活发生明显的变化。

1. 炊餐器具基本齐备

陶制炊具在当时大量出现，不仅名目繁多，而且形式多样、种类齐全，有罐、釜、鼎、鬲、甑，可以烧水的陶簋，可以蒸煮食物的陶甗、陶甗等。其中，陶甑有孔，放在陶釜或陶鬲上配合使用，很像当今的笼屉。而陶甗是甑与鼎、鬲结合的连体形炊具，被一些学者看作是中国最古老的蒸锅。

陶制餐具丰富多样。据考古发现，当时的陶制餐具有碗、盘、杯、钵、壶、豆、盆、缸、瓮、簋、瓶等，多种多样，为先民的饮食生活提供了极大的方便。在这众多的陶器中有着许多精美之品，如龙山文化的彩绘蟠龙纹陶盘、彩绘陶壶、蛋壳黑陶高柄杯、双层镂孔蛋黑陶杯，大汶口文化的八角星形纹彩陶盆等，其印纹、彩绘或工整严谨，或生动流畅，令人赞叹。

2. 采集渔猎与农耕畜牧原料并用

在新石器时代，由于人们逐渐掌握了种植谷物和养殖禽畜的技术，中国的农业和畜牧业有了一定的发展，使得粟、黍、稻成为主要农作物，并种植芥菜、白菜、葫芦等蔬菜，在动物原料方面则以饲养的猪、狗为主，兼有一定量的牛、羊、鸡、马，基本上达到了"六畜"齐备。

但是，由于生产技术和各种条件的局限，要完全满足先民们的饮食需要，只依靠当时农耕和畜牧业所提供的谷蔬及肉类食物是不够的，还必须依靠采集渔猎所得。仅以动物原料为例，在新石器时代早期的一些文化遗址中发现了许多野生禽兽，有的多达数十种。如半坡文化遗址出土的猎获物就有斑鹿、水鹿、竹鼠、野兔、狸、貉、獾、羚羊等走兽，河姆渡文化遗址出土的动物遗骸不仅有走兽飞禽，如红面猴、獐、虎、貉、獾、灵猫、豪猪、穿山甲、鸬鹚、鹤、野鸡、大雁等，而且有多种水生动物，如扬子鳄、乌龟、中华鳖、蚌以及鲤、鲫、青、鲇、黄颡、裸顶鲷。这些说明当时渔猎仍然是获得食物的重要来源之一。直到新石器时代后期的一些文化遗址中，野生动物的遗骨才逐渐减少。而采集渔猎与农耕畜牧原料并用，极大地丰富了食物品种，从而奠定了中国人以粮食为主食、以蔬果和肉类为副食的饮食格局。

3. 烹饪技艺与饮食品初步发展

这一时期，烹饪技艺的初步发展表现在：食物原料开始初步加工，产生了蒸煮的烹饪方法和调味方法。

食物原料的初步加工。此时，已经有了石磨盘、石磨棒、石臼、石杵等，可以用来研磨、碾制粮食，有磨制的石刀、贝刀、骨刀以及陶刀、陶釜、俎案等，可以切割整体或大块的动物肉，这样更易于加热烹制。

蒸、煮等烹饪法的出现。在陶器出现以前，原始的烹饪是直接用火熟食，只有烧、烤、煨、熏等烹饪方法。陶器出现以后，为蒸、煮等水熟法的产生提供了条件。当时的制陶工艺表明，作为炊具的陶釜、陶鼎、陶鬲等，在制作时大多加入了比例达30%左右的沙粒、稻草末、稻壳、植物茎叶或蚌壳末等羼和料，增加了陶器的耐热急变性能，可以避免在加热时发生破裂；而它们的烧制温度，在黄河流域一般为900℃~1050℃，在长江中下游为800℃~950℃。这样制作的炊具非常适宜水煮、汽蒸，并且它们的造型也有利于蒸煮食物，于是，蒸、煮方法自然出现了。

调味方法的产生。先民们用陶制炊具烹煮食物,在长期实践中逐渐发现某些菜与某些肉混合烹煮更能产生美味,便有意识地选择使用,就出现了原始的"调羹"。但这种羹没有添加任何调味料,即"不致五味",也被称为"太羹"。这时,烹饪处于只烹不调的时期。后来,人们学会了"煮海为盐"。《世本》《说文》等书记载,是黄帝之臣夙沙氏最早煮海水取盐的。据有关学者考证,夙沙氏是山东半岛沿海部落的居民,距今有3000多年历史。人们知道盐的味道后便用它作调料,烹饪出更加鲜美可口的食品。这样,调味方法就产生了,烹饪也进入了有烹有调的时期。

由于有了一定数量和品种的食物原料,有了多种加工原料的方法,再把这些原料直接用火烧、烤、煨、熏,或放入炊具中煮、蒸、炖,并进行调味,制作出的饮食品必然数量增多、味美可口。

第二节　中国饮食的初步形成时期

自从人类开始农耕以后,农业生产就成为人们饮食的重要来源,恩格斯曾指出:"农业是整个古代世界的决定性生产部门。"农业的发展必然不同程度地促进畜牧业、手工业和商业的发展,从而使生产力以及生产技艺不断改进和提高,使人们的饮食进入新的发展时期。而农业、手工业、商业等的发展,又与社会政治、文化等因素密切相关。因此,在阐述中国饮食萌芽后各个时期的发展及其特点时,必须把当时的社会政治以及农业、畜牧业、手工业、商业等经济状况,作为重要历史背景和形成原因加以说明。

一、中国饮食初步形成时期的历史背景

从夏朝开始,中国进入奴隶社会,历经商和西周,直到战国才基本结束。在这一时期,中国的政治、经济和文化等发生了极大变化,中国饮食也随之进入初步形成时期。

1. 夏商周的建立与更替

据文献记载,随着中国原始社会的逐渐解体,聚居在黄河中下游、以禹为首的夏部族,通过与其他部族联盟,在公元前21世纪左右建立了中国历史上第一个奴隶制王朝——夏朝。公元前17世纪,夏朝末代君王桀荒淫无道、失去民心,契的后代商汤乘机灭夏,建立商朝,进入有文字记载的历史。商经过多次迁徙,于公元前14世纪定都于殷(今河南安阳)并长期定居下来,生产、生活相对稳定,逐渐成为当时世界上强盛而文明的大国。公元前11世纪,商朝末代君王纣暴虐无道,周武王伐纣灭商,建立周朝,通过分封制和井田制等一系列制度的实行,使社会全面发展,进入奴隶社会的鼎盛时期。但是到公元前771年,周幽王因昏庸无能而被杀,继任者周平王被迫东迁,周实力大为削弱,全国处于分裂割据状态,奴隶社会走向衰落。历史上把平王东迁以前称为

西周，东迁以后则称为东周，东周又细分为春秋、战国两个时期。

2. 夏商周的农业

为了巩固和加强统治，夏商周的统治者都十分重视农业生产，强迫大批奴隶进行农业耕作，使农业生产有了很大的发展。《论语·泰伯》和《国语·周语》中说禹"尽力乎沟洫"，大力治水，不仅减少洪灾，而且引水灌溉农田，以至"养物丰民人"。商朝时，农业生产已经成为社会生产的主要部门，甲骨文大量记载了当时的农事活动，卜辞中经常出现"受年""受黍年""受稻年"等词句。商王不仅亲自视察田作、进行农业祭祀活动，还常令臣下监督农耕，使得农业生产已经能够提供较多的剩余产品，而当时的酿酒、嗜酒之风也从侧面反映了农业生产的发达。西周时，周天子每年要在春天举行"籍礼"，亲自下地犁田，劝民务农。春秋战国时期，各国为了富国强兵、称霸天下，更加重视农业，齐国宰相管仲在《管子》中就说："农事胜则入粟多""入粟多则国富"。这些都大大促进了农业生产的发展。

此外，农业生产的进步也使得畜牧业有了快速发展。仅以商朝为例，后世所称的"六畜"即在商朝已经具备，不仅为人所食用，而且还用于祭祀。食品中的馐字从羊，豚字从豕，说明羊、豕（猪）等已经成为商朝人的普遍食物，祭祀所用的牺牲中有太牢、少牢之分，而一次祭祀常用数百头，由此可见畜牧业的高度发展。

❖拓展知识

"六畜"，是马、牛、羊、豕（猪）、犬（狗）、鸡等六种家畜家禽的合称。中国古代帝王祭祀社稷时常用牛、羊、豕等作为祭祀品，即牺牲。因这些牺牲在行祭前需先饲养于牢中，又称为"牢"。根据祭祀者身份、地位和祭祀对象不同，所用牺牲的搭配种类与规格也不同，有太牢、少牢之分。"太牢"，又作"大牢"，指牛、羊、豕三牲全备，用于天子祭祀社稷之时。"少牢"，只有羊、豕，没有牛，用于诸侯祭祀之时。《礼记·王制》："天子社稷皆太牢，诸侯社稷皆少牢。"

3. 夏商周的手工业

随着农业的发展以及生产部门的进一步分工，手工业也有了新的发展，呈现出分工和技术日趋精细、品种不断增多的特点。最具代表性的是青铜器的冶炼和铸造。在文献中有禹铸九鼎、后启命人在昆吾铸鼎的记载。《左传·宣公三年》言："昔夏之方有德也，远方图物，贡金九牧，铸鼎象物，百物而为之备。"郑州牛寨的龙山文化晚期遗址中出土过一块炼铜坩埚残块，属于铜、锡合金的青铜遗存，登封王城岗一带也出土了青铜残片，因此学者认为，夏朝已经从石器时代进入了青铜器时代。青铜主要是铜与锡的合金，具有硬度高、经久耐用的特点，很快得到较普遍的使用，尤其作为贵重金属广泛用于贵族饮食烹饪之中。商周时期，青铜器的制造已经达到炉火纯青的境界。如商朝的司母戊大方鼎，高 137 厘米，长 110 厘米，宽 77 厘米，重 875 千克，鼎身和四足皆为整体铸造，无论体积、形状，还是制作工艺，都可以看出当时青铜铸造技艺的高超与精良。

4. 夏商周的商业

随着农业、畜牧业和手工业的发展，剩余产品逐渐增多，便开始互相交换，进而产生和兴起了商业贸易，出现了市场。《易·系辞下》言：神农氏作，"日中为市，致天下之民，聚天下之货，交易而退，各得其所"。商朝时除了以物易物外，还开始使用玉、贝作为货币。西周时，商业已有很大发展，出现了商贾这个阶层，他们有自己的组织，受管理市场的官吏控制，在指定的市场进行交易，《周礼》对此有所记载。到春秋战国时，又进一步出现了官商和私商，并且在大梁、邯郸、临淄、郢、蓟等城市形成了著名的商业中心，商业日益繁荣。

农业和畜牧业的逐渐发达、兴旺，为人们提供了丰富的食物原料，手工业和商业的日趋兴盛、繁荣，为提高烹饪技艺、产生饮食市场等创造了条件，尤其是青铜器的出现及其在烹饪饮食中的使用，在中国饮食历史上具有划时代的意义，不仅象征着中国饮馔器具进入金属时代，也促进了中国烹饪技术的发展和提高，从而推动中国饮食进入初步形成时期。

二、中国饮食初步形成时期的特点

中国饮食的初步形成时期基本上始于公元前 21 世纪，止于公元前 221 年，属于夏、商、西周和春秋战国时期，几乎与中国奴隶社会的产生、发展与衰亡相始终。在这一时期，不仅在炊餐器具、食物原料、饮食品制作等物质财富的创造上有了新的变化，更引人注目的是在饮食思想与理论、饮食制度与礼仪等精神财富上的创造性变化，主要表现出以下特点。

（一）炊餐器具种类多样

1. 青铜炊餐具种类繁多

在夏商周时期，人们用青铜铸造各种各样的炊具和餐具。属于炊具的，已经有青铜的鼎、鬲、镬、釜、甑、甗等；属于切割器或取食器的，有青铜的刀、俎、匕、箸、勺等；属于盛食器的，有青铜的簋、豆、盘、敦、簠等；属于盛酒器的，有尊、壶、罍、方彝等；属于饮酒器的，有爵、角、觚、斗、舟、觯、杯、觥、卣等。它们形制多样，纹饰各异，品种繁多。其中，青铜鼎在当时最为盛行，也最具寓意。此外，还值得一提的是用于冷藏的青铜"鉴"，在湖北随州曾侯乙墓中曾经出土，呈方形，高 50 余厘米，纹饰精美，内外两层，夹层可放冰以便冷藏食品。

❖特别提示

鼎在商周时期有严格的使用制度。

鼎是青铜器的主要类型之一，在商周时期不仅是炊餐具，而且是礼器，被奴隶主当作身份、地位和权力的标志与象征。鼎的种类多样，按形状分，主要有圆鼎、方鼎和分裆鼎（也叫鬲鼎）等三种；按用途分，有专门供烹饪用的镬鼎（简称镬），有供席间陈设用的升鼎（又称正鼎），有准备加餐用的羞鼎（又称陪鼎）等。商周时期，社会等级森严，统治者为了维护这种等级关系，便根据地位、等级的不同规定在宴飨或祭祀活动中使用不同的器物及其组合、数量，这种不同组合和数量的器物是身份、地位的标志，称为礼器。鼎就是十分重要的礼器，有严格的使用制度。按照制度规定，在宴飨时，天子用九鼎，诸侯用七鼎，大夫用五鼎，士用三鼎。通常而言，与盛肉的鼎相配的是用于盛饭食的簋，其数量也有规定，即九鼎配八簋，七鼎配六簋，五鼎配四簋，三鼎配二簋。这种用鼎制度出现于西周，到春秋时仍然在沿用，但是由于周王朝势力衰落，势力强盛的各诸侯国贵族已经竞相僭越。

2.其他质地的炊餐具层出不穷

在这一时期，青铜器主要供上层贵族使用，平民百姓仍然大量使用陶器。不过，人们在陶器的制作中不断改进、提高，采用不同的原料，利用高温烧制技术、施釉技术，逐渐制作出质地精致的白陶器，进而在商朝中期创制出原始瓷器。这种原始瓷器是以高岭土为原料，用1200℃以上的高温烧制而成的，坚硬耐用，表面有釉，比较光洁美观，很受欢迎。到西周时，原始瓷器的生产已遍及黄河与长江中下游地区，餐饮器具有尊、钵、豆、簋、碗、盘、瓮等。此外，还拥有以玉石、牙骨、竹木为材料制作的餐饮器具。在河南安阳殷墟妇好墓出土了玉壶、玉簋、玉盘、玉匕、玉勺、象牙杯，在曾侯乙墓出土了漆耳杯、漆食具盒、漆豆、漆尊等，形制精美，色泽雅丽，皆为珍品。

（二）食物原料以种植、养殖为主并迅速增加

1.食物原料以种植、养殖为主

夏商周时期，随着农业和畜牧业的高度发展，种植、养殖所提供的产品已经成为主要的食物来源，品种稳定而丰富，到周朝时已经是五谷、五菜、五果、六禽、六畜齐备。据《周礼》《仪礼》《诗经》等典籍记载，当时的谷物有黍、稷、菽、麦、稻、粟、麻等；蔬菜有瓜、瓠、葵、韭、芹、芥、藕、芋、蒲、莼、莱菔、菌等；果品有桃、李、枣、榛、栗、枸、杏、梨、橘、柚、桑葚、山楂等；家禽家畜有马、牛、羊、犬、豕、鸡、鹅、骆驼等。此外，由于狩猎和捕捞工具的改进，对野生动植物的利用也更进一步。熊鹿鹑雉、鱼虾鳖蟹、草蒲藻藿等，已经普遍食用。

2. 优质原料和系列调料开始涌现

在丰富的食物原料中，人们逐渐发现了其中的优质品种，并且有意识地加以总结、运用。《吕氏春秋·本味篇》就列举了商周时期中国各地的优质原料，肉类佳品有猩猩之唇、烤獾獾鸟、隽燕尾、大象鼻等，鱼中佳品有洞庭湖的鳙鱼、东海的鲕鱼、醴水的朱鳖等，菜中佳品有昆仑之苹、阳华之芸、云梦之芹等，饭中佳品有玄山之禾、不周之粟等，果中佳品有江浦之橘、云梦之柚等，调料佳品有阳补之姜、招摇之桂、大夏之盐等。

其实，当时的调味料不仅有一些优质品，更重要的是形成了众多的系列，在文献中时常出现"五味"一词。以五味的系列而言，常用咸味调料有盐、醢、酱、豆豉；酸味调料有梅、醯（即醋）等；甜味调料有蜂蜜、饴糖、蔗浆等；辛香味调料有花椒、姜、桂、蓼、襄荷、蒜、薤及芥酱、酒等；苦味调料在调味时可以使菜肴滋味更丰厚，已被人们认可，只是还没有出现常用的品种。

（三）烹饪工艺形成初步格局

在夏商周时期，人们不再是简单地制作饮食品，而是从选料、切配，到加热、调味以及造型、装盘等各个环节都十分考究，形成了烹饪工艺的初步格局，为后世烹饪工艺的精细发展奠定了基础。

在选料上，当时已逐渐严格，注意按时令和卫生要求等选择原料。《周礼·天官·冢宰》中要求掌管渔猎的官吏应当按时节供应相应的食物原料，如"兽人，冬献狼，夏献麋，春秋献兽物"，鳖人"春献鳖蜃，秋献龟鱼"。《论语》则说："不时不食。"即不合时令就不吃。《礼记》在《曲礼》和《内则》两篇中详细记载了祭祀时供祖先和鬼神食用的动植物原料要求，叙述了原料质地的鉴别方法、卫生要求和具体的选用方法，如"不食雏鳖，狼去肠，狗去肾，狸去正脊，兔去尻，狐去首，豚去脑，鱼去乙，鳖去丑"等。

在切配上，刀工日益精湛，注意分档取料和按需切割；配菜日趋合理，注意按季节和原料的性味搭配。大约从周朝起，人们已能根据礼仪和烹饪需要，对动物原料进行"七体"（即脊、两肩、两拍、两髀）、"九体"等分割，实行分档取料，然后再切块、片、丝、丁等。《庖丁解牛》的有关描述，虽为寓言，实际上反映了当时刀工技艺的精湛。《礼记》则详细记载了动植物原料的相互搭配以及不同季节下的搭配等，如"羊宜黍，豕宜稷，犬宜粱"；"脍，春用葱，秋用芥；豚，春用韭，秋用蓼"。

在加热、调味上，烹饪方法有所增加，调味理论逐渐产生。这时，人们已经能够灵活地运用文火、武火，并且在改进烧、烤、煨、熏等直接用火和水煮、汽蒸等水熟法的基础上，创新出油熟法和物熟法两类烹饪方法，如熬、煎、炸、菹、渍、网油、包烤等。河南新郑一座春秋古墓出土的"王子婴次卢"，便以实物证明了春秋时期已有煎、炸法和相应的专用炊具。而关于调味，《周礼》《礼记》《孟子》《吕氏春秋》等有大量论述，主要是强调按季节调味和五味调和，重在本味。

此外，在造型、装盘上也有一定要求，《周礼》《礼记》《仪礼》中有关于食品与器皿配合的礼仪制度，《管子》则记有雕卵，即雕刻的蛋，表明食品雕刻至此已经开始。

（四）饮食品分类细化，呈现出明显的地区特征

据文献记载，当时的饮食品已经分为食、饮、膳、馐、珍，或饭、膳、饮、酒、馐等类别，每一类别下又有许多品种。如食或饭类有黍、稷、粱、菰、菽、麦、稻、粟等，饮类有水、浆、醴等，酒类有事酒、清酒、昔酒等，膳类有牛、羊、豕的炙、脍以及雉、兔、鹑等，馐类有鸡、鱼、犬、兔制作的羹和蜗醢、濡豚、濡鸡、濡鳖、麋腥以及各种果品等。如此众多的饮食品丰富了人们的饮食生活，其中以君王最为突出。《周礼》载，当时供君王的饮食，"食用六谷，膳用六牲，饮用六清，羞用百有二十品，珍用八物，酱用百有二十瓮"。品种众多、分类细致的饮食品逐渐显现出地区特征。其中，周朝宫中的八珍和楚国宫中的名食便是中国北方与南方地区各自最具代表性的品种。

❖拓展知识

周朝宫中的八珍，简称周代八珍，见于大量记载了中原以及北方饮食的典籍《礼记》，包括淳熬、淳毋、炮豚、炮牂、捣珍、渍、熬、肝膋八种，原料多用猪、牛、羊、狗，味道以咸味为主，代表了中国北方黄河流域的饮食风味。楚宫名食见于大量记载了中国南方饮食的《楚辞》之中，菜肴有牛腱、吴羹、炮羔、酸鹄（天鹅）、隽凫（野鸭）、煎鸿（大雁）、露鸡、蜜饵以及带苦味的狗肉、酸味的蒌蒿、炙鸹（乌鸦）等，原料多用各种飞禽，味道除咸味以外，更增酸、甜、苦，代表了中国南方长江中下游的饮食风味。它们这种显著的地区特征，表明中国饮食的南北风味开始分野，经过后世的传承、强化，便形成了中国南北不同的饮食风味流派。

（五）饮食市场雏形出现

饮食市场的出现是在普通的"市"出现之后。据文献资料表明，商朝的都邑市场上已经开始有饮食店铺，出售酒肉饭食，有饮食品的经营者、专业厨师与服务员。当时，朝歌屠牛、孟津市粥、宋城酤酒、齐鲁市脯等，都是很有影响的饮食品经营活动。商朝名相伊尹曾经是一名厨师，有资料还说他当过"酒保"，即酒店的服务员。姜太公吕尚也曾在都城朝歌和重要城市孟津干过屠宰和卖饮之事，谯周《古史考》记载道：吕尚"屠牛于朝歌，卖饮于孟津"。到了西周时期，商业发展较快，为满足来往客商的饮食需要，饮食市场有了极大的发展，甚至在都邑之间出现了供人饮食与住宿用的综合性店铺。《周礼·地官·司徒·遗人》言："凡国野之道，十里有庐，庐有饮食。"发展到春

秋战国之时，各种饮食店铺不断增多，专业厨师的烹饪技艺不断提高。《韩非子·外储说》载："宋人有酤酒者，升概甚平，遇客甚谨，为酒甚美，悬帜甚高著，然不售。"即宋国有一个卖酒的人，称量酒的时候很公平，接待顾客很恭谨，酿的酒风味很美，高挂酒旗以招揽顾客，却仍然没有把酒卖出去。这说明当时的饮食店铺已经比较多，竞争较为激烈，经营者为了生存，必须提供优质的食品和服务。而饮食店铺的增多，同样也促使专业厨师的烹饪技艺不断提高。俞儿、易牙、专诸等人都当过专业厨师，有很高的烹饪技艺，而易牙甚至因善于调味受到齐桓公的宠爱。《淮南子·精神训》言："桓公甘易牙之和。"

（六）饮食著述开始问世

自有文字记载的商朝开始到春秋战国时期，有关饮食的各种著述就不断问世。这些著述虽然不是专门记载和论述饮食烹饪的，却广泛涉及饮食烹饪的许多方面，为后世的饮食文化发展打下了坚实的理论基础。

从内容来看，这一时期的饮食著述大致有三个类型：一是涉及烹饪技术的著述。主要有《吕氏春秋》，该书的《本味篇》首创了中国烹饪的"本味"之说，是世界上最早的、较完整的烹饪技术理论著述。二是涉及饮食养生的著述。主要有《黄帝内经》，从饮食营养与人体健康的角度阐述了饮食养生等问题。三是综合性的著述。包括儒家的十三经，也包括《楚辞》和其他先秦诸子的著述，如《老子》《韩非子》等，记载和论述了饮食制度、饮食礼仪和人们的日常饮食生活和宴会情形等。

❖拓展知识

《吕氏春秋》，又名《吕览》，是战国末年（公元前239年前后）秦国丞相吕不韦集合门客共同编撰的一部杂家代表性著作。全书二十六卷，内分十二纪、八览、六论，共一百六十篇。内容以儒、道思想为主，兼及名、法、墨、农及阴阳家言。其中的《本味篇》主要记载了伊尹用烹饪至味谏说商汤的故事，首创中国烹饪的"本味"之说，指出"凡味之本，水最为始。五味三材，九沸九变，火为之纪"，并说"调和之事，必以甘酸苦辛咸，先后多少，其齐甚微"，详细阐述了用水、用火、调和等与肴馔烹饪成败的关系，是世界上最早的、较完整的烹饪技术理论著述。此外，《本味篇》还记载了当时各地的优质原料、调味料与美食等。

《黄帝内经》，是中国现存最早的医学理论著述，大约成书于战国时期。该书也从饮食营养与人体健康的角度阐述了饮食养生等问题，指出"饮食为生人之本"，合理的饮食不仅能够促进人体健康、延年益寿，而且能够疗疾治病；主张食饮有节、膳食全面而均衡，提出通过"五谷为养，五果为助，五畜为益，五菜为充"的饮食结构来"补精益气"等观点。

儒家十三经，是指十三部儒家经典，包括《诗经》《尚书》《易经》《周礼》《仪礼》《礼记》《左传》《春秋公羊传》《春秋谷梁传》《论语》《孝经》《尔雅》《孟子》。其中，《周礼》《仪礼》《礼记》又称为"三礼"，大量记载和论述饮食制度、饮食礼仪、烹饪工艺规范和烹饪技术理论等，《周礼》提出的"医食相通"宫廷饮食制度一直延续至元代；《仪礼》中提出的乡饮酒礼、燕礼等筵宴上的礼仪，《礼记》提出的选料、切配、加热、调味等烹饪工艺规范和技术理论，一直影响至今。《诗经》大量记载和描述商周时期人们的日常食品、宴会等饮食生活，如《诗经》的《大雅·韩奕》和《小雅·宾之初筵》描写了贵族宴会上佳肴美酒当前、歌舞射箭助兴、其乐融融的场面。

第三节 中国饮食的蓬勃发展时期

一、中国饮食蓬勃发展时期的历史背景

我国从秦朝开始到汉朝进入中国封建社会第一个高峰，随后经历魏晋南北朝的长时间分裂，到隋朝重新统一，继之，唐宋成为封建社会的第二个高峰。在这一时期，受政治、经济和文化等高速发展的影响，中国饮食进入蓬勃发展时期。

（一）秦汉至唐宋的建立与更替

公元前221年，秦始皇统一中国，建立起专制的中央集权的封建国家，采取郡县制和统一文字、货币、度量衡等措施，促进了社会进步，但同时又焚书坑儒、横征暴敛，最终被汉朝取代。汉朝统治者实行"休养生息"的政策，通过"文景之治"，到汉武帝时出现了繁荣局面。但是，汉朝末年，由于政治腐败黑暗，自然灾害和战争连年不断，出现魏、蜀、吴三国鼎立局面，直到公元265年西晋建立，于公元280年统一中国。不久，西晋灭亡，重新分裂：在江南出现了东晋，很快又经历了宋、齐、梁、陈四个朝代，史称南朝；在北方则有五胡十六国及其后的北魏、东魏、西魏、北齐、北周等，史称北朝。公元581年，杨坚废北周，建立隋朝，统一全国，但其子杨广荒淫奢侈、穷兵黩武。公元618年隋朝被唐朝取代。

唐朝初年，唐太宗实行均田制、租庸调法和科举取士等措施，使其国力迅速强大，社会经济空前繁荣，成为世界强国之一。但是，"安史之乱"以后，唐朝逐渐走向衰落，到公元907年最终灭亡，我国历史进入五代十国时期。公元960年，宋灭北周进而统一了全国，进一步加强中央集权，采取主客户契约制、轻徭薄赋、改良器具等措施，使社会经济再度繁荣起来。但是，宋朝先后与北方的辽、西夏、金、元对峙，屡遭败绩，公元1127年宋徽宗被金人掳走，北宋灭亡。宋高宗南渡，偏安一隅，建立南宋，又于公元1279年被元所灭。

（二）秦汉至唐宋的农业

汉朝十分重视农业，不仅大兴水利，开凿众多沟渠，形成灌溉网，而且积极推广铁农具、牛耕和其他新农业生产技术，使农作物总产量大大提高，全国上下府库充盈。《史记·平准书》载，汉武帝时，"非遇水旱之灾，民则人给家足，都鄙廪庾皆满，而府库余货财"，"太仓之粟，陈陈相因，充溢露积于外，至腐败不可食"。魏晋南北朝时，南方相对稳定，北方农民不断南迁，带来了北方先进的农业生产工具和技术，使南方水田面积扩大，稻谷产量高于黍、麦，以至"一岁或稔，则数郡忘饥"（《宋书·孔季恭传》）。唐朝时，农业生产工具继续改进，出现了水车、筒车灌溉，耕地面积大幅增加，粮食积累异常丰富，仅天宝八年，政府仓储的粮食就有约一万万石。《元次山集·问进士》称："开元、天宝之中，耕者益力，四海之内，高山绝壑，耒耜亦满，人家粮储皆及数岁。"杜甫在《忆昔》中描述说："忆昔开元全盛日，小邑犹藏万家室。稻米流脂粟米白，公私仓廪俱丰实。"到了宋朝，宋太宗曾下诏，令江南官吏劝民在种稻时杂植粟、麦、黍、豆，令江北诸州郡广种粳稻，后来又在江南广泛种植从越南传入的抗旱力强、成熟较快的占城稻，并且精耕细作，使农作物品种增加，品质和产量都得到很大提高。《宋会要稿·食货》记载南宋初年的江南，"乡民所种稻田，十分内七八分并是早占米，只有三二分布种大禾"。而一些地方土地肥沃，改种占城稻后每年可以收获两次，因此有谚语称："苏湖熟，天下足。"

此外，这一时期，畜牧业也有一定的发展。汉朝时，已引入驴、骡、骆驼的饲养技术，并且开始大规模的陂池养鱼。到了唐朝，在鲩、青、鲢、鳙等鱼的混养技术上取得突破，使动物原料的品种得以丰富，产量有所提高。

（三）秦汉至唐宋的手工业

秦汉至唐宋时期，手工业得到全面发展。在与饮食密切相关的手工业中，铁器的冶炼与铸造、漆器和瓷器的制作、盐和酒的生产等，都取得了令人瞩目的成就。

铁的冶炼开始于战国时期，到秦汉时已经在手工业中占有重要地位，冶铁技术较为成熟，铁器的种类、数量和质量都大大增加。《汉书·禹贡传》载：当时"吏卒徒攻山取铜铁，一岁功十万以上"。在河南巩义市发现的冶铁遗址规模极大，冶铁炉、熔炉、煅炉有20座；而河南南阳冶铁遗址出土的一口大铁锅直径达两米，说明其生产技术很先进。汉武帝以后，铁被大量用于制作兵器和日常生活器具。

漆器的生产在秦汉时最具特色，不仅分工精细，有素工、髹工、上工、铜耳黄涂工、画工、雕工、清工、造工等十几种，而且工艺精湛。长沙马王堆汉墓出土的漆器有180多件，色泽光亮，造型精美。魏晋南北朝时，漆器的生产工艺仍在发展，但产量不断下降。而此时，瓷器的制作技术却逐渐成熟，产量日益增大，使其到唐朝时有了质的飞跃。考古发现，景德镇胜梅亭出土的唐朝白瓷，其瓷胎白度达70%，接近现代细瓷水平。宋代时，瓷器产量激增，制作技术和规模大幅提高，很快在整个手工业中占据突出地位。当时，烧造瓷器的窑户遍布全国各地，最著名的有河北的定窑、河南的汝窑、处州的龙泉窑、江西景德镇窑等，所造瓷器数量多、各有特点，不仅供国人使用，而且远销海外。

（四）秦汉至唐宋的商业

尽管从汉朝开始，统治者就采取重农抑商的政策，但农业和手工业的高度发展，加上交通的日益发达和对外交流，也带动了商业的发展与繁荣。《史记》载，汉朝时全国已形成若干经济区域及相应的大都会。其中，首都长安是全国最繁华、最富庶的城市，在其九市中有全国乃至国外的货物出售。同时，开始了对外贸易，西部有丝绸之路，东南有海上贸易，往来较为频繁。到了唐朝，交通十分发达，商业空前繁荣。在国内，以长安为中心，形成了向四方辐射的驿道交通网络。《通典·历代盛衰户口》载，"东至宋、汴，西至岐州，夹路列店肆待客，酒馔丰溢"，"南诣荆、襄，北至太原、范阳，西至蜀川、凉府，皆有店肆，以供商旅"。面向国外，陆路有北、中、南三条路通往中亚和印度，水路则航海远至东南亚地区和日本等。各种贸易快速发展，长安成为世界上规模最大、最繁华的城市，其商业区布满邸店、商肆，聚居着波斯、大食以及其他许多国家的商人。宋朝时，商业更加繁荣。各地农村普遍出现了定期集市——草市、墟市，城市的商业贸易则突破了唐及唐以前实行的坊（住宅区）与市、昼与夜的界限，市场十分活跃。《东京梦华录》记载北宋都城汴京时说："八荒争凑，万国咸通。集四海之珍奇，皆归市易；会寰区之异味，悉在庖厨。"

在中国封建社会全面发展、欣欣向荣的历史背景下，中国的饮食必然进入蓬勃发展时期。

二、中国饮食蓬勃发展时期的特点

中国饮食的蓬勃发展时期基本上始于公元前 221 年建立的秦朝，历经汉、魏、晋、南北朝和唐朝，止于公元 1279 年的宋朝。在这一时期，中国饮食的各个方面都有了巨大发展。

（一）能源与炊餐具出现新突破

1. 能源新突破

能源的新突破表现为用煤作燃料。中国是世界上最早用煤作燃料的国家。秦汉之时，人们已经用煤来炼铁。在河南南阳、巩义市西汉炼铁遗址中出土的炼铁燃料有原煤和煤饼，这是现在所见的中国历史上最早用煤的遗存。用煤烹饪食物始于汉末魏晋之际，《续汉书·郡国志》注引《豫章记》言："（建成）县有葛乡，有石炭（即煤）二顷，可燃以爨。"到南北朝时，人们认识到煤具有燃烧火力足、火势旺的优点，并较容易运输，于是在北方家庭中盛行用煤来烹饪。唐朝时，煤的使用已在全国范围内普及，不仅直接用于烹饪，还通过进一步加工后使用，如金刚炭、"黑太阳"都是合成炭，后者类似于当今的蜂窝煤。到了宋朝，煤已成为制熟食物不可缺少的燃料，有取代价格较贵的木炭之势。

❖特别提示

中国古人总结出不同燃料的特性和使用规律。

从秦汉时期以后，人们不仅逐渐开始用煤作燃料来烹饪食物，而且依然把杂草、树木、木炭等作为制熟食物的主要燃料，并且在长期的使用过程中逐渐总结出了这些燃料的不同特性和一些使用规律。如认为杂草质地柔软、松散，燃烧容易、火势猛，但难以持久，适宜快速煎炒菜肴等。桑树等树木质地坚硬，相对不易快速燃烧，但火力最烈而且持久，特别适宜炖煮质地老韧的食物，有"枯桑煮龟烂"之说。柏树、樟树等燃烧后有特殊的香味，常作为烟熏料用于熏制腊肉、香肠、鸭子等，如四川著名的樟茶鸭子就是用香樟树叶和茶叶混合后熏制而成的。

2. 炊餐具新突破

炊具的新突破主要表现在铁制炊具的使用。秦汉以后，由于炼铁技术的提高，炼铁铸造收归国家经营，铁器已普遍用于人们生活的各个方面，铁制炊具在数量、质量上都有很大提高，已经广泛用于饮食烹饪之中。铁釜、铁镬、铁锅（南方多为生铁耳锅，北方多为熟铁炒勺）等都具有耐高温、传热快的特点，与火力足、火势旺的煤一起烹饪食物，形成了新的优势，为烹饪工艺的进一步发展提供了新的契机。除了铁器之外，还使用铜制、陶制等炊具。如魏晋时出现的"五熟釜"就是铜炊具，分五格，可以同时烹煮多种食物。

餐具的新突破则主要表现在漆器和瓷器的使用上。漆制餐具主要用于秦汉时期的富贵之家，品种和式样都很多，有时还要镶嵌金玉。长沙马王堆汉墓出土的漆制餐饮器具就有壶、卮、耳杯、盘、案、几、箸等。瓷器是到唐宋时期，才逐渐普及到人们日常生活之中的。瓷制餐具不仅数量、品种多，而且还出现了许多名品。如南方越窑的青瓷类冰、类玉，北方邢窑的白瓷类银、类雪，杜甫称四川大邑的白瓷碗胜过霜雪，"扣如哀玉锦城传"。而最值得称道的是秘色瓷器，其形优美，其质温润，其色青绿或淡黄，陆龟蒙在《秘色越器》中描绘说："九秋风露越窑开，夺得千峰翠色来。"

（二）食物原料来源更加丰富

在这一时期，食物原料除了来源于农业、畜牧业和部分的采集渔猎以外，其重要途径是新技术条件下的新原料开发和新原料的引进。

从汉朝开始，人们就利用各种技术培育和创制新的食物原料。据《汉书·召信臣传》记载："太官园种冬生葱韭菜茹，覆以屋庑，昼夜燃蕴火，待温气乃生。"说明汉朝已开始利用温室栽培蔬菜，使韭芽等在冬季的暖房中生长出来，超越了自然时令。至迟到宋代，已经出现了割韭后将韭的根及鳞茎培土软化的黄化蔬菜——韭黄。又据史料和出土文物可知，大豆的重要加工制品豆腐也出现在汉朝。《本草纲目》"豆腐"条的集解说："豆腐之法，始于汉淮南王刘安。"河南密县出土的汉朝画像砖中有"豆腐作坊"的画像，而豆腐的发明对中国和世界饮食都有巨大的贡献。

新原料的大量引进也始于汉朝。张骞出使西域以后，中外交流有了很大发展，从国外引进了许多食物原料，有苜蓿、葡萄、石榴、大蒜、黄瓜、胡荽、胡桃、胡葱、胡豆，还有西瓜、南瓜、芸薹、海枣、海芋、莴苣、菠菜、丝瓜、茄子、占城稻等。它们中的大部分很快在饮食烹饪中得到广泛运用，成为常用品种，大大地丰富了中国的食物原料。

（三）烹饪工艺不断发展创新

1. 烹饪环节分工细化

秦汉以后，烹饪劳动日趋精细，在汉朝时便出现了烹饪环节的两大分工。一是炉、案分工。四川德阳出土的东汉庖厨画像砖上画着厨师烹饪劳动的情形，有人专事切配加工，有人专事加热烹调，炉、案分工非常明显。二是红案、白案的分工。《汉书·百官公卿表》中明确记载，"汤官主饼饵，导官主择米，庖人主宰割"。山东省博物馆陈列的两个汉朝厨夫俑，一个是治鱼的，一个是和面的，各司其职，相当于现在的红案厨师与白案厨师。而从山东诸城前凉台村汉墓出土的"庖厨图"画像石更可以看出烹饪规模巨大和分工精细。

2. 烹饪技艺不断创新

烹饪工艺环节日益精细的分工，有利于厨师集中精力，专攻一行，使得中国烹饪技艺在各个方面都有快速发展与创新。在选料上，不仅按季节、品质选料，而且注重按烹饪方法的需要选择。如《齐民要术》载，"炙豚"要选用乳猪，"饼炙"（煎鱼饼）最好用白鱼。唐朝的《膳夫经手录》说，脍莫先于鲫鱼，鳊、鲂、鲷、鲈次之。在切配上，刀工技术大幅提高，既有薄如纸的片、细如发的丝，也有柳叶形、象眼块、对翻蛱蝶、雪花片、凤眼片等众多刀工刀法名称；配菜注重清配清、浓配浓以及荤素搭配、色彩搭配等。在加热上，由于铁器的使用，出现了许多高温快速成菜的油熟法，最典型、最具特色的是炒、爆法。在调味方面，不少人"善均五味"，创制出了许多复合味型，甚至在宋朝创制出方便调料"一了百当"。《事林广记》记载道，它是用甜酱、醿糟、麻油、盐、川椒、茴香、胡椒等熬后炒制而成，可放入器皿中随时供烹饪之用，"料足味全，甚便行馔"。

（四）特色菜点大量涌现

随着食物原料的丰富和烹饪技艺的创新发展，产生了难以计数的美味佳肴，而最突出、最令人瞩目的是涌现出包括食品雕刻在内的众多花色菜点。

食品雕刻起源于春秋战国时的雕卵，到隋唐之时有了极大发展，用料范围不断扩大。唐朝韦巨源的《烧尾宴食单》中就载有两款食雕菜点，一款是用酥酪雕刻的"玉露团"，一款是在鸡蛋和油脂上雕刻后再加其他原料制作的"御黄王母饭"。宋朝时，食品雕刻技艺更高、范围更广，成为筵席中的一种时尚。据周密《武林旧事》载，南宋张俊宴请高宗的筵席上有"雕花蜜煎"，共12道菜，用料已扩大到梅子、竹笋、木瓜、金橘、蜜姜等蜜饯食品，造型有植物的花叶和动物形象，生动逼真。

至于其他花色菜点，有的是组合拼盘，有的是象形菜点，有时甚至用模具拓印而成，设计新颖，造型美观，而且常有美称。唐朝韦巨源的《烧尾宴食单》载有数款，如有用木模拓印的"八方寒食饼"、造型为蓬莱仙人的"素蒸音声部"，还有"花形、馅料各异"的生进二十四节气馄饨等。而最精美绝妙的是女尼梵正制作的"辋川小样"。宋朝陶谷的《清异录》载，它是以鲈脍、脯、盐、酱、瓜蔬等为原料，按照诗人王维的《辋川图二十景》拼装而成，每客一盘一景，二十盘合拼则成一大型风景拼盘，充分显示出精湛的烹饪技艺和多彩的艺术魅力。

（五）饮食市场逐渐兴盛

汉朝时，随着农业、手工业和商业的发展，城市逐渐扩大，饮食市场也逐渐兴旺起来。汉朝桓宽在《盐铁论·散不足》中描绘道："熟食遍列，肴施成市。"到南北朝，饮食市场上网点设置已相对集中，出现了少数民族经营的酒肆。据《洛阳伽蓝记》等史料载，在北魏的洛阳，东市的通商、达货二里之人专以"屠贩为生"；西市的延酤、治殇二里之人"多酿酒为业"。一些来自西域的少数民族在中原经营饮食店铺，出现了"胡姬年十五，春日独当垆"的景象。

从隋唐到两宋，尤其是宋朝突破了坊（住宅区）与市、昼与夜的界限后，饮食市场迅速发展。从《东京梦华录》《梦粱录》《武林旧事》等史料可以看出，当时的饮食市场具有三大特点：一是经营档次齐全，网点星罗棋布。如北宋开封，从城内的御街到城外的八个关厢，处处店铺林立，形成了二十余个饮食市场。其中，既有大型的酒楼"正店"，也有中小型的酒店如"分茶""脚店"，还有微型的饭馆和流动食摊，遍布城市各个角落，形成一个饮食网，满足各种档次的饮食需求。二是经营方式多样灵活，昼夜兼营。宋朝的饮食市场，有综合经营的酒楼如"正店"，有分类经营的面店、酒馆、茶肆等，还有专营小吃的食店、食摊，经营方式十分灵活，而且没有昼夜限制，夜市开至三更，五更时早市又开张。三是服务周到，分工精细。当时的都城中已出现了上门服务、承办筵席的"四司六局"，还出现了专门为水上游览者备办饮食的"餐船"和技艺精绝、身价极高、专门为富贵之家烹饪菜点的厨娘。

❖拓展知识

四司六局，是宋朝时官方或带官方性质的为筵宴服务的专门机构，因由帐设司、茶酒司、厨司、台盘司等4个司和果子局、蜜煎局、菜蔬局、油烛局、香药局、排办局等6个局组成而得名。它们各自分工细致、各司其职。"帐设司"负责宴会厅的陈设和布置；"茶酒司"（又称"宾客司"）负责接待宾客，供应茶水以及席中的酌酒、上菜；"厨司"负责菜品制作；"台盘司"负责筵席所用的餐具及其清洗。"果子局"负责筹办时鲜水果及南北京果；"蜜煎局"负责供应蜜饯；"菜蔬局"负责时鲜蔬菜；"油烛局"负责灯火照明；"香药局"负责提供一些醒酒的香药、汤、饼；"排办局"负责桌椅及洒扫擦抹之事。官府的春宴、乡会、鹿鸣宴、文武官试中所设的同乡宴，以及圣节满散的祝寿公筵，富豪士庶的吉筵凶席等，皆可请四司六局操办，服务周到，不必操心。

（六）饮食著述迅速增多

这一时期，出现了专门的饮食典籍，饮食著述的数量迅速增多，论述也较为详细、全面。

饮食典籍是指专门记载和论述饮食烹饪之事的典籍，主要包括论述烹饪技术理论与实践的食经、食谱和茶经、酒谱。在食经、食谱方面，魏晋南北朝时有《崔氏食经》《食馔次第法》《四时御食经》等书；隋唐时期，大量饮食典籍如《砍脍书》《食典》等已失传，只有杨晔《膳夫经手录》、段文昌《邹平公食宪章》、韦巨源《烧尾宴食单》还部分地保存下来；到宋朝，完整保存至今的有吴氏浦江《中馈录》、林洪《山家清供》、陈达叟《本心斋蔬食谱》等。在茶经方面，唐朝时出现了世界上最早的茶书，即陆羽《茶经》，接着有张又新《煎茶水记》、温庭筠《采茶录》等茶书。宋朝时，著名的茶书有蔡襄《茶录》、宋徽宗《大观茶论》、熊蕃《宣和北苑贡茶录》。此外，酒谱有宋朝窦苹《酒谱》、朱翼中《北山酒经》、何剡《酒尔雅》等，但数量不多。

饮食文献是指涉及饮食烹饪的各种文献，主要包括史书、野史笔记、方志、农业和医学典籍、诗词文赋等，内容十分丰富。其中，从《史记》《汉书》到《宋史》等历代官修的正史，其地理志、食货志、礼乐志和人物列传记载了各地物产、习俗、饮食礼仪、肴馔名称和人们的饮食生活。而由个人私下撰写的野史笔记，如晋朝葛洪《西京杂记》、周处《风土记》，南朝宗懔《荆楚岁时记》，唐朝段成式《酉阳杂俎》等，也较多地记载了饮食烹饪之事。农业典籍主要涉及食物原料和饮食品的加工制作，著名的有崔实《四民月令》、贾思勰《齐民要术》等。医学典籍主要涉及食疗营养，有孙思邈《备急千金药方·食治》（即《千金食治》）、孟诜《食疗本草》、陈直《养老奉亲书》等。其中，《千金食治》明确提出了食治养生的观点。在诗词文赋方面，汉朝扬雄、枚乘和晋朝左思、张华、郭璞等人的赋，唐朝杜甫、李白、韩愈、白居易、元稹、卢仝等人的诗，宋朝欧阳修、苏轼、陆游、范成大等人的诗词，都生动、形象地描绘和记载了当时的饮食烹饪。

❖拓展知识

北魏贾思勰的《齐民要术》是中国完整保存至今的最早的古农书。据作者序中所言，该书内容"起自耕农，终于醯醢，资生之业，靡不毕书"，因此，既可以说这是部古农书，也可说是一部饮食烹饪典籍。全书九十二篇，分为十卷。其中，第六十四至八十九篇主要阐述酿造、食品加工和烹饪操作技术与知识，尤其是比较系统地总结和记载了北魏以前以黄河流域为主的烹饪技术状况，对后人研究中国烹饪历史和技术发展、演变有重要作用。

唐朝陆羽的《茶经》是世界上第一部论述茶叶的科学著作。该书三卷，主要论述茶的形状、品质、产地、采制烹饮方法和用具等，是唐朝和唐朝以前有关茶叶的科学知识与实践经验的系统总结，流传广泛，直至海外。

在秦汉至唐宋时期，饮食诗文中流传广泛而深远的是唐朝卢仝的《走笔谢孟谏议寄新茶》。此诗言：饮茶时，"一碗喉吻润，二碗破孤闷。三碗搜枯肠，唯有文字五千卷。四碗发轻汗，平生不平事，尽向毛孔散。五碗肌骨清，六碗通仙灵。七碗吃不得也，唯觉两腋习习清风生"。诗歌形象、简洁地描绘了饮茶的感受，被后人简称为"七碗茶"诗，在如今的许多茶楼里仍然可以欣赏到。

第四节　中国饮食的成熟定型时期

一、中国饮食成熟定型时期的历史背景

元明清三朝，是中国封建社会的后期，清朝中期进入了封建社会的第三个高峰。在这一时期，中国社会的政治、经济和文化都有极大变化，而这些变化促使中国饮食进入成熟定型时期。

1. 元明清的建立与更替

公元 1206 年，铁木真创立蒙古汗国。1271 年，忽必烈改国号为元，1279 年元统一中国。在这一过程中，蒙古贵族不得不放弃落后的游牧经济及其剥削方式，采取恢复农业生产、发展经济的措施，成为当时世界上最强大、最富庶的国家。但是，由于元朝统治建立在残酷的阶级和民族压迫基础之上，致使民族矛盾、阶级矛盾不断激化，最终在 1368 年被明朝取代。明朝初年，统治者在政治上极力加强皇权，在经济上鼓励垦荒屯田、减轻赋税、扶持工商，使社会稳定，经济得到恢复和发展，在明朝中期出现资本主

义萌芽。然而，明朝后期，由于皇帝昏庸、党争激烈和贵族地主大肆兼并土地，致使李自成领导的农民起义军于1644年攻入北京，明朝灭亡。而这时，由满洲贵族建立的清则乘机入关，随后统一全国。清朝统治者为了维护和巩固统治，从康熙起，采取了一系列安定社会、发展经济的措施，出现了"康乾盛世"。但是，嘉庆以后，清朝迅速衰落，不断遭受外强侵略，特别是1840年的鸦片战争使中国沦为半殖民地半封建社会，清朝最终在1912年灭亡。

2. 元明清的农业

元朝初年，受战争和落后的游牧经济等影响，北方农业受到严重破坏。元世祖忽必烈开始重视农业生产，指出要"使百姓安业力农"（《元史·世祖纪》），设立劝农司、司农司等农业管理机构，大力提倡垦殖；颁行《农桑辑要》，推广先进的生产技术；保护劳动力和耕地，限制将农民沦为奴隶，禁止霸占民田改为牧场等。这些措施使农业有所恢复和发展，《农桑辑要》称："民间垦辟种艺之业，增前数倍。"明朝开国皇帝朱元璋深知"农为国本，百需皆其所生"（《明太祖洪武实录》），颁布了鼓励农民垦荒种田的诏令，使得粮食总产量提高，仓储丰裕。《明史·赋役志》言："是时宇内富庶，赋入盈羡，米粟自输京师数百万石外，府县仓廪蓄积甚丰，至红腐不可食。"明朝中期，农业生产水平进一步提高，闽浙有双季稻，岭南有三季稻，并且引进了番薯等新农作物，使农作物的品种和数量增加。清朝初年，满族统治者采取武装镇压、收夺土地等民族压迫政策，使社会经济遭到严重破坏，《清世祖实录》载，即使在当时的直隶也是"极目荒凉"。从康熙以来，面对持续不断的民众反抗，统治者只得下令停止部分地区的圈地，采取相应措施，促使农业生产得以恢复和发展，主要表现在耕地面积和粮食总产量的大幅增长。到雍正年间，耕地面积已超过明朝的数量，江南、湖广、四川等地稻米产量和粮食总产量都比较高，而高产作物番薯等广泛种植，以至在浙江宁波、温州等地出现"民食之半"（即番薯成为日常食物）。

3. 元明清的手工业

农业生产的恢复和发展，也使得手工业恢复和发展。元朝时，江西景德镇成功地创制出青花、釉里红等新型瓷器，使瓷器在生产工艺、釉色、造型和装饰等方面有了很大提高。明朝时，手工业脱离农业独立发展的趋势更加显著，许多生产技术和生产水平已超过前朝。景德镇成为当时的瓷都，官窑有59座，民窑已超过900座，所制的青花瓷器品种丰富、数量众多并且畅销海内外。在一些城市的手工业部门中还出现了资本主义萌芽。到了清朝，在农村到处是与农业紧密结合的家庭手工业，而在城市和集镇则遍布各种手工业作坊，如磨坊、油坊、酒坊、瓷器坊、糖坊等，生产水平和生产率都比明朝有所提高，产品、产量和品种更加丰富，北京的景泰蓝、江西的瓷器、福建的茶、四川和贵州的酒等都成为举世公认的名品。清初受到摧残的资本主义萌芽也在清朝中期以后有了复苏和发展。

4. 元明清的商业

全国的统一，农业和手工业的发展，海运和漕运的沟通，纸币交钞的发行，促进了元朝商业的繁荣。京城大都，号称"人烟百万"，有米市、铁市、马牛市、骆驼市、珠子市、沙剌（即珊瑚）市等，商品数量和品种极多。《马可·波罗游记》言：大都"有物输入之众，有如川流不息，仅丝一项，每月入城者计有千车"，为商业繁盛之城也。泉州是对外贸易的商港，各种进出口商品都在这里集散和起运，政府甚至在此设市舶都转运司，"官自具船给本，选人入番贸易诸货"（《元史·食货志》）。明朝时，粮食、油料、铁器、瓷器等逐渐成为重要商品，较多地用于贸易。如景德镇的瓷器"东际海，西被蜀，无所不至""穷荒绝域之所市者殆无虚日"（王宗沐《江西省大志》）。永乐年间，北京成为全国最大的商业城市，江南和运河两岸许多城市的商业也很发达。全国出现了更多的商人，其中徽商人数最多、最为知名。到清朝，商品生产的发展促进了各地商业的繁荣。康雍乾时期，许多城市都恢复了明朝后期的繁盛，而南京、广州、佛山、汉口等还有更大的发展。《皇朝经世文编》载，汉口"地当孔道，云贵、川陕、粤西、湖南处处相通，本省湖河，帆樯相属，粮食之行，不舍昼夜"。此外，对外贸易也更加频繁，在嘉庆以前，中国在国际贸易中始终保持领先地位。当时，全国最富有、最著名的商人是山西的票商、江南的盐商和广东的行商。

农业、手工业的发展，商业的繁荣，必然促进中国饮食的全面发展，最终使其进入成熟定型时期。

二、中国饮食成熟定型时期的特点

中国饮食的成熟定型时期基本上贯穿元明清三个朝代。在这一时期，中国饮食的各个方面都取得了极大成就。

（一）餐饮器具精美绝伦

元明清时期的餐饮器具精美绝伦，主要体现在陶瓷和金属两大类餐饮器具上。

元明清三朝是中国瓷器的繁荣与鼎盛时期。景德镇成功地创烧出釉下彩的青花、釉里红以及属于颜色釉的卵白釉、铜红釉、钴蓝釉，发展成为全国的制瓷中心，所制餐饮器具品种众多、造型独特新颖。如明朝永乐、宣德时的压手杯，口沿外撇，拿在手中正好将拇指和食指稳稳压住，小巧精致；清朝康熙时的金钟杯如同一只倒置的小铜钟，笠式碗好像倒放的笠帽；乾隆时流行的牛头尊，形似牛头，绘满百鹿，又称百鹿尊。瓷制餐具在装饰上更是丰富多彩，主要以山水人物、动植物及与宗教有关的八仙、八宝、吉祥物为题材绘制图案，也流行绘写吉祥文字、梵文、波斯文、阿拉伯文等。如明朝成化时的鸡缸杯"各式不一，皆描绘精工，点色深浅莹洁而质坚，鸡缸上面画牡丹，下面画子母鸡，跃跃欲动"（高江村《成窑鸡缸杯歌注》）。此外，这一时期，金属餐饮器具在数量和质量上有很大提高。仅以金银器为例，其造型和装饰都非常考究。如清朝御用的酒具云龙纹葫芦式金执壶，采用浮雕装饰手法，花纹凸出且密布壶面，纹饰以祥云、游龙为主，显得高贵豪华且富丽堂皇。而孔府保存至今的一套满汉全席银制餐具更是空前精美。

❖拓展知识

孔府保存至今的满汉全席银制餐具，全称为"满汉宴·银质点铜锡仿古象形水火餐具"，是清朝皇帝将女儿下嫁给孔子第 72 代孙孔宪培时赏赐而来，由小餐具、水餐具、火餐具及点心全盒组成，共 404 件，主要用于孔府最高规格的满汉全席，上菜 196 套。这套餐具造型独具匠心，主要有两大类型：一是仿照古青铜器时代饮食器具的形状，如鼎、豆、簋等形状；二是根据食物原料的形象，有鱼、鸭、鹿、桃等食品形状。同时，餐具的装饰采用翡翠、玛瑙、珊瑚等珠宝来镶嵌，并且餐具外刻有花卉、图案和诗词、祝福文字等。可以说，整套餐具是文化、艺术、历史与文明的结晶。

（二）食物原料十分广博

元明清时期，食物原料不断增多，到清末已经达 2000 余种，凡是可食之物都用来烹饪，形成了用料广博的局面。

1. 新原料的开发与引进

人们通过两个途径进行新原料的开发：一是继续发现和利用新的野生动植物品种。以植物为例，明朝朱橚在《救荒本草》中记录的野生植物可食品高达 414 种，虽然其目的是用来解饥荒之苦，但客观上却扩大了食物原料的范围，丰富了品种。二是继续利用不断提高的各种技术培育和创制新品种。如豆腐在明朝时已经发展成一个家族，除大豆豆腐外，还有仙人草汁入米中制成的绿色豆腐，薜荔果汁加胭脂制成的红色豆腐，橡栗、蕨根磨粉制成的黄色豆腐、黑色豆腐，色彩斑斓，好看、好吃，营养和食疗价值也很高。此外，在元明清时期，中国还从国外大量引进了新的食物原料，如番薯、番茄、辣椒、吕宋杞果、洋葱、马铃薯，等等。其中，对中国饮食影响最大的是辣椒。它进入中国后很快在南部和西部广泛种植，并且培育出新品种，既作蔬菜，也作调味料，尤其是川、滇、黔、湘更是大量和巧妙使用辣椒，使当地烹饪发生了划时代的变化。

❖拓展知识

辣椒，又称番椒、海椒、秦椒等，原产于南美洲的秘鲁，在墨西哥被驯化为栽培种，15 世纪传入欧洲，16 世纪末即明代后期开始传入中国，最初被当作花卉，后来才逐渐用作调味料。辣椒在我国最早记载见于明代高濂著述。其《草花谱》（1591 年）载："番椒，丛生，白花，子俨（似）秃笔头。味辣，色红，（甚）可观，子种。"明代汤显祖在万历二十六年（公元 1598 年）完成的《牡丹亭》中列举有"辣椒花"。到徐光启《农政全书》才指出了辣椒的食用价值："番椒，又名秦椒，白花，子如秃笔头，色红鲜可爱，味甚辣。"清代康熙年间，辣椒既用于观赏也开始用作辣味原料。清代陈淏子于康熙二十七年（公元 1688 年）撰写出版的《花镜》卷五"花草类考·番椒"言："番椒，一名海疯藤，俗名辣茄……其味最辣，人多采用。研极细，冬月取以代胡椒。"朱彝尊在《食宪鸿秘》中正式将它列为 36 种香料之一。乾隆年间刊行的农书《授时通考》（公元 1742 年）在蔬菜部分收录了辣椒。从清代开始，我国的华南、华中、西南和西北等地均大量种植辣椒，并培育出许多新品种供烹饪食用。

2. 已有原料的巧妙利用

人们通过三种途径对已有原料进行巧妙利用：一是一物多用，即将一种或一类原料通过运用不同的烹饪技法制作出多种多样的菜点。比如，人们分别用猪、牛、羊为主要原料，制作出有数十乃至上百款菜肴的全猪席、全牛席、全羊席。清朝的《调鼎集》记载了以猪蹄为主料制作的 20 余款菜肴。二是综合利用，即将多种原料组合在一起烹制出更加丰富的菜点。如把粮食与果蔬花卉、禽畜水产及一些中药配合在一起，制作出品类多样的饭粥面点等，清朝黄云鹄《粥谱》记的粥品达 247 种。三是废物利用，即将烹饪加工过程中出现的某些废弃之物回收起来重新制成菜点。如豆渣，本是废弃之物，但清朝王士雄《随息居饮食谱》载当时人用它"炒食，名雪花菜"，四川人则用它制作出名菜"豆渣烘猪头"。

（三）烹饪工艺拥有较完善的体系

元明清时期，菜点的制作技术及其工艺环节都发展出较为完善的体系。在面点制作上，面团的制作，按水温可以分为冷水、热水、沸水面团，而发酵面团按发酵方法可以分为酵汁法、酒酵法、酵面法等面团；面点的成型技术分为擀、切、搓、抻、包、裹、捏、卷、模压、刀削等，据《素食说略》载，清朝的抻面已经可以拉成三棱形、中空形、细线形等；而面点的成熟方法，不仅常用煮、蒸、炸、煎、烤、烙等方法，而且出现多种方法综合运用的趋势，清朝扬州的"伊府面"就是将面条先微煮、晾干后油炸，再用高汤煨制而成。

在菜肴制作上，切割、配菜、烹饪、调味、装盘等技术及其环节都形成了较为完善的体系，但最具代表性的是烹饪方法。这一时期，烹饪方法已经发展为三大类型：一是直接用火熟食的方法，如烤、炙、烘、熏、火煨等；二是利用介质传热的方法，其中又分为水熟法（包括蒸、煮、炖、汆、卤、煲、冲、汤煨等）、油熟法（包括炒、爆、炸、煎、贴、淋、泼等）和物熟法（包括盐焗、沙炒、泥裹等）；三是通过化学反应制熟食物的方法，如泡、渍、醉、糟、腌、酱等。在这三大类烹饪法中，每一种具体的烹饪法下面还派生出许多方法，如同母子一般，人们习惯上把前者称为母法，后者称为子法，有的子法还达到相当数量。如炒法，到清朝时已派生出了生炒、熟炒、生熟炒、爆炒、小炒、酱炒、葱炒、干炒、单拌炒、杂炒等十余种。到清朝末年，烹饪方法的"母法"已超过50种，"子法"则达数百种。

（四）地方风味流派形成稳定格局

到清朝时，中国各地形成了许多格局比较稳定的地方风味流派。其中，最具代表性的有全国政治、经济、文化中心北京的京味菜，中国重要经济中心上海的上海菜，黄河流域的山东风味菜，长江流域的四川风味菜，珠江流域的广东风味菜，江淮流域的江苏风味菜。它们对清朝以后的中国饮食烹饪有着深远的影响。当今闻名世界、习惯上称为"四大菜系"的川菜、鲁菜、粤菜、苏菜，就是在清朝形成的稳定的地方风味流派基础上进一步发展起来的。

❖特别提示

地方风味流派的形成不是一蹴而就的，而是长时期自然与人文因素共同作用的结果。

早在周朝时期，中国的北方和南方由于地理、气候、物产和政治、经济、习俗等方面的不同，在饮食风味上就逐渐产生了区别，周朝八珍和楚宫名食就比较典型地代表了北方菜肴与南方菜肴不同的特点，开始了中国饮食南北地区风味的分野。秦汉以后，区域性地方风味食品的区别更加明显，南北各主要地方风味流派先后出现雏形。进入唐宋时期，各地的饮食烹饪快速而均衡地发展，据孟元老的《东京梦华录》等书记载，在两宋的京城已经有了北食、南食和川食等地方风味流派的名称和区别。到清朝中晚期，由于东西南北各地的烹饪技术全面提高，加上长期受地理、气候、物产和政治、经济、习俗等因素差异的持续影响，全国的主要地方风味相继形成了稳定格局。清末徐珂在《清稗类钞·饮食类》中大致描述了当时四方的口味爱好："北人嗜葱蒜，滇、黔、湘、蜀人嗜辛辣品，粤人嗜淡食，苏人嗜糖。"他还客观地记录了他所了解的地方风味发展状况，指出："肴馔之有特色者，为京师、山东、四川、广东、福建、江宁（即南京）、苏州、镇江、扬州、淮安。"

（五）饮食市场持续兴盛

随着商业的发展和城市的增加，饮食市场也持续繁荣和兴盛。专业化饮食行业异彩纷呈，综合性饮食店种类繁多、档次齐全，它们之间激烈竞争、互补，形成了能够满足各地区、各民族、各种消费水平及习惯的多层次、全方位、较完善的市场格局。

1. 专业化饮食行的增多

专业化饮食行主要依靠专门经营与众不同的著名菜点而生存发展，有风味超群、价格低廉、经营灵活等特点，在全国各地饮食市场中数量不断增多，占据着越来越重要的地位。如清朝时，在北京出现的专营烤鸭的便宜坊、全聚德，烤鸭技艺独占鳌头，名扬天下；上海有专营糕团的糕团铺，专营酱肉、酱鸭、火腿的熟食店，专营猪头肉、盐鸭蛋的腌腊店；在成都，有许多著名的专业化食品店及名食，《成都通览》对此作了详细记载，有抗饺子之饺子、大森隆之包子、开开香之蛋黄糕、陈麻婆之豆腐、青石桥观音阁之水粉等。

2. 综合性饮食店的完善

综合性饮食店种类繁多、档次齐全，在当时的饮食市场中有着举足轻重的地位。它们有的以雄厚的烹饪技术实力、周到细致的服务、舒适优美的环境、优越的地理位置吸引顾客，有的以方便灵活、自在随意、丰俭由人而受到欢迎。如明朝南京有十余个官建民营的大酒楼，富丽豪华，巍峨壮观，且有歌舞美女佐宴。清朝天津的"八大成饭庄"，庭院宽阔，内有停车场、花园、红木家具、名人字画等，主要经营"满汉全席，南北大菜"，接待的多是富商显贵。成都的饭馆、炒菜馆等，经营十分灵活，非常大众化。《成都通览》言，炒菜馆菜蔬方便，咄嗟可办；客人可自备菜蔬交灶上代炒，只给少量加工费。

除了高中低档餐馆外，还有一些风味餐馆和西餐厅。如《杭俗怡情碎锦》载，清末时杭州有京菜馆缪同和、番菜馆聚丰园及广东店、苏州店、南京店等，经营着各种别具一格的风味菜点。上海在西方饮食文化的渗透影响下出现了数家中西兼营的餐馆和西餐厅。

（六）饮食著述完整系统

这一时期，无论是饮食典籍还是饮食文献都越来越丰富和完善，尤其是在饮食保健理论和烹饪技术理论方面形成了较完整的体系。

从饮食典籍而言，当时的食经、食谱主要有四类：一是家庭烹饪食谱，如清朝曾懿《中馈录》、顾仲《养小录》等；二是主要记载蔬食的素食食谱，如清朝薛宝辰《素食说略》；三是地方风味食谱，如元朝倪瓒《云林堂饮食制度集》、清朝李调元《醒园录》等；四是综合性食经、食谱，如元末韩奕《易牙遗意》和忽思慧《饮膳正要》、明朝宋诩《宋氏养生部》、清朝朱彝尊《食宪鸿秘》和袁枚《随园食单》。其中，《饮膳正要》和《随园食单》分别在饮食保健理论和烹饪技术理论方面形成了较完整的体系，前者是一部营养卫生与烹调密切结合的食疗著作，后者是一部烹饪技术理论与实践相结合的著作。此外，这一时期最值得一提的酒谱是清朝郎廷极《胜饮篇》。该书收集历代有关酒的资料，论述了饮酒的良时、胜地、名人、韵事、功效和酒的制造、出产、名号、器具等，就像一部酒的百科全书。

从饮食文献而言，元明清的正史和各种地方志都有关于饮食烹饪的记载，而最著名的是清朝傅崇矩的《成都通览》。它总共有 8 卷，记载饮食烹饪的接近 1 卷，收录川菜品种达 1328 种，真实地反映了清末成都的饮食生活状况。在涉及饮食的医学典籍中，最著名的是明朝李时珍的《本草纲目》。该书在许多条目下列出了相应的食疗方及功效，内容十分丰富，是研究养生健身、食疗食治和烹饪原料性味、功能的必备书籍。如粥目下列有 62 种粥的疗效，酒目下列有 78 种酒的疗效。在诗词文赋方面，元朝的刘因、王恽、许有壬，明朝的杨慎、徐渭、张岱，清朝的朱彝尊、袁枚、李调元等，都写有许多饮食诗文。

❖拓展知识

　　元朝忽思慧的《饮膳正要》是一部食疗养生专著。作者是蒙古族人、元朝宫廷饮膳太医，他根据自身管理宫廷饮膳工作的经验和中国医学理论写成此书。全书分三卷。第一卷载"聚珍异馔"94 种，并有"三皇圣纪""养生避忌""妊娠食忌""乳母食忌""饮酒避忌"的内容；第二卷载"诸般煎汤"56 种、"诸水"3 种、"神仙服饵"24 种、"食疗诸病"方 61 种，并有"四时所宜""五味偏走""食物利害""食物相反""食物中毒""禽兽变异"等内容；第三卷载烹饪原料、调味料、酒共计 228 种。书中不仅大量吸收汉族历代宫廷医食同源的经验，而且有许多蒙古族、回族等少数民族的饮食习惯和养生菜点，特色十分突出。

　　清朝袁枚的《随园食单》是一部烹饪技术理论与实践相结合的著作。作者是清朝乾隆年间著名文人、美食家，在辞官归隐后吸收、总结前人及当时的烹饪经验写成此书。全书由序和须知单、戒单、海鲜单、特牲单、江鲜单、杂牲单、羽族单、水族有鳞单、水族无鳞单、杂素菜单、小菜单、点心单、饭粥单、茶酒单等构成。其中，须知单列有 20 项，包括先天、作料、洗刷、调剂、配搭、独用、火候、色臭、迟速、变换、器具、上菜、时节、多寡、洁净、用纤、选用、疑似、补救、本分等；戒单列有 14 项，包括戒外加油、戒同锅熟、戒耳餐、戒目食、戒穿凿、戒停顿、戒暴殄、戒纵酒、戒火锅、戒强让、戒走油、戒落套、戒混浊、戒苟且等。这 20 须知和 14 戒首次从正反两方面比较系统地阐述了烹饪技术理论问题。此外，在各种菜单中还介绍了当时流行的菜肴 342 种，包括宫廷与官府菜 73 种，市肆菜点 90 种，民间菜点 126 种，民族、地方与寺院菜点 53 种，为后人研究清朝饮食状况提供了宝贵的史料。

　　在元明清时期饮食诗文中最具趣味性的是明朝陈嶷的《豆芽菜赋》。据明朝谈迁《枣林杂俎》载，当时的朝廷在选贤良方正时竟然出了选试豆芽菜赋的题，蒙城人陈嶷便撰写了一篇《豆芽菜赋》，言："有彼物兮，冰肌玉质。子不入于淤泥，根不资于扶植。金芽寸长，珠蕤双结。匪绿匪青，不丹不赤。宛讶白龙之须，仿佛春蚕之蛰。虽狂风疾雨，不减其芳，重露严霜，不凋其实……涤清肠，漱清臆，助清吟，益清职。"此文不仅生动地描绘了豆芽的生长状态、形象，更形象地描绘和赞美了豆芽的品格、作用等，深受好评，陈嶷因此获得考试第一名。

第五节　中国饮食的繁荣创新时期

一、中国饮食繁荣创新时期的历史背景

从辛亥革命至今，中国社会的政治、经济和文化都发生了翻天覆地的变化，使得中国饮食逐渐进入繁荣创新时期。

1840 年的鸦片战争，西方列强用洋枪大炮打开了中国的大门，西方文化与经济随之涌入，中国沦为半殖民地半封建社会。为了摆脱悲惨境地，孙中山在 1911 年发动了旧民主主义革命即辛亥革命，领导人民推翻清朝政府，于 1912 年元月正式建立起"中华民国"，许多有识之士自觉而大量地学习和引进西方先进的科学技术及文化，以期救国救民。但是，革命成果很快落入军阀手中，开始了军阀混战。此时，中国是一个贫穷落后的国家，由于接连不断的战争和帝国主义、封建主义、官僚资本主义的压迫剥削，农业受到严重破坏，工业和商业发展十分缓慢。1921 年，中国共产党成立，领导人民进行新民主主义革命，历经国内革命战争、抗日战争、解放战争，终于在 1949 年成立了中华人民共和国。

经过长期的摸索与实践总结，特别是 1978 年党的十一届三中全会提出把工作重心转移到社会主义现代化建设上、实行改革开放的战略决策以后，中国对土地实行家庭联产承包责任制，积极倡导市场经济，鼓励人们经商、办企业，吸引外资参与经济建设，大规模地学习和引进国外先进技术和经验，国内外交流频繁，使农业、工商业及其他各项事业得到前所未有的发展，国家实力迅速增强。世界银行 1997 年的一份报告《崛起的中国》指出，中国国内生产总值在世界中的份额，1820 年时曾高达近 30%，后来迅速下降到不足 3%，在 1978 年尝试改革之前仍有约 6 亿人口的生活低于国家绝对贫困标准，但是改革开放改变了中国经济增长的进程，在最初的 15 年中，中国经济增长了 4 倍，仅用 10 年时间就使人均收入翻了一番，其速度比美国、巴西等多数国家发展的初期都要快。2000 年，中国的谷类、肉类、花生、水果等主要农产品和钢、煤等工业产品产量都位居世界第一。到 2007 年，中国国内生产总值（GDP）接近 25 万亿元，近 13 亿人的生活基本达到小康水平。2010 年，中国克服经济危机和自然灾害等带来的各种困难，经济保持了比较良好的发展局面。据国家统计局 2010 年 12 月 20 日发布的数据显示，2010 年中国国内生产总值（GDP）约为 39.80 万亿元，约合 6.04 万亿美元，其年度经济总量首次超过日本（日本 2010 年全年名义 GDP 约为 5 万多亿美元），成为世界第二大经济体；全年社会消费品零售总额 15.45 万亿元，比上年增长 18.4%，扣除

价格因素实际增长 14.8%。

2012 年以后，中国经济发展进入了一个新阶段和新常态，增长速度虽然从改革开放前 30 年的 10% 左右的高速增长转为 6%~7% 的中高速增长，但经济结构不断优化升级，第三产业、消费需求逐步成为主体，创新驱动成为新的动力。据国家统计局网站 2020 年 1 月 17 日发布的数据显示，2019 年全年我国国内生产总值达 99.0865 万亿元，经济总量继续稳居世界第二；人均 GDP 为 10 276 美元，首次突破了 1 万美元大关；社会消费品零售总额 41.1649 万亿元，首次超过 40 万元大关，比增长 8.0%，其中，餐饮收入额 4.6721 万亿元，增长 9.4%。国家统计局局长指出，根据世界银行数据，2018 年人均 GDP 在 1 万美元以上的国家人口规模近 15 亿人，随着 14 亿人口规模的中国步入人均 GDP 1 万美元以上国家的行列，全球在这个行列的人口规模接近 30 亿人，标志着中国为人类发展进步做出的贡献进一步加大。同时，2019 年中国 GDP 总量已与世界排名第三至第六位的日、德、英、法四国 2018 年 GDP 之和大体相当。2020 年，新冠肺炎疫情的暴发严重冲击各行各业，但是，在以习近平总书记为核心的党中央的坚强领导下，各地区各部门严格按照党中央、国务院决策部署，坚持高质量发展方向不动摇，统筹疫情防控和经济社会发展，使中国经济运行逐季改善、逐步恢复常态，成为全球主要经济体中唯一实现经济正增长的国家，全年国内生产总值 101.5986 万亿元，比上年增长 2.3%，同时，脱贫攻坚战取得全面胜利，决胜全面建成小康社会取得决定性成就。2021 年 7 月 1 日，在庆祝中国共产党成立 100 周年大会上，习近平总书记庄严宣告："经过全党全国各族人民持续奋斗，我们实现了第一个百年奋斗目标，在中华大地上全面建成了小康社会，历史性地解决了绝对贫困问题，正在意气风发向着全面建成社会主义现代化强国的第二个百年奋斗目标迈进。""全面建成小康社会"涵盖经济、民主、科教、文化、社会、人民生活等方面，目标包括 2020 年国内生产总值和城乡居民人均收入比 2010 年翻一番等。而 2020 年，中国经济总量突破 100 万亿元，居民人均可支配收入 32 189 元，如期实现翻番。在中国经济发展、政治稳定、文化进步、社会和谐与服务业蓬勃发展的大背景下，中国饮食呈现出不断繁荣与创新的局面。

二、中国饮食繁荣创新时期的特点

中国饮食的繁荣创新时期始于辛亥革命，兴盛于改革开放以后，时间虽然不长，却发生了极大的变化乃至变革，形成了许多新的特点。

（一）烹饪工具与生产方式逐步趋于现代化

1. 烹饪工具的改变与现代化

在这一时期，烹饪工具的变化，集中表现在能源和设备上。就能源而言，木柴早已退居极其次要的地位，人们主要使用煤、煤气、天然气、液化石油气、电能，也使用汽油、柴油、太阳能和沼气等。用这些能源烹饪食物，大多有省时、方便、卫生等优点。

如以电为能源的微波炉，烹饪速度比普通炉灶快 4~10 倍，而且能保持食物原来的色、香、味和营养成分。

就烹饪设备而言，采用电能的炊餐具已经在许多大城市、大饭店逐渐使用，品类繁多。其中，用于加热的设备有电磁炉、微波炉、电烤箱、电热保温陈列汤盆等；用于制冷的设备有冷藏柜、保鲜陈列冰柜、浸水式冷饮柜等；用于切割加工的设备有切肉机、刨片机、绞肉机以及磨浆机、压面机、和面机、打蛋机等。此外，还有利用其他能源的烹饪设备如燃气灶、柴油炉、太阳能灶等。如今，中国已经有一些大型的厨房设备生产企业，能够生产灶具、通风脱排、调理、储藏、餐车、洗涤、冷藏、加热烘烤等 8 大类 300 余个规格和品种的厨房设备。同时，中国也引进和使用国外的智能化烹饪设备，如德国万能蒸烤箱、智能炒菜机等。这些先进的烹饪设备，促进了中国烹饪工具的现代化。

2. 生产方式的改变与现代化

此时，烹饪生产方式的变化主要表现在两个方面：一是在传统手工烹饪部门，机械加工在某些工艺环节上替代了厨师的手工烹饪。如一些餐厅、饭店用切肉机、绞肉机代替厨师手工进行切割、制茸。二是中央厨房、食品工厂的逐渐兴起，大量采用机械化、工业化、自动化和智能化进行食品的加工生产。它们不仅能减轻生产者的劳动强度，而且使食品生产具有了规范化、标准化、规模化的特征。如在食品工厂，全部用机械制作火腿、香肠、面条、包子等食品，产量大、品质稳定。中央厨房，是餐饮工业化的产物，是一种由设备设施硬件系统和管理软件系统组成，体现集约化、标准化、专业化、产业化的生产特征，进行量化生产的工业化、多元化的食物加工系统及运营模式。它又称中心厨房或配餐配送中心，大多是由餐饮连锁企业建立，具有独立场所及设施设备的工厂。其主要生产过程是将原料按菜单分别制作加工成半成品或成品，配送到各连锁经营门店，将加工成品组合，或将半成品进行二次加热并组合后销售给顾客。中央厨房能够实现标准化、集约化、规模化生产，节约采购成本、人力成本及运营成本，提高利润、稳定品质。可以说，中央厨房、食品工厂是从传统烹饪脱胎而来、对食物原料加工制造的现代餐饮食品生产方式，是现代科学技术进入烹饪领域的产物，也是传统烹饪技艺和生产方式走向工业化、现代化的最佳途径。

（二）优质食物原料快速增加

1. 新型原料的引进与开发

由于对外开放和交流，特别是近三十年来优质高效农业的发展，我们从世界各国引进了许多新的优质食物原料。其中，禽畜类有肥牛、鸵鸟、牛蛙、火鸡、珍珠鸡等，水产海鲜品有挪威三文鱼、太平洋鳕鱼和金枪鱼、西非鱼等，蔬菜有芦笋、朝鲜蓟、西蓝花、玉米笋、樱桃等，水果有美国提子和泰国山竹、火龙果、榴梿等。这些动植物原料大多数已在中国广泛养殖和种植，并制作出多种美味佳肴。此外，新型原料的开发较多，如转基因食品、人造食品。目前，中国利用转基因生物为原料生产的转基因番茄、甜椒等植物有高产、抗病虫害、抗高低温、生长快等优点；人造海鲜、植物肉等几乎能以假乱真，而且蛋白质高、胆固醇低、价格低廉。

2. 珍稀原料的养殖与种植

20世纪以来，由于人为因素的影响使生态环境受到极大破坏，许多野生动植物濒临灭绝，国家颁布了野生动植物保护条例。2020年，中国全国人大常委会通过了《关于全面禁止非法野生动物交易、革除滥食野生动物陋习、切实保障人民群众生命健康安全的决定》，全面禁止食用野生动物。在维护生态环境、保障人民生命健康的条件下，科研人员积极利用先进的科学技术，对一些珍稀的可食用性动物原料和植物原料进行人工养殖与培植。其中，人工饲养成功的珍稀动物原料有鲍鱼、牡蛎、刺参、对虾、鳜鱼、鳗鲡等，人工培植成功的珍稀植物原料有猴头菇、竹荪和多种食用菌。这些珍稀原料极大地满足食客的需要。

（三）国内外饮食文化与烹饪技艺广泛交流

1. 国内饮食的交流

国内饮食的交流主要包括各民族、各地区的交流。中国是一个多民族国家，各民族之间的饮食文化和烹饪技艺的交流从未停止过，如今，交流最多、影响最大的是菜点品种。如满族的萨其马、维吾尔族的烤羊肉串、傣族的竹筒饭等，已经成为各民族都欢迎的食品，并且有了新的发展。如萨其马已经工业化生产；烤羊肉串进入四川后，发展出了烤鸡肉串、烤兔肉串等系列品种；竹筒饭及其系列品种竹筒烤鱼、竹筒乳鸽等在北京、四川、广东等地大显身手。信奉伊斯兰教的各民族之清真菜点更遍及全国。

由于交通便捷、人员流动频繁等原因，地区间的饮食交流也更加频繁，并且出现了相互交融与渗透的现象，主要表现在食物原料、烹饪技法和菜点品种等方面。如四川在过去主要用家禽家畜与河鲜、山珍等制作菜肴，但改革开放以后为满足人们的需要，引进广东常用的生猛海鲜，制作出新的海鲜菜肴；借鉴广东的煲法制作乌鸡煲、兔肉煲等；借鉴山东等的脆浆炸制作炸烹菜、炸熘菜等。可以说，地区间的交流和改革开放后全国范围的烹饪大赛，对提高烹饪技艺和促进中国饮食发展起到了巨大作用。

2. 国外饮食的交流

从20世纪初西方部分机构和人员的涌入，到70年代末改革开放以后，中国与海外的饮食交流日益频繁、深入，不仅涉及食物原料、烹饪技法、菜点品种，还涉及生产工具、生产方式、管理营销等多个方面。如面包、蛋糕已经成为许多中国人的早餐食品，面包还常常作为炸制菜肴的辅助原料。西式快餐、日本料理、泰国菜、韩国烧烤等异国风味竞相登陆，冲击着古老的中国饮食，也带来了无限生机。西方的先进厨房设施和简易烹饪方法使中国烹饪在走向现代化中得到启迪，先进的管理营销方式正在被中国学习和借鉴。

与此同时，中国饮食在海外的影响也越来越大。成千上万的华人在世界各地开办中餐馆，传播着中国烹饪技术和可口的菜点。改革开放以后，中国又不断派烹饪专家、技术人员到国外讲学、表演、事厨，参加世界性烹饪比赛，使得海外更多的人士了解了中国饮食文化，喜爱中国菜点，也促进了世界烹饪水平的提高。

（四）菜点更富有营养和个性

随着生活水平的不断提高，中国人在吃饱的基础上逐渐要求吃好，吃得营养、健康，吃得有文化、有品位。其中，西方现代营养学进入中国，与传统的食治养生学说并存，为菜点的营养、健康提供了充分的保证。而人们要求吃得有文化、有品位，最重要的则是菜点必须有个性。事实上，近二十年来，许多菜点也确实具有鲜明而突出的个性，主要表现在五个方面：一是文化性，即菜点设计、制作中蕴藏着丰富的文化内涵。如东坡菜、仿唐菜、红楼菜等，都是根据诗文或逸事等仿制而成。二是新奇性，指菜点在用料或制法上新颖奇特、别具一格。如基围虾，通常采用白灼法，而一些厨师采用"桑拿法"即用蒸汽将活虾蒸焖成熟，鲜嫩异常。三是精细性，指菜点的制作精巧细致。江苏的大煮干丝，豆腐干被切得丝细如发，几乎能随风飘舞。四是乡土性，指菜点在用料和制法上乡土气息、民情风俗浓郁。如四川的江湖菜、农家乐菜品一鸡三吃、石磨豆花等，都有浓郁的四川民间风情。五是生态性，指菜点的用料越来越讲究野生、天然，制作上自然、朴实，不使用或极少使用化学品。如越来越多的菜点以没有喂饲料的土鸡、土鸭为原料，用高汤提鲜，煨炖制成。

❖拓展知识

西方现代营养学具有微观、具体、定量检测等特点。它大约在 1913 年进入中国，开始进行膳食调查与食物营养成分分析；到 20 世纪 20 年代，中国自己的现代营养学逐渐发展起来；80 年代前后，一些营养学家又逐步将营养与饮食烹饪结合研究，发展出新兴的烹饪营养学。这时，中国人没有、也不可能放弃长期指导中国菜点制作的传统食治养生学说。虽然它比较直观、模糊、经验性强，但有宏观、整体把握事物本质的长处。两者紧密结合、相互渗透，宏观把握总体与微观深入分析，使中国饮食向现代化、科学化迈出了更快的步伐。如今，它们不仅用于对传统菜点的分析、改良上，而且广泛用来指导新菜点的创制，制作出了许多营养、健康的风味菜点和食疗保健食品。

（五）饮食市场空前繁荣

中国一直是农业大国，人口众多，历代统治者都实行"重农抑商"的政策，因此作为商业组成部分的饮食业虽然在不断走向繁荣，但时常受到轻视，不能理直气壮地发展。从 20 世纪初到 80 年代，由于各种原因，当时的饮食市场仅仅继承了明清时期的特色，没有太大发展。但是，80年代以后，全国上下逐渐认识到服务业的重要性和市场的巨大作用，纷纷投身其中。随着市场经济的持续、深入发展，第三产业蓬勃兴起，餐饮业也受到前所未有的重视和青睐，不断打破常规，迅速发展为第三产业的中坚力量，饮食市场呈现出空前繁荣的局面，其突出特点是餐饮企业和店铺数量繁多、类型丰富、个性鲜明。据国家统计局统计，1978年全国餐饮业零售额仅为54.8亿元，全国餐饮业经营网点不足12万个，员工104.4万人。此后，餐饮业进入快速发展时期。1991—2012年，20余年间，全国餐饮业零售额和餐饮收入每年增幅都在两位数以上。2006年，全国餐饮业零售额首次突破1万亿元，达到1.03万亿元，到2011年，全国餐饮收入突破2万亿元，达到2.06万亿元。2012年至今，随着中国经济进入新常态、国民生产总值增速转为6%~7%，餐饮业增速也在2013年回落至9.0%。但是，随着经济结构不断优化升级，第三产业、消费需求逐步成为主体，餐饮业也在主动转型升级、积极适应大众化消费需求，其增速始终高于国民生产总值增速，并在2015年突破3万亿元、2018年突破4万亿元（见表1-1）。到2020年，中国餐饮业经历过上半年新冠肺炎疫情严重冲击，下半年逐渐恢复有序经营，全年餐饮收入39 527亿元，下降16.6%。尽管如此，餐馆企业及店铺的数量和从业人员在近三十年时间里仍有大幅度增加。1992年，餐馆酒楼数量上升为174万家，从业人员480万人。在2020年，据企查查数据显示，有餐饮相关企业960.8万家，增长5.5倍，从业人员不计其数。在众多的餐饮企业及店铺中，有国有的、集体的，也有众多民营的；有商业、旅游业系统经营的，也有许多其他行业创办的，它们以不同档次和特色构成了丰富的类型，而最具代表性的是风味餐馆、小吃店、快餐厅、火锅酒楼、农家乐、休闲餐厅等。

表1-1　中国餐饮业2010—2019年发展状况

时间（年）	全国餐饮收入（亿元）	同比增长率（%）
2010	17 648	18.1
2011	20 635	16.9
2012	23 448	13.6
2013	25 569	9.0
2014	27 860	9.7
2015	32 310	11.7
2016	35 799	10.8
2017	39 644	10.7
2018	42 716	9.5
2019	46 721	9.4

以餐饮企业而言，从20世纪80年代至21世纪20年代，其鲜明的个性特点主要表现在三个方面：一是丰厚的文化底蕴，即将悠久而丰富的文化融入菜点制作和企业的装修、经营之中。二是强烈的品牌意识，从题材选择、市场定位、形象包装到菜点和筵席的设计、制作以及经营管理等方面，努力塑造自己独具特色的品牌。三是新颖的经营理念与模式，即在媒体上定期或不间断地做广告、发布信息，开展各种促销活动，做到"舆论先行，广告开路"，改变过去"小而散，低起点，手工作坊式"的经营模式，实行规模化、连锁化、多元化的集约型发展。如北京的全聚德，杭州的楼外楼，四川的巴国布衣酒楼等是其中的代表。到2010年以后，随着互联网时代特别是移动互联网时代的快速发展，中国政府制定并开始实施"互联网+"行动计划，利用互联网平台和信息通信技术，将互联网与包括传统行业在内的各行各业结合起来，形成经济发展新动能，打造经济转型升级的新引擎。为此，餐饮企业审时度势，积极利用互联网，形成了"互联网+餐饮"的新特点和新亮点。如许多传统餐饮企业运用了餐饮O2O等新的商业模式，而雕爷牛腩、黄太吉、西少爷肉夹馍、伏牛堂米粉等更是利用"互联网+"成功创办的新型餐饮企业。2020年，新冠疫情对餐饮企业造成严重冲击，也迫使餐饮企业产生极大变革，一方面更加注重食品安全，另一方面通过现代科技赋能、直播带货，线下线上结合，加大预制食品的生产和无接触配送服务、零售化服务，满足人民日益增长的美好生活需求。由此，餐饮企业的成品、半成品的工业化，餐饮企业的社区团购加集中配送，中央厨房加冷链配送、智能餐厅、无接触服务等方面的数字化、智能化都有了快速发展。许多餐饮企业经历了新冠疫情带来的磨难和洗礼，不仅在2020年活了下来，而且在2021年好了起来，中国餐饮市场继续呈现着勃勃生机。

（六）饮食著述全面深入

这一时期，饮食著述异常丰富，论述全面、深入，主要表现为烹饪技术与理论更加规范和系统。

以饮食典籍而言，新中国成立后，从事中国饮食制作与理论研究的人不断增多。他们搜集、总结中国饮食制作技术，探索、研究其本质规律，力求使其更加规范化、系统化，撰写了内容丰富、类型多样的饮食典籍。如权威烹饪工具书有《中国烹饪百科全书》《中国烹饪辞典》等，系统学术专著有《中国食经》《中国酒经》《中国茶经》《中国名菜谱》《中国饮食文库》等，系列菜谱有《中国名菜谱》《中国名菜集锦》和众多按原料、烹饪方法、季节、食用者年龄等分别阐述的分类菜谱，系列烹饪教材有《烹调工艺学》《菜肴制作技术》《烹饪营养学》《烹饪化学》《烹饪原料学》《中国烹饪概论》《中国饮食文化》等。据不完全统计，如今，全国各地编写出版的饮食典籍已有上万种。它们几乎详细地论述了中国饮食的各个方面，特别是对菜点的原料用量、初加工方式、切配、用火、调味、装盘等工艺环节都有一定的量化标准，尽管与现代科学的规范要求相距较远，但已经迈出了可喜的步伐，为中国烹饪的标准化、科学化打下了基础。此外，这一时期，涉及饮食烹饪的文献已数不胜数。其中，最著名、最具影响力的理论性著作是孙中山的《建国方略》，而令人瞩目、设计饮食的散文佳作则有梁实秋《雅舍谈吃》、汪曾祺《旅食与文化》、符中士《吃的自由》、沈宏非《写食主义》等。

❖拓展知识

孙中山的《建国方略》是他于 1917 年至 1919 年期间所著《孙文学说》《实业计划》《民权初步》三部书的合称，集中反映了他对中国现代化建设的全面构想与规划。其中《孙文学说》，又名《知难行易的学说》，后编为《建国方略之一：心理建设》。《实业计划》是孙中山为建设一个完整的资产阶级共和国而勾画的蓝图，用英文写成的，原名"The International Development of China"，后编为《建国方略之二：物质建设》。《民权初步》，原名《会议通则》，后编为《建国方略之三：社会建设》。《孙文学说》的第一章便是"以饮食为证"来阐明他的学说。他通过对中外饮食的差异、烹饪与文明的关系等进行深入研究后指出："我中国近代文明进化，事事皆落人之后，惟饮食一道之进步，至今尚为文明各国所不及。"认为中国人有顺其自然、食饮有节的饮食思想，中国人的食品和习尚极合科学、暗合卫生，中国烹调法精良，中国菜味道之美为世界之冠等，因此号召人们"当保守而勿失，以为人类之师导也可"。

三、中国饮食的未来发展趋势

中国饮食有着辉煌的历史，在许多方面有独特优势，在当今社会具有举足轻重的地位，但仍然存在一些不足，如烹饪技术模糊、烹饪设备落后、从业人员总体素质偏低、产业化程度不高等，面临着巨大的挑战。在人类交流十分频繁、竞争异常激烈的未来，中国饮食一定会在继承和发扬自身优势、克服不足的同时，利用各国的有益经验与科技成果，将烹饪科学与艺术完美结合，创造新的辉煌。

（一）发展原则

中国饮食的发展原则是"以人为本，以味为纲，以技为目"，三位一体。以人为本，就是注重人的生理与心理需要。这是中国饮食烹饪追求的最高目标。为此，中国饮食注重研究味觉艺术，以满足不同人的不同需要或同一人在不同情况下的不同需要，从而使"味"成为中国饮食烹饪的纲。有纲必有目，精湛而繁多的烹饪技法是实现"味"的无穷变化的基础和保障。这个三位一体的原则在过去、现在、未来都没有必要，也不可能完全改变，只是在不同的时代，其实现形式和菜点呈现的风格会有不同的变化与发展。

（二）发展方向

中国饮食的发展方向是在坚持"以人为本，以味为纲，以技为目"原则的基础上，通过具有现代意义的工业烹饪与手工烹饪两种制作方式和异彩纷呈的菜点风格，实现科学化与艺术化的完美统一，满足人们对饮食科学合理、方便省时、愉快有趣的新要求。

现代意义的工业烹饪，是指用现代高科技设备和生产技术生产各种食品，其特点是用料定量化、操作标准化、生产规模化，科学卫生、方便快捷。如生产各种快餐食品和方便食品等。工业烹饪主要是满足人的生理需求，但也不能忽视人的心理需求，应在注重科学的基础上辅以艺术，在保证高效稳定的前提下让人们愉快地吃。现代意义的手工烹饪，是指利用现代科学理论与方法，对传统手工烹饪进行改革式继承与发扬，生产出个性化的特色食品，其特点是个性化、创造性。手工烹饪重在满足人们的心理需要，但也不能忽视人们最基本的生理需要，将在注重艺术性的基础上辅以标准化，力求在特色突出的前提下让人们吃得更科学。两者相互补充、发展，必然会使菜点异彩纷呈，满足人们各种新要求，实现中国饮食科学化与艺术化的完美统一，创造出更加辉煌、灿烂的未来。

❖特别提示

中国饮食有着悠久而辉煌的历史。它起源于人类早期的用火熟食，历经了新石器时代的孕育萌芽时期、夏商周的初步形成时期、秦汉到唐宋的蓬勃发展时期，在明清成熟、定型，然后进入近现代繁荣创新时期。中国饮食在每个历史时期都有其独特之处，值得后人继承和发扬，并在此基础上开拓、创新，而它的不足之处则需要人们正视和弥补，这样才能使中国饮食走上科学化与艺术化完美统一的道路，创造出更加辉煌的新局面。

❖案例分享

川味火锅发展状况与趋势

川味火锅，是巴蜀地区人们共同创制的具有川菜风味特色的火锅类别，是川菜的重要组成部分。它起源于清末道光年间的重庆码头，到20世纪30~40年代有了初步发展，由食担进入店铺、桌上，在重庆出现了云龙园、一四一、桥头火锅等著名的火锅店。20世纪80年代改革开放后至今，随着人们生活水平的提高和餐饮业的快速发展，川味火锅取得了空前的成就和地位，呈现出显著特征和良好发展趋势。

就其特征而言，主要体现为生产方式、产品与服务、管理与经营的多样化上。其中，火锅生产多样化，是指由单纯手工操作转向手工操作与机器加工相结合。在20世纪90年代以前，火锅的生产基本上是由单纯手工操作完成，厨师用铁锅炒制汤料，用刀将原料如毛肚、黄喉、猪腰等切割成多种形状用于涮烫。如今，许多汤料和涮烫的原料如肥牛、鱼丸等的生产加工都由机器完成。火锅产品的多样化，是指由单一产品发展为系列化、标准化产品。从最初的毛肚火锅发展至今,川味火锅产品扩展为庞大的系列,拥有档次齐全、品类丰富、变化迅速、个性突出的品种至少上百种,并且已开始制定相关标准。火锅服务的多样化,是指火锅服务由单一形式转向多层次、多方位。如今,其餐饮服务已不仅是单纯的点菜、上菜,更是通过多种灵活的服务方式和营造具有浓郁巴蜀文化气息的餐饮环境来进行。火锅管理多样化,是指由随机化管理进入情感化、制度化与信息化、人性化等多种管理并存。如今,许多川味火锅企业采取餐饮管理软件和人性化管理,为科学管理和决策提供了依据,也调动了员工的积极性,取得良好成绩。火锅经营多样化,是指火锅餐饮经营模式由单店经营转向品牌连锁经营。早期的火锅店基本上采取作坊式、单店经营,虽然经营特色突出,但原料成本高、利润偏低。20世纪90年代以后,火锅企业借鉴国外的品牌连锁经营模式,注重标准化、产业化、多种统一,使得成本降低、利润提高,进而形成了强大的市场竞争力和扩张能力。据统计,到2008年,四川谭鱼头、三只耳火锅企业的连锁店已达151个和115个,不仅覆盖了全国大陆大部分省市,而且延伸到日本、新加坡及我国香港、台湾地区等。

如今,随着经济危机和通货膨胀的出现,川味火锅业面临的最重要、最核心的挑战至少有两个:一是不断增加的供给与逐渐减少的需求之间的矛盾,二是大幅提高的生产成本与迅速降低的企业利润之间的矛盾。为此,川味火锅企业纷纷通过增加科技与文化含量、提升服务、强化经营管理等手段,千方百计地化解供给与需求、生产成本与企业利润之间的矛盾,努力使火锅业更好地发展,由此在四个方面初步显现出了未来的发展趋势:第一,火锅生产更趋机械化。机器加工将成为火锅生产的重要手段和解决用工难、用工荒的重要途径,传统的烹饪加工与食品生产相互渗透。第二,火锅产品和服务更趋两极化。差异化与标准化产品将共同发展,多层次、多方位服务将共同存在。第三,火锅企业管理更趋信息化。信息化管理尤其是信息化网络平台建设将成为川味火锅企业管理越来越重要的内容。第四,火锅企业经营更趋连锁化。品牌连锁将成为火锅做大、做强的主导经营模式,进而扩大规模,实现资本化、国际化。

餐饮业中各业态发展需注意的问题

如今,中国饮食正处于繁荣创新时期,餐饮市场细分不断深化,拥有各种各样的餐饮业态,如正餐、快餐、火锅、休闲餐饮、主题餐饮,等等。不同业态的餐饮发展有相同之处,也有不同之处,必须加以清楚地认识和了解。如快餐和火锅在发展过程中可以根据其特点大力强调生产方式的机械化、产品的标准化,而主题餐饮重在主题鲜明、个性突出,在发展过程中则应当突出其手工操作和产品的个性。

另外,品牌连锁经营是餐饮企业做大、做强的重要途径。但是,餐饮企业利用自身的品牌在国内外进行连锁发展时必须加强连锁经营总部的建设,形成和掌控核心技术与标准,克服"只卖牌,不管质"的现象,提高连锁经营水平,才能带动中国餐饮业的全面提升。

思考与练习

一、思考题

1. 中国饮食在各个重要时期有哪些特点？

2. 中国饮食的地方风味流派是怎样形成的？

3. 举例说明中国饮食在明清时期的用料特点。

4. 举例说明近现代国内外饮食文化与烹饪技术交流情况。

5. 各个历史时期重要的饮食著述有哪些？

6. 中国饮食的未来发展趋势是什么？

二、实训题

学生以小组为单位，对所在城市或地区的餐饮发展现状进行实地调查，在深入调查、分析的基础上总结出该城市或地区的餐饮发展特点及趋势。

第二章 中国饮食科学与人物

引 言

科学是关于自然、社会和思维的知识体系。它的任务是揭示事物发展规律，探索客观真理，以作为人们改造世界的指南。每一门科学通常都只是研究客观世界发展过程中的某一阶段或运动形式。饮食科学就是以人们加工制作饮食的技术实践为主要研究对象，揭示饮食烹饪发展客观规律的知识体系和社会活动。它的内容十分丰富，但本章主要阐述饮食科学的两个重要方面，即饮食思想观念以及受其影响形成的食物结构。而中国历来有"民以食为天"的思想，创造和品评饮食的人物众多，他们中的许多人对中国饮食的发展起到了很大的促进作用，因此，本章也将对涉及饮食的重要人物进行介绍。

❖学习目标

1. 了解中国饮食科学思想的三大观念和重要的饮食人物。

2. 能运用中国饮食科学思想设计、搭配菜点。

3. 能掌握传统食物结构的内容及在烹饪中的运用状况，熟悉食物结构改革与发展的指导思想和发展原则。

第一节 中国饮食科学思想

一、中国饮食科学思想的形成

作为对饮食烹饪认识和研究的饮食科学，深受社会科学、自然科学尤其是概括和总结自然知识与社会知识的哲学影响，不同的哲学思想及由此形成的文化精神和思维模式将产生不同的饮食科学思想。

1. 哲学思想的影响

从哲学思想看，中国哲学的一个核心是讲究气与有无相生，注重整体研究。中国人认为，宇宙本体即形成世界的根本之物是气，这种气就是无、是虚空，而这种气又充满生化创造功能，能衍生出有、生出万物，也如同老子所说："天下之物生于有，有生于无。"(《老子四十章》)对此,张载在《正蒙·太和》中进行了比较详细的阐述,指出"虚空即气","太虚无形,气之本体,其聚其散,变化之客形尔"及"凡可状皆有也,凡有皆象也,凡象皆气也"。即是说,宇宙无形,只充满了气,气是宇宙的本体,气化流行,衍生万物,气之凝聚则形成实体、形成有,实体如散则物亡,又复归于宇宙流行之气、归于无。当代学者张岱年等人的《中国文化与文化论争》进一步指出:"在中国古代的气一元论者看来,有形的万物是由无形、连续的气凝聚而成的,元气或气不仅充塞着所有的虚空,或与虚空同一,而且渗透到有形的万物内部,把整个物质世界联结成一个整体并以气为中介普遍地相互联系、相互作用。"在这个气的宇宙模式中,中国人认为,有与无、实体与虚空是气的两种形态,密不可分;但无与虚空又是永恒的气,是有与实体的本源和归宿,是最根本、最重要的。因此,要认识宇宙、认识气就不能将实体与虚空分离、对立起来看,必须将实体与虚空、有与无有机结合起来进行整体研究和认识。

2. 文化精神和思维模式的影响

在独特的哲学思想影响和制约下,中国产生了独特的文化精神和思维模式,即讲究天人合一、强调整体功能,在它们的进一步影响下,形成了中国独特的饮食科学观念。张法在《中西美学与文化精神》一书中,将中西方文化进行比较后指出:"一个实体的宇宙,一个气的宇宙;一个实体与虚空的对立;一个则虚实相生。这就是浸渗于各方面的中西文化宇宙模式的根本差异,也是两套完全不同的看待世界的方式。西方人看待什么都是实体的观点,而中国人则用气的观点去看待。"他举例说,面对人体,西方人看重的是比例,中国人看重的是传神;面对宇宙整体,西方人重视理念演化的逻辑结构,中国人重视气化万物的功能运转。其实,不只这些,在天人关系上、在认识事物的思维模式以及由此形成的饮食科学观念等方面也是如此。

在天人关系上,中国讲究天人合一,认为人作为主体与人以外的客体是合而为一、融为一体的,人是自然界的组成部分,人与自然是合二为一、密不可分的。由此,处于大自然生态环境中的人要满足自己包括饮食在内的各种需要,就必须遵循自然界的普遍规律,适应自然、适应环境。在认识事物的思维模式上,中国强调整体功能,认为由部分构成的整体是密不可分的,离开了整体的部分已不再是整体的部分,也不再具有其在整体里的性质,不能离开整体来谈部分、离开整体功能来谈结构。以对人自身的认识而言,中国人认为人是有机体,是由精、气、神构成的,密不可分,不能通过解剖人体各部分来认识人的自身状况,而必须通过望、闻、问、切等方法对人的精、气、神的整体功能进行观察来认识。要使人体健康长寿,就必须使人气足、精充、神旺,必须根据人的整体功能状况来辨证施食、以食治疾、以食养生。与此同时,这种从整体上认识、把握事物的思维模式,把整体置于首要位置,使整体异常突出,也使人们更加重视整体而忽视个体,更加注重调和而轻视特异独立。以对菜点的审美而言,中国人重视菜点的整体风格，崇尚五味调和，力图通过对各种不同滋味和性味原料的烹饪调制，创造出合乎时序与口味的新的综合性美味。

❖拓展知识

天人合一，指人作为主体与人以外的客体、与自然是合而为一、融为一体的，强调不把自然、客体世界与人分隔开，也不把自然、客体世界当作对象化的事物看待。中国人认为，宇宙的本体是气，气转化流行，衍生出包括人在内的万物，人和其他事物都是自然界不可分割的一部分，彼此浑然一体、难以分离。《易传》描绘道："与天地合其德，与日月合其明，与四时合其序，与鬼神合其吉凶。"董仲舒《春秋繁露·立元神》言："天地人，万物之本也……三者相为手足，合以成体，不可一无也。"中国的创世神话则有形象化的演绎。《五运历年纪》记载了盘古开天地的情形：盘古"垂死化身，气成风云，声为雷霆，左眼为日，右眼为月，四肢五体为四极五岳，血液为江河，筋脉为地理……身之诸虫因风所感，化为黎氓"。说明中国人认为人与万物来源相同，不可分离。《太平御览》引《风俗通》言："俗说天地开辟，未有人民，女娲抟黄土作人。"认为人来自泥土，与泥土一样是自然界的组成部分，人与自然是合二为一、密不可分的。

精、气、神是中国人认为的人身构成要素。气，是人的核心，虽然无形却是人体生命活动的动力来源；精，由气化而生，是存在于人体之中具有生命活力的有形物质，构成人的肌肤、骨骼、毛发、血液和脏腑等；神，是整个生命的外在表现，包括人的面色、眼神、言语、反应和肢体活动等。人最重要的是无形的气，而不是由精组成的肌肤、骨骼等各部分有形之物。认识人自身的方法，不是通过解剖人体有形的各部分来认识，因为一旦解剖就将丧失气，也就失去了人的本质，而必须是通过望、闻、问、切等方法观察人的精、气、神的整体功能来认识。中国人这种在认识事物时强调整体功能的思维模式，直接来源于气的宇宙模式的认识，是从整体本身出发，将整体作为不可分割之物来把握。中国人张法《中西美学与文化精神》指出："中国的整体功能是包含了未知部分的整体功能，是气。它的整体性质的显现是靠整体之气灌注于各部分之中的结果，各部分的实体结构是相对次要的，而整体灌注在这一实体结构中的气才是最重要的。"

二、中国饮食科学思想的内容与具体表现

熊四智先生在其《中国烹饪概论》一书中总结指出，中国传统的饮食科学思想主要包括三大观念，即天人相应的生态观念、食治养生的营养观念与五味调和的美食观念。它们具体表现在食物的选择、配搭和菜点的组成、制作与风格特色上。

1. 天人相应的生态观念及表现

天人相应的生态观念，是指人取自然界的食物原料烹制肴馔来维持生命、营养身体，必须适应自然、适应环境，在宏观上加以控制，保持阴阳平衡，使人与天相适应。它具体表现在食物的选择上，是从天人合一出发，把人的生存与健康放在自然环境中去认识和研究，认为人的生命过程是人体与自然界的物质交换过程，人体的健康状况与所处的自然环境密切相关，不同气候、不同季节、不同地域对人体会产生不同的作用，并进而影响人体对饮食的需要，强调人的饮食选择不仅要满足人体自身的需要，还必须满足人体因自然、环境因素而产生的需要，适应自然、适应环境，做到四季不同食、四方不同食。从古至今，中国的餐饮业和家庭烹饪大多讲究"时令菜"，根据不同的季节选择不同的食物原料进行烹饪、食用，这不仅因为原料的出产和质量等因时不同而不同，而且因为人对食物的需要也因时不同而有差异，人对食物的选择必须适应人体在四时的不同需要。此外，由于地理、气候等自然环境的不同，各地在食物原料、口味的选择上也不同。仅以山西而言，由于地处中国北方，出产大量优质小麦，所以人们主要选择小麦作为常用食物原料之一，形成了"面食为主"的饮食传统；而由于山西气候较为寒冷，土壤中盐碱含量较高，人们便习惯于在饮食制作中多加醋，形成偏酸的口味，以有利于人体的酸碱平衡。

❖拓展知识

在中国饮食历史上，有许多关于因时、因地而选择不同食物原料与口味的论述。如关于四季不同饮食，《礼记·内则》言："凡和，春多酸，夏多苦，秋多辛，冬多咸。"同时，在这个总的原则下提出了四时煎和之宜与四时调和饮食之法，言"脍，春用葱，秋用芥""豚，春用韭，秋用蓼"，即在制作鱼脍和猪肉时，由于春天和秋天的不同，所选用的调辅料不一样。元朝忽思慧在《饮膳正要》中阐述了主食的选择必须根据四季的不同而有所变化，列出"四时所宜"，即春气温，宜食麦；夏气热，宜食菽；秋气燥，宜食麻；冬气寒，宜食黍。清朝美食家、烹饪理论家袁枚在《随园食单》中也说："冬宜食牛羊，移之于夏，非其时也。夏宜食干腊，移之于冬，非其时也。辅佐之物，夏宜用芥末，冬宜用胡椒。"

关于四方不同饮食，《黄帝内经·素问》指出，由于地域不同，其地理环境、气候不同，人们选择不同的食物，有不同的口味嗜好："东方之域，天地之所始生也。鱼盐之地，海滨傍水。其民食鱼而嗜咸，皆安处，美其食"；"西方者，金玉之域，沙石之处，天地之所收引也"，"其民华食而脂肥"；"北方者，天地所闭藏之域也。其地高陵居，风寒冰冽。其民乐野处而乳食"；"中央者，其地平以湿，天地所以生万物也众。其民食杂"。晋朝张华的《博物志》主要阐述了不同地域的人对食物原料的不同选择和爱好："东南之人食水产，西北之人食陆畜。食水产者，龟蛤螺蚌以为珍味，不觉其腥臊也。食陆畜者，狸兔鼠雀以为珍味，不觉其膻也。"清朝钱泳《履园丛话》则阐述了人们因地域不同而对口味选择的不同，指出："同一菜也，而口味各有不同。如北方人嗜浓厚，南方人嗜清淡。"

2. 食治养生的营养观念及表现

食治养生的营养观念，是指人的饮食必须有利于养生，以食治疾，辨证施食，饮食有节，以此保正气、除邪气，达到健康长寿。它具体表现在食物的配搭上，是从天人合一与整体功能出发，着重强调要辨证施食、饮食有节。

所谓辨证施食，是指将食物的性能和作用以性味、归经的方式加以概括，并根据人体的特点和各种需要，恰当地配搭食用不同种类和数量的食物。其中，性味、归经是中国传统养生学中特有的术语，是在观察事物的整体功能基础上产生的。性味，指的是食物的性能，主要包括寒、凉、温、热等四气和甘、酸、苦、辛、咸等五味。归经是指食物的作用，常常根据食物对脏腑的作用来划分，并以相应脏腑的名称命名。如梨有润肺、止咳作用，则称其"入肺经"。饮食有节，包括三个方面：一是饮食数量的节制。即指摄取饮食的数量要符合人体的需要量，不能过饥过饱，不能暴饮暴食；否则，不仅消化不良，还会使气血流通失常、引起多种疾病。元朝李东垣《脾胃论》言："饮食自倍，则脾胃之气既伤，而元气亦不能充，而诸疾之由生。"清朝曹廷栋《老老恒言》指出："凡食总以少为有益，脾易磨运，乃化精液，否则极补之物，多食反致受伤。"如今，一些由于过量饮食而出现的肥胖症和心血管疾病，也从反面证明节制饮食的数量是十分必要的。二是饮食质量的调节。即指食物种类的搭配要合理，不能有过分的偏好，否则也会引起身体不适乃至疾病。《黄帝内经·素问》曾列举了过分偏食五味的危害，如"多食咸，则脉凝泣而变色；多食苦，则皮槁而毛拔；多食辛，则筋急而爪枯"等。现在，一些由于偏食而出现的营养不良或营养过剩疾病，同样从反面证明了调节饮食质量的必要性。三是饮食的寒温调节。它不仅包括对食物食性的调节及其与四季气温的调节，还包括对食物自身温度的调节，强调不能过量食用单一食性的食物，不能过分违背季节或过冷过热，否则有害身体健康。《黄帝内经·灵枢》言："饮食者，热无灼灼，寒无沧沧，寒温适中，气将持，乃不致邪僻也。"如当今盛行的火锅，在寒冷的冬天食用，让人倍感温暖；但在炎热的夏天，如果经常食用，就会使许多人身体不适。

❖特别提示

四气五味，是中国传统医学和养生学术语，不是简单地根据食物实际温度和味道划分。

　　具体而言，四气，又称四性，指食物具有的寒、凉、温、热四种性能，不是根据食物的实际温度而是根据食物的整体功能而划分的。凡是具有清热、泻火、解毒功能的食物即为寒凉性食物，如绿豆、丝瓜、西瓜、柿子、鳖、牡蛎、蛤子等；凡具有温阳、救逆、散寒等功能的食物即为温热性食物，如生姜、大蒜、牛、羊、狗等；而在寒凉、温热之间的食物则称为平性食物，具有健脾、开胃、补益等功能，如粳米、黄豆、猪肉等。五味，指食物具有的甘、酸、苦、辛、咸五种味道，也不是简单地根据食物的化学味道而是兼及食物的整体功能来区分的。食物不同的味道有不同的功能，中国有"甘缓，酸收，苦燥，辛散，咸软"之说。甜味能供给营养能量，促进新陈代谢，治虚证。酸味能收敛固涩，中和碱性胺为胺盐，增加静电引力，止汗、止血等。苦味能增高生物膜表面张力和相变温度，能健胃、清热、泻火。辛辣味能减少生物膜表面张力，增加其热运动，能行气、活血、发汗、退热。咸味能增加体液渗透压，具有溶化、解凝、稀释、消散作用。无论是动物性食物原料还是植物性食物原料，都可以划分出各自的性味。如蔬果类：生姜、荔枝性温，味辛或甘；丝瓜、柿子性凉或寒，味皆为甘。肉食类：牛、羊肉性平或温，味甘；鸭肉、蛤蜊性凉、寒，味甘或咸。

3. 五味调和的美食观念及表现

　　五味调和的美食观念，是指通过对饮食五味的烹饪调制，创造出合乎时序与口味的新的综合性美味，达到中国人认为的饮食之美的最佳境界——"和"，以满足人的生理与心理双重需要。这种"和"侧重于以美学为基础，是一种质的重组，类似于由化学组合或反应而成（如"1+1>2"），难以分离、还原。在中国人看来，"'声一无听，物一无文'，单调的一种声音不可能悦耳，孤立的一种物象也不可能构成绚丽多彩的景观；相同的东西加在一起不可能产生美，只有不同的东西综合起来才能形成美"（郑师渠《中国传统文化漫谈》），于是生活中以和为贵、饮食上以和为美。

　　这种美食观念具体表现在菜肴的组成、制作上，强调菜点由主料、辅料和调料组成并合烹制成。以记载中国传统名菜的《中国菜谱》为例，将其中选录的各地猪肉菜肴进行比较后发现，在江苏和广东选录的猪肉菜中，有50%的菜肴是以猪肉为主料、以植物性原料为辅料，合在一起烹制而成的；在山东选录的26种猪肉菜肴中，有14种这类品种，占总数的53.8%；在四川选录的45种猪肉菜肴中，有33种这类品种，占总数的比例高达73.3%。正因为是合烹成菜，所以烹制菜肴最主要、最常用的炊具是半球形的圆底铁锅，最具特色、最常使用的烹饪方法之一是炒。马新的《中国"锅文化"与西方"盘文化"比较初探》一文言："在中餐菜肴的制作中，虽有整羊或整鱼，但基本上是以丝、丁、片、块、条为主的料物形状。上火前，它们是独立的个体形式，但一经在圆底锅中上下颠炒后，这些有规则的若干个体便按烹调师的构想进行交合，出锅后，装入盘中的是一个色、香、味、形俱佳的整体。"并指出："中餐菜肴的制作，从'个体'到

'整体'的转变，体现出'锅文化'中'分久必合'、'天人合一'及'合欢'的哲学思想。"中国在以圆底铁锅烹炒菜肴的过程中还采用大翻勺和勾芡等技术，使锅中的主料、辅料乃至调料均匀地融合成一体，更促进了合烹成菜。圆底铁锅不仅用于炒法合烹成菜，还可以用于多种烹调方法，如爆、炸、熘、煎、煮、烧等，不同种类、形状、质地的原料都可以通过这些方法在铁锅中合烹成菜。它既充分体现中国饮食"和"的特点，也反映出中国烹饪的模糊、精妙和不易把握。

五味调和的美食观念具体表现在菜肴的风格特色上，讲究内容与形式的调和统一，在味道上强调貌神合一，在形态上强调美术化、追求意境美。味道上的貌神合一，主要通过两种方式来实现：一是味的组合，即将主料、辅料和各种调料放在一起，通过调味料的化学性质进行组合，把单一味变成丰富多样的复合味。如鱼香味型的菜肴，是将泡红辣椒、食盐、酱油、醋、白糖、姜、葱、蒜等多种调料放在一起，把各种的单一味进行调制、组合，形成咸甜酸辣兼备、姜葱蒜香浓郁的独特复合味。此外，川菜中常用的怪味、麻辣味、家常味、陈皮味等，都是用多种调料组合而成的复合味。二是味出与味入，即通过调味和其他技术手段，特别是加热手段，使有自然美味的原料充分表现出美味，使无味或少味的原料入味，最终创造出全新的美味，并使这种美味均匀地渗透在各种主料与辅料之中，难分彼此。如以牛肉为主料、以土豆为辅料制成的红烧牛肉，就是将牛肉放油锅中略炒，再加鲜汤、盐、料酒、糖色、姜、香料等调料和土豆，大火烧沸后改小火慢烧，使牛肉的腥膻味得以去除、鲜美味得以突出，并吸收各种调料和土豆的味道，而土豆和汤汁中同样有牛肉和调料的味道，几乎是"你中有我，我中有你"，最终形成质软烂、味浓香的全新而统一的整体风味特色，而这个特色又均匀地渗透在牛肉、土豆之中。除此之外，还有许多著名菜品如麻婆豆腐、大蒜烧鲇鱼、白果炖鸡、口蘑烩舌掌、家常海参、清炖牛尾汤等，都是味道上貌神合一、渗透均匀的佳品。

形态上的美术化、意境美，主要是通过刀工、造型、菜肴命名、餐具配搭等手段来实现。如著名的仿唐菜"比翼连鲤"，就是将带鳍的鲤鱼对剖但皮相连，烹制成双色、双味的菜肴，展鳍、平铺于盘中，淋上汤汁，借用唐代白居易《长恨歌》中的诗句"在天愿作比翼鸟，在地愿为连理枝"来命名，可谓"盘中有画，画中有诗"，充分体现出中国菜形态上的美术化、意境美。此外，具有美术化、意境美的名品还有熊猫戏竹、丹凤朝阳、鲲鹏展翅、松鹤延年、出水芙蓉、孔雀开屏、蝴蝶竹荪、金鱼闹莲、锦江春色、推纱望月、草船借箭等，不胜枚举。其中，最为人称道的是"推纱望月"。它以鱼糁制成窗格外形，以熟火腿丝、瓜衣丝嵌成窗格线条，以鸽蛋为月，以竹荪为纱，灌以清澈透明的清汤为湖水，构成一幅窗前轻纱飘逸、窗外皎月高悬、湖水静谧的美妙画面，自然令人想起"闭门推出窗前月""投石冲开水底天"的诗句，"推纱望月"是其意境美的最佳表述。然而，在制作极具美术化、意境美的菜肴时常常需要精湛的刀工技艺特别是食品雕刻技艺，以精心的雕刻来模仿、再现自然界的动植物和美好景象，使作品的形象栩栩如生。

三、中国饮食科学思想的发展

中国传统的饮食科学观念是在几千年的历史发展过程中形成和完善起来的。到了近现代，尤其是 19 世纪 80 年代以后，西方饮食文化和科学思想大规模地进入，中国便对其进行吸收、借鉴，努力促使自身的饮食科学思想更加合理、完善。于是，中国的饮食科学思想有了进一步的发展。它主要表现在营养观念上，吸收西方膳食均衡的营养观念，出现了食治养生观念与膳食均衡观念并存的局面。

膳食均衡的营养观念是西方营养学，尤其是西方现代营养学的基本观念。它从天人分离与形式结构出发，认为人是由肌肤、骨骼、毛发、血液等有形之物构成的，可以分为头、手、脚、五官、内脏等部分，人体的健康长寿取决于人体的各个部分运行良好，而这就必须根据人体各部分的需要来合理均衡地摄取饮食。所谓膳食均衡，就是将食物的结构组成以营养素的方式加以概括，并根据人体各部分对各种营养素的需要来均衡、恰当地配搭食物的种类和数量。其中，营养素是西方营养学特有的术语，指的是维持人体健康以及提供生长发育所必需的、存在于各种食物中的物质，主要包括蛋白质、碳水化合物、脂肪、无机盐、维生素、膳食纤维和水等，这些物质成分是根据食物的形式结构检测、分析出来的，具有较强的明晰性，即它们不仅有质的区别，也有量的差异。因此，西方人不仅根据不同人群的身体需要制定出《每日膳食中营养素供给量表》，还编撰出专门记载食物营养素构成和数量的《营养成分表》，并把它们作为选择和均衡搭配各种食物原料的依据。人们只要将这两种表组合使用、稍加计算，就可以比较容易地对食物原料的品种和数量进行准确、合理地搭配，而很少有随意性。这种对食物成分分析和搭配的准确性恰恰是中国传统饮食科学思想所缺乏的，也是值得学习和借鉴的。如中国预防医学科学院营养与食品研究所同北京国际饭店合作，对川、鲁、粤、苏等地方风味流派的许多菜肴成品进行营养成分测定；四川烹饪高等专科学校对 30 种川菜筵席进行营养调查与分析研究，并通过实践证明在不改变中国筵席格局的前提下，用现代营养学指导筵席设计，能够做到合理、均衡地膳食。因此，在当今中国，人们并不是全盘接受西方现代的营养观念，而是将中国传统的营养观念与西方现代的营养观念相结合，取长补短，形成了食治养生与膳食均衡观念并存的科学思想新局面。这样，既在宏观上总体把握，又在微观上深入分析，更好地促进了中国饮食快速而健康地发展。

❖拓展知识

天人分离，指人作为主体与人以外的客体是各自独立甚至对立的，强调把客体世界与人分离开来加以研究，把客体世界当作对象化的事物看待。正如古希腊哲学家普罗泰戈拉所说的"人是万物的尺度",把人作为认识主体,与作为客体、对象的万物相对立。而形式结构原则,主要是对事物本身进行一种数的比例分析和对事物的性质进行种属层级划分,看重部分与整体的关系。以对人自身的认识而言,西方人认为人是由肌肤、骨骼、毛发、血液等有形之物构成的,可以分为头、手、脚、五官、内脏等部分,人体如同一架机器,人的一切运动不论是生理活动还是情感、思想活动,归根结底都是机械运动,遵循机械力学原理。法国人梅特里在《人是机器》一书中指出:"我们人这架机器的这种天然的或固有的摆动,是这一架机器的每一根纤维所赋有的,甚至可以说是它的每一丝纤维成分所赋有的。"因此,西方人认识人自身的方法是通过对人体进行解剖,将人体各部分分别加以认识和研究,从而得出关于人的总体认识。西方人认为,要使人体健康长寿,就必须使人体各个部分运行良好,必须根据人体各部分的需要来合理、均衡地进食以补充营养,如同根据机器各部件的需要恰当地添加各种油一样。

❖**特别提示**

中国和西方的营养观念各自都有一定的局限性,需要互补、并存。

中国食治养生的营养观念,强调辨证施食,是将食物的性能和作用以性味、归经的方式加以概括,并根据人体的特点和各种需要来恰当地配搭食物的种类和数量。但是,中国的性味、归经是在着重观察食物的整体功能基础上产生的,只有质的区别,而没有明确的量的规定,这使得人们对食物的搭配在种类上较为完善,但在数量和比例上往往会产生极大的随意性、模糊性,一定程度上影响了各种食物发挥其良好的作用。而西方膳食均衡的营养观念,强调必须根据人体各部分的需要来准确、合理地配搭食物的种类和数量。但是,由于它立足于"人是机器"、对人进行机械和孤立的认识与研究,而实际上人是具有动物性和社会性的复杂有机体,与周围世界息息相关,互相影响,所以,这种准确、合理的食物搭配也具有相对性和一定的局限性。由此,中国饮食要想快速而健康地发展,就必须将中国的食治养生的营养观念与西方膳食均衡的营养观念结合起来,取长补短、不断完善。

第二节　中国食物结构

食物结构,又称饮食结构、膳食结构,是指人们饮食生活中食物种类和相对数量的构成。它不仅关系到一个人的身体素质和健康,而且关系到一个民族、一个国家的健康发展。饮食科学思想直接影响着人们对食物结构的选择。中国人从天人相应、食治养生与五味调和的思想观念出发,选择了一个独特的食物结构。长期的历史实践证明,它是比较科学与合理的。

一、中国传统食物结构的内容与运用

（一）传统食物结构的提出与内容

《黄帝内经·素问》中说："五谷为养，五果为助，五畜为益，五菜为充。气味合而服之，以补精益气。此五者，有辛酸甘苦咸，各有所利，或散，或收，或缓，或急，或坚，或软，四时五藏，病随五味所宜也。"这段话本是从中医学角度论述怎样通过饮食治疗疾病的，然而，中国传统医学和养生学自古有"医食同源"之说，食物既可食用也可以当作药物用，不过主要还是作饮食之用，其最终目的是养生健身。因此，如果从养生学的角度看，这段话则是在论述怎样通过饮食来养生的，而其中的"五谷为养，五果为助，五畜为益，五菜为充"就是关系到中国人养生健身的食物结构。虽然长期以来没有人把养、助、益、充作为中国人的食物结构来论述，但事实上，两千多年的历史实践表明，中国人特别是汉族人的饮食基本上是按这个食物结构进行的。

（二）传统食物结构在烹饪中的运用

1. 五谷为养的含义及运用

所谓五谷为养，是指包括谷类和豆类在内的各种粮食是人们养生所必需的最主要的食物。这里的"五谷"，泛指包括谷类和豆类在内的各种粮食。它强调杂食五谷，以五谷为主食，抓住获取营养的根本，并在此基础上，通过与"五果""五畜""五菜"的配合，辨证施食，达到养生健身的目的。

五谷为养的原则在中国饮食烹饪中的运用，主要有三个方面：一是在中国古代的食谱中，大多将"五谷"排在首位。如元朝贾铭的《饮食须知》，在谈水火之后，其目录便是按谷类、菜类、果类及肉类等排列。清朝的《食宪鸿秘》《养小录》《随息居饮食谱》等，都是以谷类为首排列的。二是在中国的饮食品中，拥有众多以"五谷"为主体的主食和豆制品。中国的主食包括饭、粥、面点等，至少有上千个品种，十分丰富，而它们基本上都是用粮食作为主要原料的。中国的豆制品包括豆腐、豆豉、豆花、千张等类别，而仅仅用豆腐作为原料，就制作出了成百上千的豆腐菜肴，可见其品种非常繁多。三是在中国的饮食制作和格局上，形成了养与助、益、充结合的传统。在用粮食作为主要原料的饭、粥、面点中加入肉食品和蔬果，成为中国人约定俗成的食品制作方式。如中国著名的粥品皮蛋瘦肉粥、海鲜粥、南瓜粥、红薯粥、杏仁粥、八宝粥等，都是将分属于养、助、益、充的各类原料结合在一起制成的，营养和口感都非常丰富。此外，中国各地的面条、包子、饺子等的制作绝大多数也是如此。而中国的饮食格局特别是筵席格局，长期以来都包括菜肴、点心、饭粥、果品和水酒五大类，谷、肉和蔬果齐备。人们在日常生活中，在经济条件允许的情况下，总是把酒、菜、饭、点及果品等配合食用，几乎不会只吃饭而不吃菜、只喝酒而不吃饭菜。

❖特别提示

"五谷为养"中的"五谷"不仅包括谷物，也包括豆类，应当杂食谷物和豆类等粮食。

在中国古代，"五谷"既有具体所指，如《周礼·天官》中"五谷"之注指黍、稷、菽、麦、稻，唐代的王冰注释为"粳米、小豆、麦、大豆、黄黍"，明代李时珍《本草纲目》则注指"麻、稷、麦、黍、豆"等，也有泛指，即"粮食"的泛称。成语中五谷丰登、五谷不分的"五谷"都泛指粮食；而李时珍在《本草纲目》"谷部"更列有麻麦稻类、稷黍类、菽豆类等，其"五谷"也是指包括谷类和豆类在内的各种粮食。因此，五谷为养的"五谷"也应该泛指谷类和豆类在内的各种粮食，强调不仅要进食谷物，还要进食豆类，以谷物和豆类为主要食物，抓住获取人体营养的根本，以养生健身。

2. 五果为助的含义及运用

"五果"，在中国古代，不仅指具体的五种果品，如桃、李、杏、栗、枣，还泛指所有果品。而从饮食烹饪科学的角度看，五果为助的"五果"也应该泛指各种果品，包括水果和干果等。五果为助的含义就是指食用少量的果品作为对粮食和肉、蔬品的辅助、调节，对维护人体健康有很大帮助。它强调应当在"养""益""充"的基础上食用少量的果品，这样，一方面可以适当补充人体所需的营养；另一方面不会造成伤害，以便维护和促进人体健康。

五果为助的原则在中国饮食烹饪中的运用，主要有两个方面：一是果品成为中国普通菜点的重要原料。长期以来，果品尤其是新鲜水果常常是甜菜的主要原料。如用苹果制作苹果糊、酿苹果、拔丝苹果；用鲜桃制作桃羹、桃冻、蜜汁桃脯；用香蕉制作拔丝香蕉、蜜汁香蕉；用橘子制作银耳橘羹、醉八仙等。同时，也十分盛行在其他菜肴中添加干鲜果品作辅料，以改善或丰富菜肴的风味。传统的名品有板栗烧鸡、奶汤银杏等。而在饭粥，特别是面点中，干鲜果品几乎是不可缺少的原料。除了鲜果外，各种干果、干果仁、果脯，各种蜜饯水果如蜜樱桃、蜜橘、蜜枣、蜜橙等，都可以用来作为辅料或馅料，制作众多的饭粥、面点小吃。二是许多果品成为食品雕刻等花色菜肴的造型材料，也是厨师施展烹饪技艺的重要加工对象。食品雕刻作品是烹饪艺术最直观的体现，而它的核心原料之一就是果品。古代的盘饤、攒盒、雕花蜜饯等，是用果品雕刻、拼摆而成；现代的西瓜盅、椰子盅，也是用相应的瓜果雕刻而成；还有用核桃仁堆叠的假山，用橘子镂空的灯笼等，非常精致、美妙。此外，果品还是制作酒水饮料的主要原料，苹果汁、梨子汁、橙汁、橘子汁、杏仁露等果汁，都是以相应的果品为原料制作的。在各种果酒中，用猕猴桃酿造的乳酒有最丰富的维生素，而用葡萄酿造的葡萄酒最为著名，也最受人们欢迎。

3. 五畜为益的含义及运用

"五畜"，在中国古代，既有具体所指，如牛、羊、猪、狗、鸡，或马、牛、羊、猪、狗等，也泛指家禽家畜及其副产品乳、蛋。而如果从饮食烹饪科学的角度看，五畜为益的"五畜"应该更广泛地指整个动物性食物原料。那么，五畜为益的含义就是指适量地食用动物性食物原料，对人体健康特别是机体的生长有很大的补益。它强调必须食用肉、乳、蛋类食品，但是又只能适量食用，把它们作为一类副食品，不能与主食品五谷颠倒、过度食用，以恰到好处地满足人体需要、促进其健康发展为宜。

五畜为益的原则在中国饮食烹饪中的运用，主要有两个方面：一是动物性原料成为中国菜肴原料的核心之一。在中国菜肴中，用动物性原料作为主料或辅料而制作的菜肴已超过一半以上，品种繁多、风味各异。无论是猪、牛、羊、鸡、鸭、鹅等家畜家禽，还是鱼、虾、鳖、蟹等河鲜水产，每一类、每一种原料都可制作出几十个、数百个菜肴，使得中国菜品种异常丰富。如猪、牛、羊，从头到尾，从肉、骨到内脏，都可以制成几百个菜肴，制作出全猪席、全牛席、全羊席。二是动物性原料成为中国厨师施展烹饪技艺的主要加工对象。在日常的菜肴制作中，多种多样的刀工刀法，使用的重要对象是不同形状的动物原料；多种多样的配菜原则与方法，是围绕不同营养价值的动物原料进行的；多种多样的烹饪方法，是针对不同质地和口感的动物原料而出现的；多种多样的调味手段与方法，则是针对不同味道的动物原料而出现的，尤其是灭腥去膻除臊的手段主要是针对牛、羊、鱼、虾等个性突出的原料。而厨师对动物原料在各个烹饪环节的精心制作，不仅表现出了高超的烹饪技艺，也使中国菜变化无穷。中国人能够做到一年365天，一天三顿，每天的菜不同，每顿的菜不同。难怪一位研究法国菜的日本料理专家在中国品尝了各地菜肴后说："吃法国菜一个月就可能厌烦，而吃中国菜一年也不会厌烦。"此外，表演性、比赛性极强的菜肴制作项目如绸上切肉、杀鸡一条龙等，更是中国厨师烹饪技艺精彩而集中的展示。

4. 五菜为充的含义及运用

"五菜"，在中国古代，同样有具体所指，如葵、藿、薤、葱、韭等，也有泛指，指对人工种植的蔬菜和自然生长的野菜的统称。李时珍在《本草纲目》中指出："凡草木之可茹者谓之菜。"而从饮食烹饪科学的角度看，五菜为充的"五菜"应该泛指各种蔬菜。五菜为充的含义是指食用一定量的蔬菜作为对粮食和肉食品的补充，可以使人体所需的营养得到充实、完善，有效地促进人体健康。它强调在"养""益"的基础上食用一定量的各种蔬菜，可以更好地增强人体的抗病能力，预防和减少多种疾病的发生。

五菜为充的原则在中国饮食烹饪中的运用，与五畜为益相似，也有两个主要方面：一是蔬菜成为中国菜肴原料的又一个核心，并且在"益""充"配合、互补的原则下创制出众多荤素结合的菜肴。在中国菜肴中，用蔬菜作为主料或辅料制作的菜肴，以及荤素配合制作的菜肴，也都超过一半以上，品种和风味都丰富多彩。以孔府菜为例，在47种猪肉菜中，用素食原料为辅料的有30个品种。而在山东、四川、江苏、广东四大地方风味流派中，荤素配合制作的菜肴占整个菜肴的50%~70%。可以说，用蔬菜做原料和荤素配合制作菜肴已经是一个传统，遍及东西南北四方和官府、民间。二是蔬菜也成为中国厨师施展烹饪技艺的主要加工对象。不仅在日常的菜肴制作中，对蔬菜原料运用切割、配搭、加热、调味等各种方法来展示烹饪技艺，还对蔬菜原料进行粗菜细做、细菜精做、一菜多做、素菜荤做，创制出数量众多、味美可口的菜肴。如无土栽培的蔬菜豆芽，早就成为寻常的蔬菜，而孔府的厨师却将它掐头去尾，在豆茎中镶入肉末，制作出名为"镶豆莛"的菜肴，令无数人赞叹不已。这可以说是粗菜细做、细菜精做的典范。而对于素菜荤做，最值得称道的是寺院、宫观的厨师和食品雕刻师。他们用竹笋、菌菇、青笋、萝卜等素食原料，通过精心加工处理，仿照动物形态，制作出众多以素托荤、栩栩如生的美妙菜肴，令人眼花缭乱、难辨真伪，更表现了精湛的烹饪技艺。

二、中国传统食物结构的合理性与不足

（一）传统食物结构的合理性

1. 符合中国人养生健身的总体营养需要

现代营养学指出，人体必须从外界摄取食物、获得营养，才能维持生命与身体健康。而维持人体健康以及提供其生长发育所必需的存在于各种食物中的物质，被称为营养素，包括七个种类，即碳水化合物、蛋白质、脂肪、无机盐、维生素、膳食纤维和水。中国传统的食物结构正好提供了人体需要的这七大营养素，满足了养生健身的基本营养需要。

首先，"五谷"提供了大量碳水化合物和植物蛋白质。"五谷"包括谷类、豆类，谷类含有的大量碳水化合物，能够转化成能量，为人体提供生命活动所需要的动力来源；豆类含有大量的蛋白质，是生命细胞最基本的组成成分。能量和蛋白质对机体代谢、生理功能、健康状况等的作用最大、最主要。"五谷为养"，即用包括谷类、豆类在内的粮食作为主食，基本上满足了人体对能量和蛋白质的需要。

其次，"五畜""五菜""五果"提供了动物蛋白质、脂肪、无机盐、维生素、膳食纤维和水等。因为谷类所含的蛋白质质量较差、脂肪过少、维生素和无机盐的供给量偏低，即使豆类含有的植物蛋白质很多，其生理价值也低于动物蛋白，而"五畜""五菜""五果"即动物性食物原料和蔬菜、果品恰恰富含粮食所缺乏的这些营养素。其中，动物性食物原料不仅含有大量的优质动物蛋白、脂肪，含有足量而平衡的B族维生素，也含有钙、锌等无机盐以及一些植物原料不含的养分和其他生物活性物质；蔬菜和水果除含有大量水分外，还含有大量品种丰富的维生素，如维生素C、胡萝卜素等，并含有许多无机盐，如钾、镁、钙、铁和膳食纤维等，这些食物原料配合食用，能够弥补"五

谷为养"的不足，满足人体对各种营养素的需要。但是，任何事物都有限度，如果超过了这个度，就会适得其反。人体对各种营养素的需要也是有一定数量的，否则将损害身体健康，如过量食用动物性食品，会造成蛋白质、脂肪等供过于求，产生肥胖症和心血管疾病；过量食用果品，蔗糖、果糖、柠檬酸、苹果酸等能源物质很容易转化成中性脂肪，导致肥胖。因此，在传统食物结构中，在提出"五谷为养"的原则之后，认为必须适量地食用肉食品、一定量地食用蔬菜、少量地食用果品，即"五畜为益""五菜为充"，"五果"仅仅"为助"。这样，粮食作主食，兼有肉、菜、果，养、助、益、充结合，就满足并符合了中国人养生健身的总体营养需要。

2. 适合中国的国情

长期以来，中国是一个以农为本的农业大国，虽然地大物博，但人口众多，人均占有食物原料的数量并不多。如果没有一个比较适合中国特点的食物结构，将会影响中华民族的生存与发展。一位美国学者曾经对以肉食为主的食物结构和以素食为主的食物结构进行比较，指出在农业国家，以肉食为主的食物结构，需要消耗大大超过人的食用量的饲料粮来保证，没有足够的粮食作为后盾，是很难形成这种结构的；而以素食为主的食物结构，人们直接食用的粮食量较低，比较容易解决温饱问题，能够保证人的生存与繁衍，因此，它是比较适宜的结构。对于中国这个农业大国而言，粮食、蔬菜、果品等植物原料的产量大、价格低，除了战争和灾荒等因素外，在正常状态下能够比较充分地满足人的饮食需要，普通百姓也有条件把它们作为常食之品；而动物性食物原料，其产量较小、价格也较贵，不太容易满足人的饮食需要，普通百姓常常只能根据自己的条件来选择，经济条件好的人可以经常食用，经济条件不好的人则不能经常食用甚至几乎无法食用。但是，无论如何，由于有豆类提供的蛋白质作支撑，不会从根本上影响人体的健康与繁衍。因此，可以说，中国人选择这个以素食为主的食物结构是符合国情、符合实际的，也是明智的。

（二）传统食物结构的不足

中国传统食物结构最大的不足是它的模糊性及由此而来的随意性。在传统食物结构中，只有质的区别，而没有明确的量的规定，即主要强调的是各种食物品种、质量的搭配，而没有进一步指出明确的数量。《黄帝内经》提出："五谷为养，五果为助，五畜为益，五菜为充。"意思是说，包括豆类在内的粮食是人们养生所必需的最主要食物，在此基础上，必须将肉、乳、蛋类荤食品和蔬菜、果品等作为对养生起补益、充实、帮助作用的辅助食物，简言之，以素食为主、肉食为辅。但是，这个食物结构的叙述十分模糊，历代养生家和医学家也没有进一步提出明确的量化标准，使得人们在配搭食物时在数量和比例上有极大的随意性，乃至影响了这个食物结构发挥良好的作用，如由于动物性食物原料在饮食中搭配的数量、比例过低，出现了优质蛋白质、无机盐、B族维生素缺乏，引起相应的疾病。

三、中国食物结构的现状与改革

食物是人类生存和发展的重要物质基础。随着中国经济的发展和人民生活水平的提高，中国人的食物状况已发生了深刻变化，开始进入新的发展阶段。及时掌握这种变化，引导食物结构的调整，促进食物生产与消费的协调发展，尽快建立更加科学、合理的食物结构，不仅关系到中国人民身体素质的提高，还关系着国民经济的发展与繁荣。为此，国务院从20世纪90年代开始至今，已先后三次颁布了有关中国食物结构改革与发展的纲要，分别是1993年审议颁布的《九十年代中国食物结构改革与发展纲要》、2001年11月颁布的《中国食物与营养发展纲要（2001—2010年）》和2014年1月颁布的《中国食物与营养发展纲要（2014—2020年）》，对中国食物结构的现状与发展思想、基本目标做了全面的阐述。此外，中国营养学会也受中国卫生部的委托，于1989年制定并发布了《中国居民膳食指南》（1989年版）。此后，中国营养学会又多次修改了《中国居民膳食指南》。

（一）《中国食物与营养发展纲要（2014—2020年）》的主要内容

21世纪10年代以后，中国人的生活基本进入小康社会，中国居民食物结构进入迅速变化和营养水平不断提高的重要时期。为了改善食物结构，提高全民营养水平，增进人民身体健康，指导我国食物与营养持续、协调发展，国务院及时地在2014年1月颁布了《中国食物与营养发展纲要（2014—2020年）》。

1. 食物与营养发展的指导思想、基本原则和目标

《中国食物与营养发展纲要（2014—2020年）》指出，在2014—2020年，中国食物与营养发展的指导思想是以邓小平理论、"三个代表"重要思想、科学发展观为指导，顺应各族人民过上更好生活的新期待，把保障食物有效供给、促进营养均衡发展、统筹协调生产与消费作为主要任务，把重点产品、重点区域、重点人群作为突破口，着力推动食物与营养发展方式转变，营造厉行节约、反对浪费的良好社会风尚，提升人民健康水平，为全面建成小康社会提供重要支撑。

在2014—2020年，中国食物与营养发展的基本原则是"四个坚持"：一是坚持食物数量与质量并重的原则，在重视食物数量的同时，更加注重品质和质量安全，加强优质专用新品种的研发与推广，提高优质食物比重，实现食物生产数量与结构、质量与效益相统一。二是坚持生产与消费协调发展的原则，以现代营养理念引导食物合理消费，逐步形成以营养需求为导向的现代食物产业体系，促进生产、消费、营养、健康协调发展。三是坚持传承与创新有机统一的原则，传承以植物性食物为主、动物性食物为辅的优良膳食传统，保护具有地域特色的膳食方式，创新繁荣中华饮食文化，合理汲取国外膳食结构的优点，全面提升膳食营养科技支撑水平。四是坚持引导与干预有效结合的原则，普及公众营养知识，引导科学合理膳食，预防和控制营养性疾病；针对不同区域、不同人群的食物与营养需求，采取差别化的干预措施，改善食物与营养结构。

到 2020 年，中国食物与营养发展的目标有五个。第一，食物生产量目标：确保谷物基本自给、口粮绝对安全，全面提升食物质量，优化品种结构，稳步增强食物供给能力，全国粮食产量稳定在 5.5 亿吨以上，油料、肉类、蛋类、奶类、水产品等生产稳定发展。第二，食品工业发展目标：加快建设产业特色明显、集群优势突出、结构布局合理的现代食品加工产业体系，形成一批品牌信誉好、产品质量高、核心竞争力强的大中型食品加工及配送企业，全国食品工业增加值年均增长速度保持在 10% 以上。第三，食物消费量目标：推广膳食结构多样化的健康消费模式，控制食用油和盐的消费量，全国人均全年口粮消费 135 千克、食用植物油 12 千克、豆类 13 千克、肉类 29 千克、蛋类 16 千克、奶类 36 千克、水产品 18 千克、蔬菜 140 千克、水果 60 千克。第四，营养素摄入量目标：保障充足的能量和蛋白质摄入量，控制脂肪摄入量，保持适量的维生素和矿物质摄入量，全国人均每日摄入能量 2200~2300 千卡，其中，谷类食物供能比不低于 50%；脂肪供能比不高于 30%；人均每日蛋白质摄入量 78 克，优质蛋白质比例占 45% 以上；维生素和矿物质等微量营养素摄入量基本达到居民健康需求。第五，营养性疾病控制目标：基本消除营养不良现象，控制营养性疾病增长，全国 5 岁以下儿童生长迟缓率控制在 7% 以下；全国人群贫血率控制在 10% 以下，其中，孕产妇贫血率控制在 17% 以下，老年人贫血率控制在 15% 以下，5 岁以下儿童贫血率控制在 12% 以下；居民超重、肥胖和血脂异常率的增长速度明显下降。

2. 食物与营养发展的主要任务及重点产品、区域与人群

《中国食物与营养发展纲要（2014—2020 年）》依据发展目标，确定了主要任务及重点产品、重点区域与重点人群，可以概括为"4 个三"：第一，主要任务是构建三个体系，即供给稳定、运转高效、监控有力的食物数量保障体系，标准健全、体系完备、监管到位的食物质量保障体系，定期监测、分类指导、引导消费的居民营养改善体系。第二，重点产品有三大类，即重点发展优质食用农产品、方便营养加工食品和奶类与大豆食品。第三，重点区域有三个，即重点针对贫困地区、农村地区和流动人群集中及新型城镇化地区。第四，重点人群有三类，即重点关注孕产妇与婴幼儿、儿童青少年和老年人。通过各种行之有效的政策措施，保证食物与营养发展目标的顺利实现。

❖拓展知识

食物结构，不仅关系到一个人的身体素质，还关系到一个国家的整体身体素质和国民经济发展与繁荣，受到各国政府的高度重视。改革开放以后，中国政府高度重视国人的食物结构改革与发展，在 1993 年国务院就审议颁布了《九十年代中国食物结构改革与发展纲要》，不仅对 20 世纪 90 年代及以前的食物结构状况进行了客观的分析、定性，而且对 90 年代食物结构的改革与发展做了比较科学、详细的规定，为此后中国食物结构的改革、发展指明了方向，也为 2001 年制定颁布的《中国食物与营养发展纲要（2001—2010 年）》和 2014 年制定颁布的《中国食物与营养发展纲要（2014—2020 年）》奠定了坚实基础。

（二）《中国居民膳食指南（2016）》的主要内容

《中国居民膳食指南》是根据平衡膳食理论制定的膳食指导原则，是合理选择与搭配食物的指导性文件，目的在于优化饮食结构，减少与膳食失衡有关的疾病发生，提高全民健康素质。1989 年，受中国卫生部的委托，中国营养学会首次制定并发布了《中国居民膳食指南》。此后，为了保证《中国居民膳食指南》的时效性和科学性，使其真正契合不断发展变化的我国居民营养健康需求，给中国居民提供最根本、准确的健康膳食信息，指导居民合理营养、保持健康，中国营养学会多次对该指南进行论证、修改，并广泛征求相关领域专家、机构和企业的意见，先后由国家卫生部（国家卫生计生委）发布了《中国居民膳食指南》1997 年版、2007 年版和 2016 年版。

《中国居民膳食指南（2016）》是 2016 年 5 月 13 日由国家卫生计生委疾控局发布，为了提出符合我国居民营养健康状况和基本需求的膳食指导建议而制定的法规，自2016 年 5 月 13 日起实施。该指南由一般人群膳食指南、特定人群膳食指南和中国居民平衡膳食实践三个部分组成，同时推出了中国居民膳食宝塔（2016）、中国居民平衡膳食餐盘（2016）和儿童平衡膳食算盘等三个可视化图形，指导大众在日常生活中进行具体实践。

1. 一般人群和特定人群的膳食指南

一般人群的膳食指南核心推荐有 6 条，适合于 2 岁以上的所有健康人群，具体内容是：①食物多样，谷类为主；②吃动平衡，健康体重；③多吃蔬果、奶类、大豆；④适量吃鱼、禽、蛋、瘦肉；⑤少盐少油，控糖限酒；⑥杜绝浪费，兴新食尚。每天的膳食应包括谷薯类、蔬菜水果类、畜禽鱼蛋奶类、大豆坚果类等食物。建议平均每天摄入12 种以上食物，每周 25 种以上。各年龄段人群都应天天运动、保持健康体重。坚持日常身体活动，推荐每周至少进行 5 天中等强度身体活动，累计 150 分钟以上。蔬菜水果是平衡膳食的重要组成部分，吃各种各样的奶制品，经常吃豆制品，适量吃坚果。鱼、禽、蛋和瘦肉摄入要适量。少吃肥肉、烟熏和腌制肉食品。少摄入食盐和烹调油，足量饮水。

特定人群膳食指南是根据各人群的生理特点及其对膳食营养需要而制定的。特定人群包括备孕妇女、孕期妇女、哺乳期妇女、婴幼儿、学龄前儿童、学龄儿童、素食人群和老年人群。其中，6 岁以上各特定人群的膳食指南是在一般人群膳食指南 6 条的基础上进行增补形成的。

2. 中国居民平衡膳食宝塔

为了帮助一般人群在日常生活中实践该指南的主要内容，中国营养学会对 1997 年的《中国居民平衡膳食宝塔》进行了修订，直观展示了每日应摄入的食物种类、合理数量及适宜的身体活动量，为居民合理调配膳食提供了可操作性指导。

中国居民平衡膳食宝塔（2016）（见图 2-1）共分五层，包含每天应摄入的主要食物种类。膳食宝塔利用各层位置和面积的不同，反映了各类食物在膳食中的地位和应占的比重。谷薯类食物位居底层，每人每天应摄入 250~400 克；蔬菜和水果位居第二层，每天应摄入蔬菜类 300~500 克和水果类 200~400 克；鱼、禽、肉、蛋等动物性食物位于第三层，每天应摄入 120~200 克（畜禽肉 40~75 克，水产类 40~75 克，蛋类 40~50 克）；奶类和豆类食物合居第四层，每天应吃相当于鲜奶 300 克的奶类及奶制品和 25~35 克的大豆及坚果类。第五层塔顶是油和食盐，每天的油摄入量不超过 25~30 克，食盐不超过 6 克。此外，每天饮水 1500~1700 毫升，活动至少 6000 步。

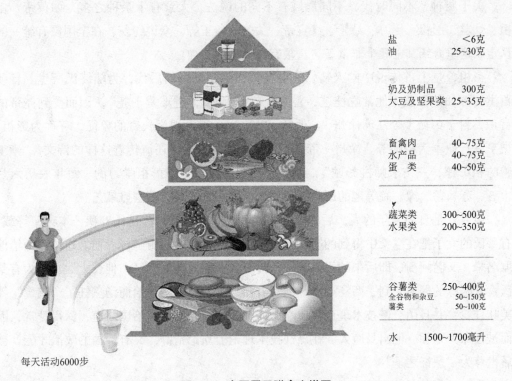

图 2-1 中国居民膳食宝塔图

2020 年 6 月，中国营养学会又启动了 2016 年版《中国居民膳食指南》修订工作，再次体现了国家对提高国民健康素质的极大关注。它将在调查中国近年来居民膳食改变和健康状况的基础上，提出更有针对性、更有效地促进中国居民改善膳食结构的指导意见，以期起到引导食物生产与健康消费、推进健康膳食模式、促进健康政策发展、维护中国饮食文化传承等重要作用。

第三节　中国饮食人物

中国是一个烹饪王国，拥有辉煌灿烂的饮食文明。其中，无数美食创造者的辛勤劳动起着至关重要的作用，同时一些文化名人、美食家对饮食烹饪的贡献也功不可没，是他们共同的不懈努力，建立了傲立于世界之林的烹饪王国，铸造了令人炫目的饮食辉煌。

一、中国饮食创造者

（一）饮食之神

1. 厨神

关于厨神，不同时代、不同地域有不同的说法，大致有十余种之多，如黄帝、雷祖、灶君、彭祖、伊尹、易牙、汉宣帝、关公、詹王等，众说纷纭，在全国没有统一的认定，这里介绍其中几个非常著名、很有影响力的厨神。

彭祖，是上古传说中的人物。原名篯铿，是颛顼帝的后代，为陆终氏所生。晋朝葛洪《神仙传》载，他常吃桂芝，善养气，"能调羹，进雉羹于尧"，因而受到尧帝的赏识，封于彭城（今江苏徐州）。他活了800岁，被人视为长寿的象征，尊称为彭祖，被烹饪行业奉为祖师爷。徐州一带有不少关于他的古迹，还流传着这样的诗文，"雍巫善味祖彭铿，三访求师古彭城"，说易牙的调味技术是向彭祖学习的。每年农历六月十五，苏、鲁、豫、皖等地的厨师都要到彭祖祠上香膜拜，并摆摊献艺。

伊尹，是夏朝末年的人，后为商朝宰相。《墨子·尚贤》《吕氏春秋·本味》等载，有莘氏的女子把在空桑中得到的婴儿献给君王，君王命一个厨师抚养他。这位厨师给他取名挚，又名阿衡，即后来的伊尹，并言传身教，使他精通烹饪。他长大后，作为有莘氏女儿陪嫁的佣人，到了商汤那里。他背着鼎，抱着砧板，去给商汤烹饪了"鹄羹"等美味佳肴，并且用烹饪技术理论作比喻，详细地向商汤阐述了治国之道，深得赞赏，因而被任命为宰相。他出身庖人，在烹饪技术理论上立论精辟，又有治国的政治才能，被后世尊为"烹饪之圣"。

詹王，相传是唐朝烹饪技艺高超的御厨，姓詹。一天，皇帝问他："普天之下，什么最好吃？"这位忠厚、老实的厨师回答道："盐味最美。"皇帝听了勃然大怒，认为盐是最普通的东西，天天都在吃，没什么稀奇珍美的，是厨师在戏弄自己不懂饮食之道，就下令把姓詹的厨师推出斩首。詹厨死后，御膳房的其他厨师听说皇帝忌盐，怕再犯欺君之罪，在烹制菜肴时都不敢放盐了。皇帝连续吃了许多天无盐的菜肴，不仅感到索然无味，而且全身无力，精神萎靡。究其原因，才知是缺盐的缘故。皇帝因此恍然大悟，知道自己错杀了詹厨，便追封詹厨为王，自己退位十天（每年农历八月十三至八月廿二），让百姓祭祀悼念他。后来，湖北、四川等地的许多厨师把詹王尊为祖师，并在每年詹王生日的农历八月十三举行詹王会，缅怀先贤，交友联谊。

灶君，又称灶王、灶神，原为主灶司厨之神。相传他是玉皇大帝的女婿，专门派到人间监厨并掌管家政，每到岁末要回天宫汇报人间情况，因此人们不敢怠慢，要向他献酒食和饴糖，让他尝到甜头，以便"上天言好事，下地报吉祥"。而他既会烹饪，又有同情心，常常教厨师一些手艺。随着时间流逝，山东、北京、昆明等地的厨师便尊他为厨者的祖师，并在农历八月初三灶君生日时举行祭灶仪式，各自拿出看家本领制作菜肴、出师、拜师，有的甚至还要念《大灶王经》。

2. 酒神

关于酒神，主要有仪狄、杜康两种说法。仪狄，相传为夏朝人，是中国最早的酿酒者。《世本·作篇》言："仪狄始作酒醪，变五味。"醪，是一种用米发酵加工而成的浊酒。《战国策·魏策》还载有一段趣事："昔者，帝女令仪狄作酒而美，进之禹。禹饮而甘之，曰：'后世必有以酒亡其国者。'遂疏仪狄而绝旨酒。"意思是说，夏禹的妃子让仪狄酿造出美酒，进献给禹，禹喝后觉得确实很好，但担心后世君王会因为贪图美酒而亡国，便疏远了仪狄，自己也不再喝酒。仪狄造美酒，不但没有得到奖励，反而受到惩罚，实在有失公允。杜康，相传也是中国最早的酿酒者，关于其生活年代、地点，有几种说法，但大多认为是夏朝时期的河南人。《世本》和《中州杂俎》等记载道，杜康生活在河南汝阳的一个小村庄，小时候放羊，常常在名叫空桑涧的小河边吃饭，然后把吃剩的饭倒进身旁的空桑树洞中，不久，树洞里就散发出浓郁的香气。后来，他受到启发，开始酿酒并以此为业，被后世奉为酒神、酿酒祖师。如在著名的酒乡贵州茅台镇，每当酒坊烤出初酒时，老板都要在酒房贴"杜康先师之神位"，焚香燃烛，设供祝祷。如今，在河南仍然有杜康泉、杜康沟、杜康墓，在许多酿酒地有杜康庙，供酿酒者缅怀祭祀。

3. 茶神

关于茶神，人们公认的是唐朝陆羽。陆羽，字鸿渐，号竟陵子、桑苎翁等，一生嗜茶，精于茶道，以撰写世界第一部茶叶专著《茶经》而闻名于世，在唐朝末年就被尊为茶仙、茶圣、茶神。《新唐书·陆羽传》等载，陆羽是一个孤儿，唐开元二十三年（公元735年）被竟陵龙盖寺的智积禅师收养，教他研习佛法，但他偏好儒家经典，后来偷偷逃离寺院，浪迹天涯。他几乎走遍当时著名的产茶地，收集采茶、制茶的各种资料，并且钻研烹茶用水之道，成为烹茶高手，最后在湖州完成了亘古未有的《茶经》，贞元二十年（公元804年）辞世。不久，由于他突出的贡献，便被人们奉为茶神，并建祠塑像来供奉。在谷雨日，茶农常常要举行大型的祭祀茶神活动，祈求茶叶丰收。

（二）中国名厨

在历史上，厨师的社会地位十分低下，被归入三教九流。人们津津乐道地享用无数精美的饮食，却瞧不起这些美食的创造者，更很少为他们青史留名。因此，历史上有关著名厨师的详细资料很少，大多为零星记载。但是，从这些记载中仍然可以看出，是一代又一代厨师的聪明才智和辛勤劳动，创造了无数的美馔佳肴，创造了中国辉煌的饮食文化。这里按主要的类别介绍一些著名厨师。

1. 御厨

御厨是指在宫廷制作饮食品的厨师。他们由宫廷食官统一管理，内部分工非常细致，各专一行，各怀绝技，常常一生都只做几个拿手菜。他们人数众多，但留下姓名、事迹的却非常少。在宋朝，据《武林旧事》载，宋高宗到张俊府中游玩，带了两名御厨，一个是保义郎干办御厨冯藻，一个是保义郎干办御厨潘邦，但没有关于二人的其他记载。到清朝，《清代档案史料丛编》中记录了比较多的有姓名的御厨，并且可以看出他们的技艺精湛。如乾隆年间，有张东官、郑二、双林、树木勒等，他们都有自己的拿手菜。其中，张东官是苏州人，曾为乾隆烹饪燕窝红白鸭子八仙热锅、燕窝锅烧鸭丝、肥鸭千张野鸭子、莲子卤煮鸭子、山药酒炖符尔肉、鸡糕锅烧符尔肉等菜肴以及猪肉提褶包子、枣尔糕老米面糕、象眼小馒首等点心。乾隆外出时，张东官被选入随侍御厨行列。郑二则为乾隆烹饪葱椒鸭子热锅、炒鸡大炒肉炖酸菜热锅、火熏炖烂鸭子、口蘑盐煎肉等。双林为乾隆烹饪的菜肴有燕窝鸡糕酒炖鸭子热锅、鹿筋口蘑烩肥鸡、肉丝清蒸关东鸭子等。树木勒为乾隆烹饪的菜肴有全猪肉丝、额思克森等。他们也被选入随侍御厨行列。清朝末年，影响较大的著名御厨有"抓炒大王"王玉山，王玉山最擅长制作抓炒菜肴，清朝灭亡后与人合作，在北海公园创办了"仿膳斋"，为宫廷美食的传承起了极大作用。

2. 家厨

家厨，主要是指在上至达官显贵下至普通百姓家中制作饮食品的厨师，也包括在家中主持厨务的中馈，即家庭主妇。由于主人家庭条件限制，他们较少制作豪华的大型筵席，主要擅长制作家常菜点，烹饪技艺水平高低不一，也有不少出类拔萃者。在中国饮食史上，著名的家厨有唐朝的膳祖、明朝的董小宛、清朝的王小余和曾懿等。

膳祖，是唐穆宗时丞相段文昌的家厨。段文昌是著名的美食家，他将府中的厨房命名为"炼珍堂"，把出差在外时用的厨房称"行珍馆"，而膳祖就负责炼珍堂和行珍馆的厨务。每天吃什么菜肴、怎样制作，都由她安排、指挥。她在段家事厨40余年，培养了不少技艺高超的厨师，并且挑选9人传授绝技。因为她言传身教、诲人不倦，人们尊敬她，不直呼其名，而称为膳祖。

董小宛，名白，字青莲，是明末清初才华横溢的中馈。她曾是"金陵八艳"之一，后与如皋才子冒辟疆结成眷属。她多才多艺，精通茶经酒谱、医籍食方，常常根据冒辟疆的饮食爱好制作出可口的菜肴。据冒辟疆《影梅庵忆语》载，董小宛在烹饪上有两方面的特点：一是善制花露、咸菜、糖果糕点和一些菜肴。她能从各地菜肴中吸取长处，做出拥有自己特色的色、香、味俱全的菜肴，喜欢以花入食，使菜肴色彩艳丽、香醇鲜美。她制作的方块糖，成形而不散，进口而不黏，清香适口。二是善于吸收和总结烹调与创新菜肴的经验。她说，"火肉久者无油，有松柏之味。风鱼久者如火肉，有麇鹿之味。醉蛤如桃花，醉鲟骨如白玉"，并且把这些经验都在食谱中加以验证，"而又以慧巧变化为之，莫不异妙"。

王小余，是清朝乾隆年间文学家和美食家袁枚的家厨。他在袁枚家事厨近10年，二人结下深厚的友谊。王小余去世后，袁枚写下《厨者王小余传》悼念他。这是中国饮食烹饪史上罕见的专门为纯粹厨师而写的传记。据传记载，王小余敬业、守职，厨艺精、厨德高。他事厨时，选料"必亲市物"，观察火候"雀立不转目"，调味"未尝见染指之试"，但主客品尝其制作的菜肴时"欲吞其器"。他精湛的厨艺，除了表现在娴熟、准确的操作外，还表现在对技艺诀窍的领会和把握上。如他认为，用水、用火是烹饪的两个关键，"作厨如作医。吾以一心诊百物之宜，而谨审其水火之齐，则万口之甘如一口"；筵席组合和上菜顺序必须有一定的原则，"浓者先之，清者后之，正者主之，奇者杂之"。他良好的厨德主要体现在认真和谦虚上。他说，"吾苦思殚力以食人，一肴上，则吾之心腹肾肠亦与俱上"，"美誉之苦，不如严训之甘"，期盼得到中肯的批评使自己的技艺不断提高。这种境界实在是当时厨师难以达到的，因此袁枚在传记中评价说，王小余的话已经超出了厨事范围："思其言，有可治民者焉，有可治文者焉。"这也是袁枚专门为他立传的原因之一。

曾懿，字伯渊，四川华阳（今双流）人，是清朝光绪年间的作家和中馈。她出身仕宦之家，"通书史，善课子"，著有《古欢室诗集》《医学篇》《女学篇》等书籍。她在烹饪上最突出的成就是把自己主持家中饮食之事的实际经验和采集到的一些家常菜烹饪方编写成了《中馈录》。她在书中详细记载了香肠、肉松、鱼松、豆豉、豆瓣、腐乳、冬菜、咸菜、泡菜、熏鱼、糟鱼、风鱼、醉蟹、糟蛋、皮蛋、月饼的制作方法，人们完全可以依法行事。她说，其目的是"将应习食物制造各法笔之于书，庶使学者有所依归，转相效仿，实行中馈之职务"，以"节用卫生"。她的行为令人景仰、值得学习，也许因此，《清史稿》为她列有简要的传记《曾懿传》。

3. 肆厨

肆厨是指在饮食市场上制作饮食品的厨师。他们是中国厨师队伍的主力军，其服务对象广泛，从业场所遍及各地城乡，烹饪技艺水平也有较大差异，但最大的共同点是为了适应竞争的需要，都有极强的进取和创新精神。在史料中记载的市肆厨师相对较多，如汉朝有浊氏、张氏，唐宋时期有张手美、花糕员外、宋五嫂等，明清时期尤其是清朝中后期最多，有点心师萧美人、帽花厨子李大垣、姑姑筵创办者黄晋临，有"没骨鱼面"的创始人徐履安、天津狗不理包子的创始人高贵友、广州娥姐粉果的创始人娥姐、四川麻婆豆腐的创始人陈兴盛之妻刘氏、吉林李连贵大饼的创始人李广忠、道口义兴张烧鸡的创始人张丙、佛跳墙的创始人郑春发等,不胜枚举。这里介绍其中两类值得一提的肆厨。

一类是创制菜点流传至今的肆厨,著名的有宋五嫂、萧美人等。宋五嫂,是宋朝擅长制作菜肴的厨师。相传她是汴京(今开封)人,后流落到临安(今杭州),她做的鱼羹闻名遐迩,曾得到宋高宗和孝宗的赞赏。一次,孝宗游西湖时专门召见她,她献上鱼羹,得到重赏。消息传开后,人们争着来品尝。她便用皇帝的赏赐在钱塘门外开店,食客如云。《梦粱录》记载,当时杭州市肆名家著名者就有"钱塘门外宋五嫂鱼羹"。据说,如今杭州名菜赛蟹羹是在宋五嫂鱼羹的基础上发展而来的。萧美人,是清朝擅长制作糕点的点心师。她生于乾隆年间,年轻时相貌娇美,烹饪手艺高超。她制作的"麻姑指爪",可与东坡肉、眉公饼媲美。袁枚在《随园食单》"萧美人点心"条说,仪征南门外萧美人善制点心,"凡馒头、糕、饺之类,小巧可爱,洁白如雪"。他还曾派人到萧美人的店铺订购 3 000 只点心,作为馈赠之物。诗人吴名煊曾写诗赞道:"妙手纤纤如粉匀,搓酥糁拌擅奇珍。自从香到江南日,市上名传萧美人。"至今,当地的点心仍然有小巧可爱之遗风。

另一类是文人充当的肆厨,代表人物有帽花厨子李大垣、姑姑筵创办者黄晋临等。李大垣,又名台征,是明末清初的一位儒生,会写诗,但最有特色的是咏刀的莝刀诗。后来,因为好吃、喜欢烹调并且行厨,时常戴一绒小团帽,缀玉花,便自称"帽花厨子"。他在烹饪上有一些奇招,如烧羊肉,别人用酱,他却用芍药,竟使品尝者不知是用羊肉做的;他还自制了一种厨刀,可以伸缩,有利于使用和收藏。由于他的特立独行,当时的知名学者傅山为他写了《帽花厨子传》。黄晋临,也写作黄敬临、黄静临,四川成都人,是文人开餐馆、事厨的奇才。他生于同治十二年(公元 1873 年),光绪时考中进士,曾为慈禧太后管理膳食,又当过射洪、巫溪、荥经等县知事,辞官后在成都开办了著名餐馆姑姑筵,并亲理厨政。他在菜点制作和经营上有独到之处:将宫廷风味与地方风味相结合,巧制新菜;勤于宣传,使饮食与文化相结合,给人以物质和精神双重享受;定额办席,最多不超过 4 桌,以求精工细作、保质保量,由此餐馆生意兴隆。黄晋临的姑姑筵菜肴,如樟茶鸭子、坛子肉、烧牛头方、酸菜鱿鱼、豆渣烘猪头、叉烧肉、软炸斑指等,味美质佳,至今为川人喜爱。可以说,他对川菜的发展有深远的影响。

二、中国饮食文化名人与美食家

在中国历史上,曾经有一大批懂吃、会吃的文化名人和美食家。他们或者提出自己的饮食主张,或者记述、赞美和品评各地的物产、食俗、菜点等,对饮食文化的发展做出了宝贵的贡献。著名的有春秋战国时期的孔子、孟子、庄子、老子、屈原，汉魏南北朝的司马迁、枚乘、扬雄、潘岳、左思、常璩，唐宋时期的李白、杜甫、白居易、苏易简、欧阳修、苏轼、黄庭坚、陆游、范成大，元明清时期的倪瓒、韩奕、杨慎、徐渭、张岱、袁枚、李渔、李调元、曹雪芹等，实在是繁多。这里简要介绍其中几位有代表性和影响力的。

1. 孔子

孔子，名丘，字仲尼，春秋时鲁国人，是古代的思想家、教育家和儒家学派的创始人。他一生奔走各诸侯国，宣传"仁"的思想，但不被采用。在他去世后，其弟子及后学将他的言行整理、记录成《论语》。根据《论语》可以看出，孔子对饮食提出了许多自己的主张。其中，最著名的有两个：一是"食不厌精，脍不厌细"。二是八个"不食"，即食饐而餲，鱼馁而肉败，不食；色恶，不食；臭恶，不食；失饪，不食；不时，不食；割不正，不食；不得其酱，不食；沽酒市脯，不食。分别从食品卫生、火候、刀工、原料搭配等多个方面提出了主张，其中绝大多数至今也是正确的和被人们所遵循的。由于《论语》是儒家经典，在古代是读书的首选之作，因此孔子的饮食主张也有了持久而深远的影响。如今，孔子的"食不厌精，脍不厌细"等观点不仅在国内广为引用、遵循，而且在海外论中国饮食文化的书中也常常提及，可见其影响深远。

❖特别提示

"食不厌精，脍不厌细"强调的是饮食制作上应当精益求精。

"食不厌精，脍不厌细"的观点见于《论语·乡党》。这个观点的字面意思是，做饭的谷米应该尽量拣得精一些，用牛羊和鱼肉制作脍时应该尽量切得细而薄一些，但它的引申意义却是指在烹饪时应当精益求精，把饭菜制作得更加精细。后人引用此语时基本上都是用其引申义。在饮食制作上精益求精是饮食制作者任何时候都应该努力追求和达到的目标，当今的人们仍然把它作为行动准绳。这种精品意识已越来越广泛地渗透到整个烹饪制作和饮食活动中。

2. 杜甫

杜甫，字子美。唐朝著名的诗人。祖籍湖北襄阳，后迁居河南巩义市。出生时正值开元盛世，35岁到长安求官，但考试不中，加之父亲去世，使他陷入困境，10年后才得到左拾遗的小官。48岁时弃官，携家来到四川，曾在成都浣花溪边筑草堂居住，57岁离开四川，漂流在湘鄂一带，59岁时去世。

杜甫虽然身遭不幸，却始终忧国忧民，以现实主义的态度，创作了许多不朽的诗篇，广泛地反映当时的社会生活。在诗歌中，涉及饮食的主要有两个方面：一是描述了当时尤其是四川众多的优质食物原料和美酒佳肴。其《将赴成都草堂途中有作，先寄严郑公五首》诗说："鱼知丙穴由来美，酒忆郫筒不用酤。"丙穴鱼即雅鱼，学名称齐口裂腹鱼，盛产在雅安，是四川独特的鱼类。郫筒酒，也是四川特有的美酒。《谢严中丞送青城山道士乳酒一瓶》诗说："山瓶乳酒下青云，气味浓香幸见分。鸣鞭走送怜渔父，洗盏开尝对马军。"赞美的是青城山乳酒。现在青城山还根据道家的秘方酿制洞天乳酒和青城乳酒，色白如乳，气味浓香，与杜诗描写的风味近似。二是描绘了当时精美的餐具，如著名的四川大邑瓷碗。他在《又于韦处乞大邑瓷碗》诗中赞美道："大邑烧瓷轻且坚，扣如哀玉锦城传。君家白碗胜霜雪，急送茅斋也可怜。"大邑瓷碗的质地美，白瓷胎薄，烧好后轻巧而坚实；声音美，敲起来悠扬悦耳；色彩美，洁白如霜，可爱至极。总之，杜甫虽然没有专门留意写饮食生活，但他的诗以饮食为描写对象，记载了较多的肴馔、美酒以及餐具，对中国饮食烹饪做出了贡献。

3. 苏轼

苏轼，字子瞻，号东坡居士，四川眉山人。20岁考中进士，做官多年，但沉浮不定。他是北宋时期著名的文学家、书画家，在饮食烹饪上有极高造诣，对后世影响很大。如今，传统名菜中有以"东坡"命名的，如东坡肘子、东坡豆腐、东坡墨鱼，甚至筵宴、餐厅也有称东坡宴、东坡餐厅的。

苏轼一生喜好饮食，几乎每到一地，都要品尝该地风味菜肴，并且将所吃菜肴写入诗中。他的足迹遍及东西南北，吃过各地的风味食品，因此他写的饮食诗文也非常多，较详细地记下了宋代许多地方菜肴和饮食风貌。苏轼不仅好吃，而且懂吃、会吃，还亲自动手和教人烹饪美食。他在黄州时，看到当地猪肉价廉物美，而百姓因不懂怎样做才好吃而很少吃，便写了《猪肉颂》："黄州好猪肉，价贱如粪土。富者不肯吃，贫者不解煮。净洗铛，少著水，柴头罨烟焰不起。待他自熟莫催他，火候足时他自美。"将烧炖猪肉的方法明白地表达了出来。后世据此文归纳出烧肉的13字用火经，并以此制作出"东坡肉"这款名菜。苏轼亲手创制了不少菜肴和美酒。如他创制了两种有名的羹，一种是用蔓菁、萝卜制成，另一种是以荠菜为主料烹制的荠糁，当时人和后人分别将这两种羹都取名为"东坡羹"；他酿制的酒则有蜜酒、桂酒、天一酒等，供客人品尝。可以说，苏轼的一生不仅是文学家的一生，也完全称得上是美食家的一生，对文学和饮食烹饪的贡献是中国人的骄傲。

4. 陆游

陆游，字务观，号放翁，越州山阴（今浙江绍兴）人，南宋著名的爱国诗人。他曾在四川宦游近10年，足迹几乎遍及四川各地。四川丰富的物产，淳朴的民俗，众多的佳肴和美丽的山川，使他把四川作为了第二故乡。

在陆游的诗篇中，着力描绘和赞美了当时四川众多菜点品种。如他在《饭罢戏作》诗中言："东门买彘骨，醢酱点橙薤。蒸鸡最知名，美不数鱼蟹。"彘骨，即指猪排骨，用它蘸上加有橙汁、薤泥的醯酱（即醋酱）食用，是一道很好的菜肴；蒸鸡也是当时的名菜，发展至今四川出现有荷叶粉蒸鸡、旱蒸灯笼鸡、贝母清蒸鸡、八宝蒸鸡等菜肴。其《薏苡》诗咏道："初游唐安饭薏米，炊成不减雕胡美。大如芡实白如玉，滑欲流匙香满屋。"薏米，在唐宋时期四川已普遍用它做饭食，非常香美、珍贵，唐代韦巨源的《烧尾宴食单》记载它是用来献给皇帝享用的。此外，陆游的诗篇还描写和记载了四川美酒与一些菜肴的制法。如描写的美酒有郫筒酒、鹅黄酒、琥珀酒、玻璃春、临邛酒等。其《思蜀》诗说："未死旧游如可继，典衣犹拟醉郫筒。"即使典当衣服也要痛饮郫筒酒，可见它非常诱人。其《饭罢戏示邻曲》："今日山翁自治厨，佳肴不似出贫居。白鹅炙美加椒后，锦雉羹香下豉初。"烧白鹅要用花椒调味，烹野鸡羹要加豆豉，这便是烹制的窍门和方法。陆游用他的诗记录和描绘宋代四川菜肴、饭品、酒类等的饮食风貌，组成了一幅宋代四川饮食烹饪图画。

5. 李调元

李调元，字羹堂，号雨村、童山蠢翁等，四川罗江县人，是清朝乾隆时有名的文学家和学者。曾任翰林院编修、吏部文选司主事、广东学政等职，后因得罪权贵而流放新疆，中途获准以万金赎免，回到故乡的家中醒园过着恬淡的隐居生活。其著述极丰，除《童山诗集》《童山文集》外，还有诗话、词话、曲话、剧话等五十余种，并积平生心力编印出巨著《函海》，藏于家中的万卷楼供人阅览，客观上促进了四川文化的振兴和发展。

李调元一生受父亲李化楠的影响，非常重视饮食、重视饮食制作方法。李化楠在江浙做官时，凡遇到厨师烹制美馈佳肴，就立刻去访问，把制作方法记录下来。李调元则称："夫饮食，非细故也。"他对中国饮食烹饪的贡献主要有两个方面：一是把父亲的手稿整理编辑后刊印成饮食著述《醒园录》，并提供给人们阅读，对四川饮食烹饪的发展产生了重大影响。二是在诗文中记录了一些菜肴及其制作方法。如《豆腐四首》，不仅记述了豆腐的发展历史，还记述了四川生产、烹制、食用豆腐的详细情况，提到了四川菜常用的原料豆腐皮、豆腐条、豆腐块和风味菜肴臭豆腐、五香豆腐干、白水豆腐、清油豆腐、豆花等。这一切都为近代川菜的发展与完善奠定了基础。

❖拓展知识

《醒园录》是由李化楠收集撰写、李调元整理编辑后刊印的一本饮食著述。全书分上、下两卷，一共记载了菜肴39种、酿造调味品24种、糕点小吃24种、腌渍食品25种以及食品保藏方法5种，内容广泛。其中，就原料而言，除了熊掌、鹿筋、燕窝、鱼翅、鲍鱼等山珍海味，还有火腿、酱肉、板鸭、风鸡等腌腊食品和酿造调味品这些常用的普通原料；就食品及烹制方法而言，大部分是江浙一带的制法，如醉螃蟹法、糟鱼法等，也有其他地区、国家传入江浙的制法，如关东煮鸡鸭法、蒸西洋糕法、东洋酱瓜法等。这本书收入他编印的巨著《函海》之中，并且藏于家中的万卷楼上供人阅览，使许多川菜制作者得以学习、借鉴，对四川饮食烹饪的发展产生了重大影响。

6. 袁枚

袁枚，字子才，号简斋、随园老人。浙江钱塘人。清朝著名的诗人、美食家和烹饪理论家。乾隆年间考中进士，曾任江宁等地知县，40岁后辞官，筑居于江宁小仓山，号随园，从事写作。他一生喜好美食，深入研究饮食烹饪之道，成就卓著。

他对中国饮食烹饪的贡献主要有三个方面：一是使烹饪工艺经验上升为技术理论。在他所著的《随园食单》中，二十须知、十四戒全面地总结了历代的烹饪经验，从正反两个方面提出了完整而系统的烹饪技术理论，其内容包括肴馔烹制工艺和品尝的全过程。二是真实地记载了清朝部分流行的菜肴，客观地反映了当时的饮食烹饪发展水平。《随园食单》中记载了清朝流行的342种菜肴，各地尤其是以南方为主的菜点和茶酒。在整理、记录这些菜谱时，他几乎探讨了当时中国各个类别的菜点，并用其理论对菜点进行严格选择，指出原料来源、制作过程、成菜特色及用途等，具有极强的借鉴作用。三是通过各种方法培训厨师，提高从业人员素质。袁枚之所以能品尝到众多的美味，进而总结出系统的烹饪技术理论，其中一个重要的原因是有厨艺高超的家厨和家人。但是，一个优秀的厨师不是天生的，也不常见。他说"居今之世，三君易得，八厨难求"，因此十分重视培训厨师。他或者派厨师外出学习，"执弟子之礼"；或者用轿子请厨师到家中传授；甚至自己去访求菜肴烹饪方法，然后让家厨和家人试制，再亲自指导和训练，"其佳者，必指示其所以能佳之由；其劣者，必寻求其所以致劣之故"。同时，对厨师的评价非常客观，反对过分表扬，认为厨师只有谦虚、知道不足才能进步。正是他的正确培养和引导，才使其家厨都身怀绝技，使王小余视他为难得的知味之人，共同成就了饮食烹饪史上的"高山流水"佳话。

❖特别提示

中国饮食科学的内容十分丰富，但它的核心主要是独特的饮食思想以及受其影响形成的食物结构。其饮食思想包括天人相应的生态观念、食治养生的营养观念与五味调和的美食观念。受其影响，中国形成了"五谷为养，五果为助，五畜为益，五菜为充"的食物结构，即以素食为主、肉食为辅，这个结构虽然随着时间的推移和时代变化会有所改革和发展，但仍然将长期存在下去。此外，中国饮食历史之所以辉煌灿烂，其中一个重要的原因是它拥有众多的美食创造者、美食家和无数的烹饪爱好者，将对中国饮食烹饪发展有重要贡献和意义的人物记录下来，为的是让后来者牢记和学习他们，并且创造出新的辉煌。

❖案例分享

"食在广东"与"味在四川"

"食在广东"与"味在四川",是人们对这两个中国著名地方风味流派核心特色的集中而浓缩的概括。其含义有多种说法,这里仅从对比的角度而言,"食在广东"主要指广东菜用料十分广博,不仅使用常见原料,也使用生猛海鲜及其他野生动植物原料;"味在四川"则主要指四川菜味道非常丰富,不仅清鲜醇浓并重,而且麻辣味道突出。而它们各自特色的形成,是中国饮食思想中"天人相应"生态观念的形象体现。

广东地处中国南部的沿海,属于热带、亚热带地区,不仅海洋面积广阔、江河纵横,而且四季常青,出产数量众多、类别丰富的生猛海鲜和各种奇异动植物。清朝屈大均在《广东新语》说:"天下所有之食货,粤东几尽有之;粤东所有之食货,天下未必尽有也。"所以,人们大量选择这些原料作为常用食物原料,形成了"用料广而精"的原料使用传统。此外,由于广东冬暖夏长,炎热、多雨,人们便习惯于选择不易引起燥热的清鲜菜点,形成了清淡、爽滑的口味特色。

四川地处中国西部的盆地,气候温暖,河流较多,土地肥沃,加之都江堰水利工程的灌溉,无水旱之害和饥馑之忧,而有"天府之国"的美誉,出产丰富的家禽家畜、蔬果河鲜,所以,人们崇尚饮食,并且主要选择这些原料作为常用的食物原料。而由于四川多雨潮湿,人们便习惯于选择具有除湿作用的辣椒、花椒为常用调味料,拥有"好辛香"的调味传统。对此,晋朝常璩在《华阳国志·蜀志》中就明确总结为"尚滋味""好辛香"。意思是说,四川人和四川菜崇尚美味或味道,其中又特别喜爱辛辣或刺激且芳香的味道。同时,常璩《华阳国志》还从阴阳五行学说的角度分析了这种特色形成的原因,指出:"其辰值未,故尚滋味;德在少昊,故好辛香。"辰指时辰。以十二时辰配八方,西南方为未、申,《史记·律书》指出:"未者,言万物皆成,有滋味也。"所以地处中国西南部的四川"尚滋味"。德指贤德。以贤德者配四方。少昊与少皞同,为传说中的古帝王,号金天氏,西方为金,则西方"德在少昊";又以四时配四方,西南属秋,《礼记·月令》言:孟、仲、季三秋之月,"其日庚辛,其帝少皞……其味辛"。所以四川"好辛香"。常璩的分析也说明人们受天人相应生态观念的影响,为了适应自然、适应地理环境而对饮食烹饪作出了相应的选择。

菜点的原料选择、配搭与制作中应当注意的问题

如今,人们越来越追求健康、营养的美食,因此在菜点的原料选择、配搭与制作中

更应当继承和发扬中国传统的饮食科学思想，做到因时、因地、因人而选择搭配不同食物，同时吸收、借鉴西方现代营养学之长，使搭配、制作菜点不仅味美可口、数量恰当，而且能够满足人们对健康、营养的需求。

思考与练习

一、思考题

1. 中国饮食思想的内容有哪些？

2. 生态观念和营养观念有哪些主要表现？

3. 举例说明美食观念对菜点制作与风格的影响。

4. 中国传统食物结构的内容是什么？有哪些合理性与不足？

5. 食物结构的各个原则在烹饪中是怎样运用的？

6. 中国营养学会 2007 年推荐的一般人群膳食指南有哪些？平衡膳食宝塔如何构成？

7. 孔子提出的主要饮食观点是什么？怎样评价它？

8. 苏轼和袁枚各自对中国饮食烹饪有什么贡献？

二、实训题

学生以个人或小组为单位，根据中国传统饮食科学观念和冬季养生的需求，为所在城市的商务客人或老年人设计一份冬季养生保健套餐。

第三章 中国饮食民俗与礼仪

引 言

民俗即民间风俗，是广大民众在长期历史发展过程中相沿积久而成的行为传承和风尚。《诗经·关雎序》言："美教化，移风俗。"唐代孔颖达疏："《汉书·地理志》云：凡民禀五常之性，而有刚柔缓急音声不同，系水土之风气，故谓之风；好恶取舍动静无常，随君上之情欲，故谓之俗。是解风俗之事也。风与俗对则小别，散则义通。"他认为，如果风与俗对立使用，那么，风是指由自然条件不同形成的习尚，俗是指由社会环境不同形成的习尚；如果二者分开使用则意义相通。可以说，民俗是在一定自然条件和社会条件下形成的，并且随二者的变化而变化，具有极强的地域性、社会性、民族性、传承性。而礼仪大多是指为表示某种情感而举行的仪式。它常常与民俗交织在一起，共同展示一个国家、民族、地区的思想与精神风貌，在一定意义上是窥视各地区、各民族、各个国家社会心态的重要窗口。中国幅员辽阔，是有着56个民族的大家庭，也是有悠久历史的礼仪之邦。人们出门在外、与他人交往，必须了解当地的民情风俗，做到"入乡随俗"。

民俗的内容与分类多种多样，饮食民俗是其重要组成部分。饮食民俗，即民间饮食风俗，是广大民众从古至今在饮食品的生产与消费过程中形成的行为传承和风尚，又简称为食俗，可以分为日常食俗、节日食俗、生婚寿丧食俗、社交食俗、民族食俗、宗教食俗等。本章将选择其中一些重要和影响较大的饮食习俗与礼仪进行介绍，展示中国作为"礼仪之邦"的绚丽风采。

❖学习目标

1. 了解饮食风俗与礼仪的含义、特点与主要类别。

2. 能掌握汉族和主要少数民族各类饮食习俗与礼仪的内容。

3. 能根据中国人的节日食俗和人生礼俗等设计、策划相应的饮食活动。

第一节　中国的日常食俗

日常食俗是指广大民众在平时的饮食生活中形成的行为传承和风尚，基本上反映出一个国家或民族的主要饮食品种、饮食制度以及进餐工具与方式等。中国是一个由56个民族组成的大家庭，每个民族都有自己比较独特的日常食俗。

一、汉族日常食俗

1. 汉族的主要饮食品种

汉族的食品从日常的三餐来看基本上是以植物为主、动物为辅。这是因为长期以来，中国是农业大国，在广大的汉族地区，种植技术较为发达，生产出了众多的植物原料，粮食、蔬菜等品种多、质量好、产量大、价格低廉，而动物的养殖相对较少，价格较贵。汉族的大多数地区都习惯于一日三餐。早餐品种简单，或豆浆油条，或稀饭馒头与包子，或一碗面条，谷物类食品占有绝对优势。其余两餐常常分为便餐和正餐，由于工作、学习或其他原因，大多数人把午餐作为便餐，食品多是简单的菜肴、米饭或面点，以方便、快捷为原则；而把晚餐作为正餐，人们常用较多的时间精心制作美味佳肴，品种比较丰富，但仍然是以谷物为主，由米饭、菜点构成，随意性很强，没有固定的格局。

除食品外，汉族人一日之中常用的饮品是茶和白酒。对许多人来说，茶几乎是一日不可无之物。俗语说"开门七件事，柴米油盐酱醋茶"，可见茶与人们日常生活息息相关。人们用茶来消暑止渴，用茶来提神醒脑，视茶为纯洁、高雅且能净化心灵、清除烦恼、启迪神思的人间仙品。白酒作为饮品，虽然不是一日不可无，却也是许多人爱不释手的。人们用酒来成就礼仪，用酒来消忧解愁，视酒为神奇、刺激且能催人幻想、美化生活、激发灵感的魔术佳品。李白有诗称："但得酒中趣，勿为醒者传。"

❖特别提示

汉族的早餐虽然简单却毫不单调。

在汉族的早餐中，谷物类食品占据绝对优势。人们用米或面来制作早餐食品，但不是把米或面当作唯一原料制作单一食品，而是作为主要原料与蔬菜、果品和各种动物原料组合，制作出内容丰富的系列粥品或面食品种。如清代黄云鹄《粥谱》中记载有237种粥品，其中谷类粥品54种，蔬菜类粥品50种，瓜果类粥品53种，花卉类粥品44种，草药类粥品23种，动物类粥品13种，非常丰富。汉族各地的面条更是数以百计，令人目不暇接，仅四川就有纤细如丝的金丝面、银丝面，猫耳形的三鲜支耳面，菱形的旗花面，韭菜叶形的铜井巷素面，还有风味别致的担担面、甜水面、牌坊面、豆花面、炉桥面、炸酱面，以及砂锅面、鳝鱼面、鸡丝凉面、叙府燃面等数十种。

❖拓展知识

中国是茶叶的故乡，大多数汉族地区广种茶树，制作出了无数品类丰富、质地优良的名茶。以类型而言，基本类有绿茶、红茶、青茶（乌龙茶）、黄茶、黑茶、白茶，再加工类有花茶、紧压茶、萃取茶、果味茶、药用保健、含茶饮料等。其著名品种更是繁多。据《中国茶经》载，属于绿茶的名品有西湖龙井、黄山毛峰、洞庭碧螺春、蒙顶甘露等138种，属于红茶的有祁门红、滇红、宁红等10种，属于乌龙茶的有武夷岩茶、铁观音、黄金桂等10种，属于黄茶的有君山银针、蒙顶黄芽等10种，属于紧压茶的有沱茶、竹筒香茶、普洱方茶等16种，属于花茶的有茉莉花茶、桂花茶、玫瑰花茶等7种，此外还有众多品种，让人数不胜数。

汉族地区历代酿酒、饮酒成风，人们用粮食酿造出了香型众多、名称美妙的优质白酒。以香型分类，白酒有基本香型的浓香型、清香型、酱香型、米香型4种，还有特色香型的药香型、豉香型、芝麻香型等类型，后者又称作其他香型。以名称和品种而言，人们常用"春"来命名白酒，如剑南春、御河春、燕岭春、古贝春、嫩江春、龙泉春、龙江春、陇南春等。以"春"命名酒，最初是因为人们习惯于冬天酿低度酒，春天来临即可开坛畅饮；后来则认为酒能给人带来春天般的暖意，享受春天来临般的快乐，言简意赅，妙在其中。此外，还有大量以"曲""液""酩""醇""津""霞"等命名的白酒，人们把对酒的热爱、赞美之情寓于其中，也创造了丰富的品种。

2. 汉族的进餐方式与工具

汉族的进餐方式从早期的分餐逐渐演变成最终的合餐。所谓分餐是指将菜点分别放在每个人的面前、每个人只吃属于自己的菜点而毫不混淆。合餐则指将菜点放在所有进餐者的面前、人们共同食用这些菜点而不分彼此，其乐融融。

汉族使用的餐具乃至炊具常常是一具多用、品种比较单一。所谓一具多用，是指一种工具拥有多种用途。其中，最常用、最具代表性的是筷子。它有着多种功能，几乎能够取食餐桌上所有的菜肴和饭粥、面点，尤其是吃面条，使用筷子更是得心应手、事半功倍。不仅如此，如今的筷子还成为烹饪中不可缺少的工具。如做凉拌菜，常常用筷子拌味；蒸鸡蛋羹时以筷子搅打；烧烤鲜鱼时以筷子串联；油炸食物时以筷子拨捞等，不一而足。此外，汉族人饮白酒通常喜欢用小酒杯，不论饮什么品种的白酒，酒杯大多是不会变的，一只杯子可以喝所有的白酒。其实，在汉族人的饮食生活中，不仅是筷子、酒杯有多种功能，锅和菜刀作为炊具也有众多功能。一口锅，既可做饭也可做菜；既可炒、爆、炸、熘，也可蒸、煮、焖、煨，万千菜点皆出于一锅之中。一把菜刀，既可用来切、片、排、剖，也可用来剁、砍、捶、砸；所切割的形状繁多，不仅有丝、丁、片、条、粒、茸等多种形态，而且同一形态有不同品种，如片有牛舌片、刨花片、骨牌片、瓦楞片、指甲片、柳叶片、月牙片、灯影片等。

❖特别提示

汉族进餐方式的演变主要源于生产、生活方式而形成的观念和生活条件的改变。

费孝通先生在《乡土本色》中分析中国与西方人的不同习俗时指出："游牧的人可以逐水草而居，飘忽不定；做工业的人可以择地而居，迁移无碍；而种地的人却搬不动地，长在土里的庄稼行动不得，侍候庄稼的老农也因之像是半个身子插入了土里，土气是因为不流动而产生的。"以农业为主的社会必须处于相对稳定的状态才能发展，聚族而居是其主要的生活方式，人们常常互相帮助，容易形成集体活动的群体和比较浓厚的群体观念，推崇群体的意志、力量和作用，而忽视个人的一切。汉族早在商周时期就已进入农耕时代，随后产生的儒家思想则极力提倡群体观念，注重整体思维，崇尚群体利益和作用，强调"和为贵"，并将这种观念影响到人们的饮食生活中。商周之时，由于没有高的桌椅而以矮小的几案放食品，人们只能分餐而食，但到隋唐之际，高大的桌椅出现以后，人们很快就利用它们改变了进餐方式，众人围坐一桌，共同享用一桌饭菜，气氛热烈，相互谦让，笑声阵阵，而围桌合餐则象征着群体的团圆、统一与和谐。

二、少数民族日常食俗

中国的少数民族众多，由于其所处的自然环境和社会环境不一样，使得他们在日常生活中形成了各自独特且丰富多彩的饮食习俗，主要表现在饮食品的选择、烹调加工、饮食爱好等方面。同时，随着时代和社会的发展、各民族之间的频繁交流，各个少数民族的饮食习俗尤其是日常食俗还在发生或大或小的变化。这里难以逐一叙述，仅按四个大的区域概括介绍其中部分少数民族的日常食俗。

（一）东北与内蒙古地区

1. 满族的日常食俗

满族约有 1042 万人（2021 年），主要居住在东北三省、河北和内蒙古自治区。其先民最初主要以游猎和采集为谋生手段，战国时开始种植五谷，到南北朝时定居于松花江上游和长白山北麓，已饲养家畜。明朝以后，满族先民女真人大举南迁，定居东北三省，从事农业生产，基本上形成了以杂粮为主食、猪肉为主要肉食的饮食习惯，到清朝满族入关后仍然保持着这种习惯。

满族通常是一日三餐，日常的主食是高粱、小米和玉米，也间有麦面和稻米，呈现着黏、凉、甜三大特点。其常见品种有酸汤子、水饭、饽饽、小米饭、豆包等。酸汤子是将玉米发酵后做成面条或面片，直接甩入汤锅中制成。水饭是满族人夏天的美食，将做好的高粱米饭或碎玉米饭用清水过一遍后再入清水浸泡，吃时捞出，清凉可口。饽饽有着悠久的历史，深受满族人喜爱，种类繁多，有豆面饽饽、搓条饽饽、苏叶饽饽、菠萝叶饽饽、牛舌饽饽、年糕饽饽等。在日常的副食方面，满族人最突出的特点是喜食猪肉和秋冬季食用腌渍菜。满族人喜欢养肥猪，爱吃猪肉，最常见的烹饪方法是白煮，白片肉、白肉血肠是其著名品种。另外，由于北方冬季寒冷、没有新鲜蔬菜，人们便在秋冬季以腌渍的大白菜（即酸菜）为主要蔬菜，常用的烹饪方法是熬、炖、炒和凉拌，也可以做火锅或包饺子。用酸菜熬白肉、粉条是他们入冬以后常吃的菜肴。

2. 朝鲜族的日常食俗

朝鲜族约有 170 万人（2021 年），主要居住在东北三省，吉林的延边是其最大的聚居区，地处北方著名的"水稻之乡"，形成了以稻米为主食和以猪、牛、鸡、鱼为主要肉食的饮食习惯。

朝鲜族曾经有一日四餐的习惯。在一些农村，除早中晚三餐外，有时在晚上劳动后还要加一餐。朝鲜族日常的主食是稻米，也有麦面等。他们喜食并且擅长制作米饭，所用的铁锅要求底深、收口、盖严，受热均匀，制作出的米饭不仅颗粒松软而且可以有质地不同的多种层次，如双层米饭、多层米饭等。此外，冷面、打糕等也是常见并且著名的品种。在日常的副食方面，朝鲜族最突出的特点是喜食狗肉、咸菜和泡菜等，菜品具有麻辣香的风味特点。他们喜欢制作狗肉菜肴，最著名的传统风味是狗肉火锅。泡菜是日常生活中不可缺少的菜肴，常见的有酱牛肉萝卜块、酱腌小辣椒、酱腌紫苏叶、咸辣桔梗等。泡菜是入冬以后至第二年春天的常备菜肴，制作十分精细，其味道的好坏常常成为判断主妇烹饪技艺水平的标志。

3. 蒙古族的日常食俗

蒙古族约有 629 万人（2021 年），绝大多数聚居于内蒙古自治区，也有一部分居住在新疆、青海、甘肃和东北三省，有马背上的民族之称。蒙古族在很长时期内过着逐水草而居的游牧生活，畜牧业生产历史悠久，出产的牛、羊、马、骆驼等牲畜及畜产品名声远扬，因此也形成了以肉、奶制品为主食的饮食习惯。

蒙古族通常是一日三餐，几乎餐餐都离不开奶与肉。以奶为原料制成的食品，蒙古语称"查干伊得"，意思是圣洁、纯净的食品，即"白食"。他们食用得最多的是牛奶，其次是羊奶、马奶、鹿奶和骆驼奶等，除一部分作鲜奶饮用外，大部分加工成奶制品，常见的有酸奶干、奶豆腐、奶皮子、奶油、稀奶油、奶油渣、酪酥、奶粉等，这些奶制品都被视为上乘的珍品。以肉类为原料制成的食品，蒙古语称"乌兰伊得"，意思是"红食"。蒙古族人的肉类食物主要是牛和绵羊，其次是山羊、骆驼和少量的马，狩猎季节也捕食黄羊。羊肉在一年四季均有食用，最常用的烹饪方法是烤、煮、炸、炒等，最常见且著名的品种有烤全羊、烤羊腿、手把羊肉、大炸羊等。牛肉则大多在冬季食用，以清炖、红烧、煮汤为主。在蒙古族日常食俗中，与白食、红食占有同样重要地位的是"炒米"。人们常常用炒米做"崩"，加羊油、红枣、糖等拌匀，捏成小块，当作饭吃。此外，蒙古族的饮品主要是茶和酒。茶是他们每天不可缺少的饮料，而奶茶最具特色。每天早上的第一件事就是煮奶茶，用茶、鲜奶、盐等制成，有时要加黄油、奶皮子、炒米及植物的果实、花叶等。蒙古族人都喜欢饮酒，常常豪饮，而最具特色的是奶酒和马奶酒。

（二）西北地区

1. 回族的日常食俗

回族约有 1138 万人（2021 年），主要聚居在宁夏、甘肃、青海、新疆等西北地区，其他地区也有分布，是中国较早信仰伊斯兰教的少数民族之一。受伊斯兰教的影响，回族禁食猪、马、驴、骡、狗和动物血以及一切自死动物，禁食一切形象丑恶的飞禽走兽。无论牛、羊、骆驼或鸡禽，必须经阿訇诵经后方能屠宰并且食用。这是《古兰经》规定并经历千百年而逐渐形成的习惯。

回族日食三餐，由于分布较广，各地的饮食品及烹饪加工等有一定差异。宁夏回族以米、面为日常主食，喜食面片、面条如拉面，也喜食调和饭，即在煮好的饭粥中加羊肉丁、菜丁和煮熟的面条或面片，或在面条或面片中加米饭和熟肉丁、菜丁等。甘肃、青海的回族则以玉米、青稞、马铃薯为日常主食。在肉食方面，回族喜食牛肉和羊肉，居住在北方的回族特别善于制作牛羊肉，常用的烹饪方法是烤、炸、爆、烩、炒、煎等，常见而著名的品种有涮羊肉、烤牛肉、烤羊肉串、羊筋菜、牛羊肉泡馍等。他们在日常生活中不饮酒，但重茶，不仅有奶茶、油茶、茯砖茶、绿茶，还有著名的八宝茶，由绿茶、冰糖、枸杞、红枣、桂圆、核桃仁、葡萄干、芝麻、甘草等制成，有补虚强身之功。

2. 维吾尔族的日常食俗

维吾尔族约有 1177 万人（2021 年），主要聚居在新疆维吾尔自治区，主要从事农业生产，也有一定的畜牧业，因此形成了以粮食为主、以肉类和果蔬为辅的饮食结构。信仰伊斯兰教，其禁食种类和饮食行为与回族相同。

维吾尔族日食三餐，以面食品为主食，常见且著名的品种有馕、羊肉抓饭、薄皮包子、面条、馓子、曲连等。馕是用小麦面或玉米面制成饼坯，在特制的火坑内烤制而成，香酥可口、久储不坏。羊肉抓饭是用大米、羊肉、羊油、植物油、胡萝卜等焖制而成，用手抓食。薄皮包子是用面粉为皮、羊肉和羊油拌少量洋葱为馅制作而成，皮薄肉多、油大味香。面条则有拉面、拌面、汤面等。在副食方面，维吾尔族人特别喜欢牛、羊肉和果品。他们吃菜必须有肉，而且常用胡椒、孜然、洋葱、辣椒、黄油、蜂蜜、果酱、奶酪等调味提香，著名品种有烤全羊、烤羊肉串等。维吾尔族的日常饮品也是茶，有奶茶、油茶、茯茶等。

3. 哈萨克族的日常食俗

哈萨克族约有 156 万人（2021 年），主要居住在新疆的伊犁哈萨克自治州和木垒、巴里坤两个自治县等地，主要从事畜牧业，较少从事农业，许多牧民仍然过着游牧生活。信仰伊斯兰教，忌食猪肉和非宰杀死的牲畜及动物的血。

哈萨克族的日常食品主要是面食品、牛羊马肉和奶制品。在面食品中，常见的有包尔沙克（一种油果子）、烤饼、油饼、面片和汤面等。此外，也有用羊、牛奶煮的米饭和用米饭、羊肉、油与胡萝卜、洋葱等制的抓饭。在肉和奶制品中，最有特色的是冬肉、奶疙瘩、奶豆腐、酥奶酪等。冬肉，哈萨克语称"索古姆"，是将入冬以后宰杀的马、牛、羊肉切成块，用盐卤制后熏烤、储藏，可以随时取用。哈萨克族的日常饮品主要有牛奶、羊奶、马奶子和奶茶。其中，马奶子也称酸马奶，是用马奶经过发酵制成的高级饮料，特别受到人们的喜爱。

（三）西南地区

1. 藏族的日常食俗

藏族约有 706 万人（2021 年），主要聚居在西藏自治区以及青海、甘肃、四川、云南等地。绝大部分藏族人生活在高寒地区，主要从事高原农牧业，生产青稞、荞麦，饲养绵羊、山羊、牦牛等。他们信仰藏传佛教，其食俗深受教规、戒律的影响，许多人还有不食飞禽和鱼类的习惯。

藏族通常日食三餐，但在农忙或劳动强度大时有四餐、五餐、六餐的习惯。绝大部分藏族的主食是糌粑，即用青稞炒熟磨成的细粉。它是十分有利于储藏、携带和食用的方便食品，食用时只需拌上浓茶或奶茶、酥油、奶渣、糖等即可。此外，主食品中著名的还有用酥油、红糖、奶渣制成的形似奶油蛋糕的"推"，有水油饼"特"和足玛米饭、蒸土豆、麦面粑粑等。在副食方面，藏族过去很少食用蔬菜，以牛、羊肉为主，猪肉次之，奶制品也必不可少。他们食用牛羊肉时讲究新鲜，在牛羊宰杀后立即将大块带骨肉入锅，用猛火炖煮，以鲜嫩可口为佳，用刀子割食。牛、羊的血则加碎牛羊肉灌入其小肠中，制成血肠。在奶制品中，从牛、羊奶中提炼的酥油是最常见而著名的品种，其次还有酸奶、奶酪、奶疙瘩、奶渣等。酥油不仅用来制作饭菜，也是制作饮料必不可少的原料。藏族的日常饮品是酥油茶和青稞酒。酥油茶是用砖茶加水熬汁，与酥油、盐一起放入特制的酥油茶筒中搅拌而成的。青稞酒是用青稞酿制的酒，不经蒸馏，类似黄酒，味微酸甜、醇香。它们是藏族最典型和最著名的饮品，也是深受人们欢迎的饮品。

2. 彝族的日常食俗

彝族约有 983 万人（2021 年），主要居住在四川、云南、贵州等地。他们大多数生活在山区和半山区，主要从事农业，出产玉米、荞麦、大麦和小麦等农作物，间有畜牧业，主要饲养猪、牛、羊、鸡等，形成了以杂粮为主食而以猪、牛、羊为主要肉食的饮食习惯。

大多数彝族人习惯一日三餐，以玉米、荞麦等杂粮和土豆等为主食。其中，最著名的品种是疙瘩饭、荞粑。疙瘩饭是将玉米、荞麦、大麦、小麦、粟米等磨粉后和成小面团，入水中煮制而成。荞粑是用荞麦面烙制的，可以久存不坏，有消食、止汗、消炎等功效。在副食方面，以猪、牛、羊为主要肉食，也将猎获的鹿、岩羊、野猪等作为肉类补充。其著名品种是坨坨肉，即将猪肉切成较大的块，入锅中煮熟，拌上盐、蒜、花椒、辣椒和当地特产的香料制成。此外，还有牛汤锅、烤小猪等。蔬菜品种中最有特色的是酸菜，分干酸菜、泡酸菜两种，用煮肉的汤煮酸菜，加少量辣椒，解腻、醒酒，几乎每餐不可缺少。彝族的日常饮品是酒和茶，尤其重视酒，有"汉人贵茶，彝人贵酒"之说，著名品种是坛坛酒和烤茶。坛坛酒是用高粱、玉米、荞麦等为原料，加草药制的酒曲，入坛内密封后酿成，味道甜中带苦，饮时常常加水，众人围坐在一起吸食。烤茶则是先把绿茶放入小砂罐内焙烤至酥脆略呈黄色出香味，再加沸水制成。

3. 苗族的日常食俗

苗族约有 1106 万人（2021 年），主要居住在贵州、云南、湖南、湖北、广西、四川等地。他们生活在雨量充沛、气候温和的地区，主要从事农业生产，盛产稻谷、小麦、玉米及各种农副产品，形成了以稻米为主食的饮食习惯，喜欢糍糯、酸辣的风味。

大部分地区的苗族日食三餐，以大米为主食，并且以糯米为贵。通常将糯米饭作为丰收和吉祥的象征，其制法是将糯米蒸熟，趁热倒入木槽内捶打成泥，再扯成小圆团，用木板压平，待完全冷却后用山泉水浸泡，随时换水，可存放 4~5 个月，食用时烧、烤、炸皆可。在副食方面，苗族人喜欢狗肉，喜欢鲊类菜肴，即用鸡、鸭、鱼和畜肉、蔬菜腌制而成的酸味菜肴。苗族人几乎家家都有腌制食物的酸坛。腌制时先将肉切大块，一层肉、一层盐放好，三天后将糯米饭与甜糟酒混合并与肉块一起擦搓，再放辣椒粉和其他调料，密封坛口，随时取用。苗族日常饮品中，最著名的是哑酒、油茶、万花茶和酸汤。哑酒最突出的特点在饮酒方式上，众人围着酒坛，用麦秆吸食酒汁，吸完后再冲水吸，直至淡而无味时停止。万花茶却不用茶叶，而是将冬瓜、萝卜、丝瓜和橙皮、柚子皮原料浸泡、煮沸，加白糖、蜂蜜、桂花、玫瑰等拌和，晒至透明、干脆，然后取数片冲沸水制成，馨香馥郁，甜美可口。酸汤是用米汤或豆腐水发酵而成，也是苗族夏天的常见饮料，酸凉解渴。

4. 傣族的日常食俗

傣族约有 133 万人（2021 年），主要聚集在云南的西双版纳和德宏州。他们生活在亚热带，那里森林密布，土地肥沃，盛产水稻、蔬菜，他们主要从事农业，也饲养猪、牛、鸡、鸭，形成了以稻米为主食的饮食习惯，喜欢糯香、酸辣的风味。他们普遍信仰小乘佛教，饮食也受其影响。

傣族大多日食两餐，主食品是粳米和糯米，通常是现舂现吃，以保持其原有的色泽和香味，不吃或很少吃隔夜饭，习惯于用手捏饭食用，外出劳动时则用竹筒盛装，或用芭蕉叶包饭，称芭蕉叶饭。在副食方面，至少有两个突出特点：一是善于利用野生动植物入烹。如所用肉食原料，虽以猪、牛、鸡、鸭为主，但也大量使用昆虫，如蝉、竹虫、大蜘蛛、田鳖、蚂蚁蛋、蜂蛹等，著名品种有烧烤花蜘蛛、凉拌白蚁蛋、生吃竹虫、清炸蜂蛹等。傣族人喜欢将蝉入锅焙干，制成酱食用，有清热解毒、去痛消肿之功。所用蔬食原料，除了白菜、萝卜、竹笋、瓜果外，野生青苔是其特有的品种。选用春季江水中岩石上的青苔，晒干后油煎或火烤，再与糯米团或腊肉同食，味美无比。所用的调味料，也大量选择香茅草、酸果和野生的花椒等。二是大部分菜肴小吃皆以酸味为主，酸辣结合。著名品种有牛撒皮凉拌拼盘、酸肉、腌牛头等。傣族人嗜酒，但酒的度数低、味香甜。他们饮茶，大多数只喝不加香料的大叶茶，将大叶茶放在火上，略炒焦后冲水而成。

5. 白族的日常食俗

白族大约有 209 万人（2021 年），主要聚集在云南的大理白族自治州和附近一些地区。他们生活在苍山与洱海之间的鱼米之乡，主要从事农业，农作物有稻米、小麦、玉米、荞麦、豆类等，蔬菜种类丰富，饲养牛、羊、猪和鸡、鸭，也捕捞淡水鱼虾，形成了以粮食为主食的饮食习惯，喜欢酸辣麻甜的风味。他们普遍信仰小乘佛教，饮食也受其影响。

白族习惯日食三餐，农忙或节庆时还要加早点与午点。在主食方面，平坝地区的白族多用大米、小麦，山区的白族多用玉米、荞麦和土豆。大多采用蒸的烹饪方法，著名品种有饵块、饵丝等。在副食方面，肉食以猪肉为主，也善烹鱼、虾、牛肉及乳制品，著名品种有生皮、柳蒸猪头、活水煮活鱼、粉蒸鱼、螺豆腐以及大锅牛肉汤、乳扇等；蔬菜品种繁多，除了善于制作腌菜外，还采摘洱海的海菜花制作各种风味菜，如用海菜花的叶、茎制作海菜豆腐汤，用其花蕊等炒肉丝或腌咸菜。白族人喜欢喝酒、饮茶。酿酒是白族家庭的一项主要副业，其中的窨酒和干酒是传统名品。他们几乎每天都要喝两次茶，清晨喝的叫早茶或清醒茶，常常将下关产的沱茶烤后饮用；午间喝的叫休息茶或解渴茶，通常要放米花和乳扇。若有客人到来，则少不了"三道茶"。

（四）中南与东南地区

1. 壮族的日常食俗

壮族是中国人口最多的少数民族，大约有 1957 万人（2021 年），绝大多数居住在广西壮族自治区，只有 100 多万人分布在云南、广东、湖南及贵州部分地区。他们主要从事农业生产，大量出产稻谷、玉米、红薯、芋头等农作物，其甘蔗、香蕉、龙眼、荔枝、菠萝、柚子也极负盛名，形成了以稻谷、玉米为主食且喜甜食的饮食习惯。

大多数壮族人日食三餐，也有少数地区的壮族习惯于四餐，即在午餐与晚餐之间加一餐。盛产的稻米和玉米是他们的主食。其中，稻米的种类较多，有籼米、粳米、糯米等，用糯米制作的糍粑、粽子、醪糟和五色糯米饭味道甜美，非常有名。用玉米制作的名品有玉米饼、玉米粥和南瓜粥。玉米粥的制法是将大米煮熟后撒入玉米面边搅边煮，再掺一些水搅匀，煮沸即成。南瓜粥则是将上述的大米换作南瓜即可。在副食方面，四季鲜蔬不断，各种禽畜皆可食用，以狗肉为最爱，擅长水煮、烤、炸、炖、卤等烹饪方法，著名品种有清炖破脸狗（黑白相间的狗肉）、白切狗肉、状元柴把、壮家酥鸡和鱼生、龙泵三夹等。壮族人常常自酿米酒、红薯酒和木薯酒。其中，再加工的米酒颇有特色。如在米酒中加鸡杂，称为鸡杂酒；在米酒中加猪肝，称为猪肝酒；在米酒中加蛇胆，称为蛇胆酒，别具风味。

2. 土家族的日常食俗

土家族大约有 959 万人（2021 年），主要居住在湘西、鄂西、川东和黔东北地区。地处丘陵地带，主要从事农业，出产稻谷、玉米、红薯、土豆、高粱、小米、荞麦和豆类等，形成了以粮食为主食的饮食习惯，喜欢酸辣的风味。

土家族通常一日三餐，但农忙时为四餐，农闲时为两餐。他们以稻米、玉米、红薯为主食，常见的品种除米饭外有苞谷（即玉米）饭、豆饭、油炸粑和团馓等。苞谷饭是以玉米面为主，适量地掺一些大米煮或蒸制而成。豆饭是将绿豆、豌豆等与大米合煮而成。油炸粑，又名油香或灯盏窝，是以大米、黄豆为主要原料炸制而成，色泽焦黄、清香酥脆。在副食方面，土家族常食猪肉、蔬菜和豆腐，酸辣风味突出。在民间，几乎每家都有酸菜缸，每餐离不开酸菜，并且有"辣椒当盐"之说，视酸辣椒炒肉为美味。豆腐制品也很常见，尤其喜欢食用合渣菜，即将黄豆磨成浆，不滤渣，煮沸澄清，加菜叶煮制而成。土家族的日常饮品是油茶和酒，最常见的是用糯米、高粱酿制的甜酒和咂酒，度数不高，味道很醇正。

3. 黎族的日常食俗

黎族大约有 160 万人（2021 年），主要居住在海南的中南部。他们大多从事农业生产，那里出产水稻、旱稻（山兰米）、玉米、红薯、木薯等，盛产热带水果，香蕉、芭蕉、杧果、甘蔗、菠萝、椰子、槟榔等，闻名全国，他们有着以大米为主食的饮食习惯。

黎族日食三餐，主食大米，有时也吃一些杂粮，最著名的是竹筒饭，即把适量的米和水倒入竹筒中放在火堆里烧烤而成，也可以把猎获的野味、畜肉与香糯米、盐混合后加入竹筒中烧烤成熟，则为香糯饭。香糯米是海南的特产，用它做饭，有"一家饭熟，百家闻香"的美誉。在副食方面，猪、牛是其主要肉食，但也特别喜欢吃鼠肉和一些野生植物。无论田鼠、山鼠还是家鼠、松鼠，皆可用来烧烤食用。"南杀"曾是黎族常吃的小菜，是用螃蟹、田蛙、鱼虾或飞禽走兽腌制而成。此外，还有鱼虾煮雷公根、烤芭蕉心、鱼茶、肉茶等。黎族嗜好饮酒，常见的有米酒、红薯酒和木薯酒。其中，著名品种是用山兰米酿制的酒，味道美妙。

4.高山族的日常食俗

高山族中国大陆大约有 3479 人（2021 年），主要居住在台湾地区，也有一些分布在福建等地。他们中的绝大多数生活在热带山区，气温较高，雨量充沛，从事农业和渔猎，出产稻米、小米、玉米及各种薯类，形成了以粮食为主食的饮食习惯。

高山族一日两餐或三餐，以稻米、小米、玉米及各种薯类为主食，除煮制米饭外，大部分高山族人喜欢将糯米、玉米面等蒸成糕或糍粑，外出时则常常用干芋、熟红薯或糯米制品作干粮。在副食方面，蔬菜品种非常丰富，肉食品以猪、牛、鸡为主，也用捕捞的鱼和猎获的野猪、鹿、猴等作为补充。他们吃鱼的方法很独特，一般把鱼捞起来后就地取一块石板烧热，把鱼放在上面烤至八成熟，即撒盐食用。高山族人很少或根本不饮茶，嗜好饮酒，主要是自家酿的米酒；也喜欢用生姜或辣椒泡的凉水作饮料，相传这种饮料有治腹痛的功能。

第二节　中国的节日食俗

节日是指一年中被赋予特殊社会文化意义并穿插于日常之间的日子，是集中展示人们丰富多彩生活的绚丽画卷。节日食俗是指广大民众在节日，即一些特定的日子里创造、享用和传承的饮食习俗。它常因节日体系及更深层次的自然与社会环境的差异而有所不同。

一、汉族节日食俗

（一）汉族节日食俗的特点

传统节日常常是一个地区、民族、国家的政治、经济、文化、宗教等的总结和延伸。而每一个节日食俗事项能够独立存在并代代相传，必然在内容和形式上有它的显著特点。汉族节日食俗最主要的特点是源于岁时节令，以吃喝为主，祈求幸福。

长期以来，汉族地区以农业为主，在生产力和科学技术不发达的情况下，靠天吃饭成为必然，农作物的耕种与收获有着强烈的季节特征，于是中国人尤其是汉族十分重视季节气候对农作物的影响，在春种、夏长、秋收、冬藏的过程中认识到了自然时序变化的规律，总结出四时、二十四节气说。人们不但把它看作农事活动的主要依据，而且逐渐把一些源于二十四节气的特殊日子规定为节日，因此形成了以岁时节令为主的传统节日体系及相应的习俗。又由于汉族人十分重视饮食，崇尚"民以食为天"，使得节日习俗始终少不了饮食，常常以吃喝为主题，几乎每个节日都有品种多样的相应食品，并且通过这些节日食品等祈求自身的吉祥幸福。

❖特别提示

汉族节日食俗还有历史性、全民性与传说性等特点。

所谓历史性，是指汉族节日食俗大多有悠久的历史。寒食节、端午节的食俗早在春秋战国时已经出现。全民性，是指汉族节日食俗是整个汉族社会普遍传承的行为和风尚。这些食俗事象，已经不是个人行为，而是大众行为，它涉及面广、场面大。最典型的是春节，家家户户都要聚在一起吃团年饭。传说性，是指汉族节日食俗大多拥有意趣隽永的传说。尽管汉族的传统节日是源于岁时，但人们并不满足这一点，而是赋予它们很多传说，以增加其神秘性、情趣性。如乞巧节吃乞巧果子，与织女星有关；重阳节登高、饮菊花酒，与汉朝方士消灾避祸有关。

（二）汉族的主要节日及其食俗

1. 春天的重要节日——春节及其食俗

春节是汉族最隆重的节日，其时间在汉魏以前是农历的立春之日，后来逐渐改为农历的正月初一，但是，人们常常从腊月三十、除夕算起，直至正月十五，又称"过年"。春节期间，人们最重视的是腊月三十和正月初一，其节日食品从早期的春盘、春饼、屠苏酒，到后来的年饭、年糕、饺子、汤圆等多种多样，但无论哪一种节日食品，都寄托着人们对身体健康、生活幸福的祈求与向往。

俗语说，一年之计在于春。一年的收获也来源于春天的耕种，而耕种需要强壮的身体，因此，早在汉晋时期春节就有了春盘、屠苏酒等相应的节日食品。春盘，又称五辛盘，是由五种辛辣刺激蔬菜构成的春节应节食品，可以通过疏通五脏来强健身体。南朝梁宗懔《荆楚岁时记》引晋周处《风土记》言："'元日造五辛盘，正元日五熏炼形。'五辛所以发五脏之气。《庄子》所谓春日饮酒茹葱，以通五脏也。"屠苏酒，相传由汉朝华佗创制，是用大黄、白术、桂枝、防风、花椒、乌头、附子等中药入酒中浸制而成，有避瘟疫、健体强身的作用。唐韩谔《岁华纪丽》注言："俗说屠苏乃草庵之名。昔有人居草庵之中，每岁除夜遗闾里一药帖，令囊浸井中，至元日取水，置于酒樽，合家饮之，不病瘟疫。今人得其方而不知其姓名，但曰屠苏而已。"随着时间的推移，人们的祈求从希望身体强健扩大为希望新的一年幸福吉祥、万事如意，于是又出现了新的节日食品，如年饭、年糕、饺子、汤圆等。清朝时年饭是在正月初一时食用。清顾禄《清嘉录》载："煮饭盛新竹箩中，置红橘、乌菱、荸荠诸果及糕元宝，并插松柏枝于上，陈列中堂，至新年蒸食之。取有余粮之意，名曰年饭。"但民国以后，年饭就基本上在腊月三十食用。民国时成都的一首年景竹枝词言："一餐年饭送残年，腊味鲜肴杂几筵。欢喜连天堂屋内，一家大小合团圆。"同时，吃年饭也多了一些禁忌，如年饭的菜肴数量要双数，要有鸡、鱼，并且不能吃完，以示大吉大利、年年有余。年糕更因为其谐音"年年高升"而特别受人喜爱。《帝京景物略》载清代的年糕是由黍米制成："正月元旦，……啖黍糕，曰年年糕。"现在的年糕则用糯米粉制作。饺子长久以来是中国北方春节期间必食之品，因谐音"交子"，而交子曾经是中国钱币的一种，便以此寓意财源广进、吉祥如意。为了凸显其寓意，人们还常在饺子中包入糖果、钱币等。清富察敦崇《燕京岁时记》言：北京人在正月初一"无论贫富贵贱，皆以白面作角而食之，谓之煮饽饽"，"富贵之家，暗以金银小锞及宝石等藏之饽饽中，以卜顺利。家人食得者，则终岁大吉"。

❖拓展知识

汉魏以前，人们认为，立春之日是春天的开始，即是春节，而立春之日也是一年的开始，于是在这一天有了劝人耕种并且希望人们以良好精神和身体状况耕种的习俗。《后汉书·礼仪志》载："立春之日，夜漏未尽五刻，京师百官皆衣青衣，郡国县道官下至斗食令史皆服青帻，立青幡，施土牛耕人于门外，以示兆民。"土牛是土制的牛，各级官吏以立土牛或鞭打土牛的方式劝民农耕，象征春耕的开始。后来，人们逐渐以农历的正月初一为春节、为一年之始，称为元日，并且春节劝民耕种的意义逐渐淡化。尽管如此，人们对身体健康的期望和祈求却没有改变，而是进一步上升、扩大为希望新的一年幸福吉祥、万事如意。

2. 夏天的重要节日——端午节及其食俗

端午节的时间是农历的五月初五，其主要的节日食品是粽子。

许多民俗学者认为，端午节起源于农事节气——夏至。今人刘德谦曾在《"端午"始源又一说》中作了详细论证。夏至标志着夏季的开始，常出现在农历的五月中。这一时期，昼长夜短，气温逐渐升高，是农作物生长最旺盛的时期，也是杂草、病虫害最易滋长蔓延的时期，必须加强田间管理。农谚说："夏至棉田草，胜如毒蛇咬。"搞好田间管理是秋天收获的重要保证。为了提醒人们重视夏至、管好田间，也为了祈求祖先保佑农作物丰收，早在商周时代，天子就在夏至日专门品尝当时主要的粮食黍米，并用它来祭祀祖先。《礼记·月令》言，仲夏之月"天子乃以雏尝黍，羞以含桃，先荐寝庙"。俗语言，上行下效。周天子在夏至尝黍并以黍祭祖的活动必然逐渐渗透、影响到民间，久而久之形成习俗，最终出现了"角黍"即粽子这一特殊食品，供人们在夏至祭祀和食用。又由于端午节从夏至发展演变而来，于是"角黍"也成了端午节的节日食品。晋人范汪《祠制》载："仲夏荐角黍。"《太平御览》引晋周处《风土记》言："俗以菰叶裹黍米，以淳浓灰汁煮之令烂熟，于五月五日及夏至啖之。一名粽，一名角黍，盖取阴阳尚相裹未分散之时象也。"可见，端午节及其节日食品粽子的产生与农事节气有着密切的联系。

然而，人们并不满足这种客观存在，又为其起源赋予了许多动人的传说，而流传最广、影响最大的是纪念屈原说。南朝梁吴均《续齐谐记》言，屈原于五月初五投汨罗江，楚人哀之，乃于此日以竹筒贮米，投水祭祀他。汉建武年间，长沙区曲忽见一士人自称三闾大夫说："闻君当见祭甚善，常年为蛟龙所窃。今若有惠，当以楝叶塞其上，以彩丝缠之。此二物蛟龙所惮。"曲依其言。今五月初五做粽并带楝叶五丝花，遗风也。也许是由于这个动人传说的推波助澜，端午节及其节日食品粽子的影响不断扩大，以至于中国的邻邦朝鲜、韩国、日本、越南、马来西亚等国也时兴过端午节并吃粽子。粽子的品种也因习俗、爱好的不同而不同，如形状有三角形、锥形、斧头形、枕头形等，馅心有火腿馅、红枣馅、豆沙馅、芝麻馅、肉馅等。这些品种众多的粽子不仅表达了人们对丰收的祈求、对先民的崇敬，也实实在在地丰富了人们的饮食生活，客观上为人们幸福生活创造了条件。

3. 秋天的重要节日——中秋节及其食俗

中秋节的时间是农历的八月十五，因它正好处于孟秋、仲秋、季秋的中间而得名。其主要节日食品是月饼。

月饼的雏形最早出现于唐朝，其名称则见于宋朝。据史料记载，唐高祖李渊曾于中秋之夜设宴，与群臣赏月。在这次赏月宴上，他与群臣一起分享了吐蕃商人进献的美食——一种有馅且表面刻着嫦娥奔月、玉兔捣药图案的圆形甜饼。大多数人认为这就是后世"月饼"的始祖，只是此时还没有称作"月饼"，并且只是偶然食用，不具备普遍意义。而月饼的名称最早见于宋朝吴自牧的《梦粱录》，该书卷十六"荤素从食店"中列有"月饼"，说明它是市场面食品的一种，但与中秋节没有密切联系。月饼真正成为中秋节的主要节日食品大约在元明时期。相传元朝末年，人们不堪忍受残酷统治，朱元璋想乘机发动起义。为了统一行动，有人献计：将起义时间写在纸条上，藏入月饼中，人们在互赠月饼之时便得知。于是，起义得以成功，最终推翻了元朝统治。这一传说表明，中秋吃月饼的习俗在元朝已很普及。到明朝，关于中秋吃月饼的习俗已有许多记载。明田汝成《西湖游览志余》卷二十"熙朝乐事"载："八月十五谓之中秋，民间以月饼相遗，取团圆之义。"《明宫史》言：此日"家家供月饼瓜果，候月上焚香后，即大肆饮啖，多竟夜始散席者。如有剩月饼，仍整收于干燥风凉之处，至岁暮合家分用之，曰团圆饼也。"此时，月饼至少已有两重意义：一是形如圆月，用以祭拜月神，表达对大自然的感激之情；二是饼为圆形，象征团圆，寄托人们对家庭团圆、生活幸福的祈求与渴望。正因为月饼蕴涵了丰富的文化意韵，才在以后的岁月里有了极大的发展。如今，月饼品种繁多，并形成了粤式、苏式、京式三大流派，影响深远。

❖拓展知识

中秋节的形成以及它与月饼之间产生的对应关系经历了漫长的历史过程。

"中秋"一词最早见于《周礼》,指秋季的第二个月,即"仲秋"。秋天是收获的季节。五谷飘香,瓜果满园,人们怀着喜悦的心情收获这一切。面对丰硕的成果,中国人便产生了感激之情,感谢大自然的恩赐,而月亮既是大自然的杰出代表,又是中国人推算节气时令的重要依据,于是据《周礼》记载,周朝就有了祭月、拜月活动。随后,在很长一段历史时期,人们都主要是中秋时祭祀月神、庆祝丰收。直到隋唐时代,人们才在祭月、拜月之际逐渐发现中秋的月亮最大、最圆、最亮,从而开始赏月、玩月,以至形成了以赏月、庆丰收为主要习俗的中秋节。唐人欧阳詹《玩月诗序》言:"八月于秋,季始孟终,十五于夜,又月之中。稽于天道,则寒暑均;取于月数,则蟾魄圆……升东林,入西楼,肌骨与之疏凉,神气与之清冷。"在中秋这个良辰美景,历来讲究"民以食为天"的中国人自然不会忘记用美酒佳肴相伴,最初产生的是赏月宴会。唐高祖李渊在中秋赏月宴上与群臣一起分享原始月饼,只是偶然事件,月饼与中秋还没有密切关联。这种状况在宋朝也没有变化。宋朝时,中秋节赏月宴非常盛行。吴自牧《梦粱录》卷四"中秋"记载了当时中秋节赏月宴的盛况:"王孙公子,富家巨室,莫不登危楼,临轩玩月,或开广榭,玳筵罗列,琴瑟铿锵,酌酒高歌,以卜竟夕之欢。至如铺席之家,亦登小小月台,安排家宴,团圆子女,以酬佳节。"同时,月饼作为一种面食品已现身京城的食店,记载于吴自牧的《梦粱录》和周密的《武林旧事》等典籍中,却仍然未见它与中秋节密切联系的记载。据史料显示,直到元明时期,月饼才成为中秋节的节日食品。

4. 冬天的重要节日——冬至及其食俗

冬至的时间在农历的十一月中、阳历的 12 月 21—23 日之间。其节日食品较多,主要有馄饨、羊肉、粉团等。

冬至是农历二十四节气之一,冬至前后也是大量储藏农作物及其他食物原料的重要时期。《月令七十二候集解》言:"十一月中,终藏之气至此而极也。"至此,一年的农事忙碌即将或已经结束,五谷满仓,牛羊满圈,该是人们初享劳动成果的时候了。因此,人们十分重视这个日子。许多研究者认为,大约在汉朝,冬至就已成为一个节日。而魏晋之时,人们将庆贺规模扩大,使之仅次于春节过年,又有"亚岁"之称。到唐宋时期,人们更加重视冬至节。《东京梦华录》载:"十一月冬至,京师最重此节。虽至贫者,一年之间,积累假借,至此日更易新衣,备办饮食,享祀先祖。"这仿佛是春节过年的一次彩排、一次预演,民间又有"冬至如年"之说。

冬至的节日食品主要是馄饨,既可食用又可祭祀祖先。宋代《咸淳岁时记》载:冬至"店肆皆罢市，垂帘饮博，谓之做节。享先则以馄饨"，"贵家求奇，一器凡十余色，谓之百味馄饨"。《岁时杂记》则言"京师人家冬至多食馄饨"。究其原因，《臞仙神隐书》言："（十一月）是月也，天开于子，阳气发生之辰，君子道长之时也，其眷属当行拜贺之礼，食馄饨，譬天开混沌之意，建子之说也。"即冬至节是阴阳交替、阳气发生之时，食馄饨暗寓祖先开混沌而创天地之意，表达对祖先、对大自然的缅怀与感激之情。此外，羊肉也是冬至的节日食品。《明宫史》卷四载，冬至节"吃炙羊肉、羊肉包、扁食、馄饨，以为阳生之义"。羊与阳同音，寓意阳气发生。同时，羊与"祥"通，古代常把"吉祥"写作"吉羊"。《汉元嘉刀铭》言："宜侯王，大吉羊。"因此，食羊又寓意吉祥，企盼生活吉祥幸福。

❖特别提示

汉族的传统节日非常多。

除了上述影响最大、最重要的节日外，在一年之中，汉族的传统节日还有很多。据宋朝陈元靓《岁时广记》所载，当时的节日有元旦、立春、人日、上元、正月晦、中和节、二社日、寒食、清明、上巳、佛日、端午、三伏、立秋、七夕、中元、中秋、重九、小春、下元、冬至、腊日、交年节、岁除等。明清以后基本上沿用这个序列，但逐渐淡化了其中的一些节日。至今，仍然盛行的传统节日有春节、元宵节、清明节、端午节、中秋节、重阳节、冬至节、除夕等，而除夕由于时间上与春节相连，往往被人们习惯地连成一体，成为春节的前奏，由此循环往复，绵延不断。

二、少数民族节日食俗

中国有 55 个少数民族，他们的农祀节会、纪庆节日、交游节日加在一起多达 270 余种，而大部分节日都有相应的节日食俗。这里简要介绍其中一些影响较大、特色突出的节日及其食俗。

1. 开斋节

开斋节，是阿拉伯语"尔德·菲图尔"的意译，又称肉孜节，是回族、维吾尔族、哈萨克族、东乡族、撒拉族、柯尔克孜族、乌孜别克族、塔吉克族、塔塔尔族、保安族等信仰伊斯兰教诸民族的传统节日，时间在教历十月一日。

开斋节来源于伊斯兰教，是穆斯林斋戒一月期满的标志。按照伊斯兰教规定：教历每年九月是斋戒月，凡成年穆斯林（除患病等情况）都要入斋，每日从黎明到日落之间不能饮食。这一月的开始和最后一天均以见新月为准，斋期满的次日即教历十月一日为开斋节，节期为三天。在开斋节的第一天早晨，穆斯林打扫清洁完，穿上盛装之后，从四面八方汇集到清真寺参加会礼，向圣地麦加古寺克尔白方向叩拜，听阿訇诵经。整个节日期间，家家户户都要杀鸡宰羊做美食招待客人，要炸馓子、油香等富有民族风味的食品，互送亲友邻里，互相拜节问候，已婚或未婚女婿还要带上节日礼品给岳父拜节。

2. 古尔邦节

古尔邦节，在阿拉伯语中称为"尔德·古尔邦"或"尔德·阿祖哈"。"尔德"是节日之意，而"古尔邦"或"阿祖哈"都含有牺牲、献身之意，此节日又俗称献牲节、宰牲节。它同样是回族、维吾尔族、哈萨克族、东乡族、撒拉族、柯尔克孜族、乌孜别克族、塔吉克族、塔塔尔族、保安族等信仰伊斯兰教诸民族的传统节日，基本上与开斋节并重。其时间在教历十二月十日，即开斋节后的 70 天。

按照伊斯兰教规定，教历每年十二月上旬是教徒履行宗教功课、前往麦加朝觐的日期，在最后一天（十二月十日）宰杀牛、羊共同庆祝。这一习俗来自一个传说：相传先知易卜拉欣梦见真主安拉命令他宰杀自己的儿子作祭物，以考验他对安拉的忠诚。第二天，当他遵从安拉的命令，准备宰杀他的儿子献祭时，安拉又命使者送来一只羊代替。从此，穆斯林就有了宰牲献祭的习俗，后来又有了宰牲节。节日的早晨，穆斯林也要打扫清洁、穿上盛装，到清真寺参加隆重的会礼，然后就是炸油香，宰牛、羊或骆驼，招待客人、相互馈赠。宰牲时有一些讲究，一般不宰不满两周岁的小羊羔和不满三周岁的小牛犊、骆驼羔；不宰眼瞎、腿瘸、割耳、少尾的牲畜。所宰的肉要分成三份：一份自己食用，一份送亲友邻居，一份济贫施舍。

3. 雪顿节

雪顿节，是藏族人历史悠久的重要节日，时间在藏历六月二十九日至七月一日。雪顿是藏语的音译，意思是酸奶宴；雪顿节，就是喝酸奶的节日。后来，它逐渐演变成以演藏戏为主，所以又称作藏戏节。

17 世纪以前，藏族的雪顿活动是一种纯宗教活动。按照佛教戒律，僧人在夏天有数十天禁止出门，到开禁的日子，僧人纷纷出寺下山，世俗百姓都要把准备好的酸奶子拿出来施舍。僧人们除了吃一顿酸奶子佳宴外，还要尽情欢乐玩耍，这就是雪顿节的起源。17 世纪中叶，雪顿活动的内容丰富起来，开始演出藏戏，并形成了固定的节日。后来，雪顿节逐渐有了一定的节日仪式，并在拉萨的罗布林卡演出藏戏。在节日里，拉萨附近的藏族人身穿鲜艳的节日服装，带着帐篷、青稞酒、酥油茶及其他节日食品，来到罗布林卡，欢度节日。人们载歌载舞，观看藏戏，敬青稞酒，喝酥油茶，纵情欢乐，热闹非凡。

4. 火把节

火把节，是彝族、白族、哈尼族、傈僳族、纳西族、普米族、拉祜族等少数民族的传统节日，因以点燃火把为节日活动的中心内容而得名，时间多在农历六月初或二十四、二十五，一般延续三天。

有研究者认为，火把节的产生与人们对火的崇拜有关，期望用火驱虫除害，保护庄稼生长。在火把节期间，各村寨用干松木和松明子扎成大火把竖立寨中，各家门前竖立小火把，入夜点燃，使村寨一片通明。人们还手持小型火把，绕行田间、住宅一周，将火把、松明子插在田边地角，青年男女还弹起月琴和大三弦、跳起优美的舞蹈，彻夜不眠。与此同时，人们要杀猪、宰牛，祭祀祖先神灵，有的地区还要抱鸡到田间祭祀田公、地母，然后相互宴饮，吃坨坨肉，喝转转酒，共同祝愿五谷丰登。此外，各地也举行歌舞、赛马、斗牛、射箭、摔跤、拔河、荡秋千等活动，并开设集市贸易。

5. 泼水节

泼水节，是傣族隆重、盛大的传统节日，因人们在节日期间相互泼水祝福而得名。布朗族、德昂族、阿昌族也过此节日。傣语称此节为"比迈"，意即新年。其时间在傣历六月，大致相当于公历 4 月中旬，持续 3~4 天，第一天叫"宛多尚罕"，意为除夕；最后一天叫"宛叭宛玛"，意为"日子之王到来之日"，即傣历元旦；中间的一两天称"宛脑"，意为"空日"。

泼水节的起源与小乘佛教的传入密切相关，其活动包含许多宗教内容，但主要活动——泼水也反映出人们征服干旱、火灾等自然灾害的愿望。节日的第一天早晨，人们沐浴更衣，然后聚集到佛寺，用沙堆宝塔，听僧人诵经，泼水浴佛，接着便敲着铜锣、打着象脚鼓拥向街头、村寨，相互追逐、泼水，表达美好的祝愿。所泼的水必须是清澈的泉水，象征友爱与幸福。在其余时间，人们还举行放高升、赛龙舟、丢包、跳孔雀舞、放火花和孔明灯等活动。节日期间，美食是少不了的。人们通常要摆筵席，宴请僧人和亲友，除酒、菜要丰盛外，还有许多傣族风味小吃。其中，毫诺索、毫火和毫烙粉是这时家家必做、人人爱吃的品种。毫诺索是将糯米舂细，加红糖和一种叫"诺索"的香花拌匀，用芭蕉叶包裹后蒸制而成。毫火是将蒸熟的糯米舂好，加红糖并制成圆片，晒干后用火焙烤或油炸，香脆可口。毫烙粉，是用一种名叫"烙粉"的黄色香花与糯米一起浸泡后蒸制的饭，色黄、香甜。

6. 丰收节

丰收节，是高山族排湾人一年一度庆祝丰收的传统节日，多在农历十月粮食进仓之后，择吉祥日举行。

节日之前，青壮年男子上山打猎，女子在家中酿米酒，老人则杀猪宰牛，为节日做准备。丰收节开始，各个部落村寨都要在大坪上举行盛会，最突出的特点是大坪中间常常排放着上百坛米酒，每个酒坛边都有几把雕刻着蛇图腾的木制长形拉卡嘞酒具。部落头人首先拿双斗拉卡嘞酒具，用手蘸酒，向天、地、左、右弹洒酒滴，表示对天地神灵和祖先的祭祀，祈求保佑丰收，然后走向部落的英雄，举起拉卡嘞，与他同饮美酒，向众人长呼一声，为节日盛会拉开序幕。接着，人们载歌载舞，纷纷拿起拉卡嘞向英雄敬酒，与客人畅饮。在欢乐的歌舞中，部落头人和有威望的老人会逐一审视在场的人，选出他们满意的一男一女并敬酒。这二人便被看成丰收节中最美的人，人们争着向他们敬酒献歌，使节日更加欢乐。与此同时，人们还有举行挑担比赛以及拔河、摔跤、射箭等活动，一直持续 3~4 天。

第三节　中国的人生礼俗

一个人从出生到去世，必须经过许多重要的阶段，而其中最重要的阶段通常被认为是人生的里程碑。在跨越人生的每一个里程碑时，人们会用相应的仪礼庆祝或纪念。人生礼俗即人生仪礼与习俗，就是指人在一生中各个重要阶段通常举行的不同仪式、礼节以及由此形成的习俗。

一、人生礼俗的特点

在独特思想观念和价值取向即幸福观的直接影响下，中国的人生礼俗有着显著的特点，那就是以饮食成礼，祝愿健康长寿。

就思想观念与价值取向而言，中国人对生命的追求以健康长寿为目的，偏重于生活数量，却不太注重甚至有时忽视生活质量。健康是人最基本的追求，因为没有健康的身体，一切便无从谈起。但除此之外，中国人的幸福观还有什么内容呢？长期以来，中国是以农业为主的国家，整个国家、社会是由无数个聚族定居的家族构成的，国家、社会的稳定与繁荣依赖于家族，而家族的稳定与繁荣又与人口数量和个人的长寿密切相关。儒家在政治上提倡修身、齐家、治国、平天下，称"天下如一家，中国如一人"，说明了个人、家庭、家族、国家的密切关系即家国同构，而这种关系必然存在于经济生活中。只有个人长寿，才可能人丁兴旺、家族繁盛，也才可能有社会的繁荣，由此从个人到家族乃至国家才能得到幸福。于是，中国人常常将福与寿相连，视长寿为幸福。在《尚书·洪范》最早提出的幸福观"五福"（五种幸福）中有三福与寿直接相关："一曰寿，二曰富，三曰康宁，四曰攸好德，五曰考终命。"汉代郑玄注言，"康宁"即"无疾病"，"考终命"即"各成其短长之命以自终，不横夭"。高成鸢先生在《中华尊老文化探究》中分析指出，"寿"这一概念有狭义、广义之分：狭义的寿是指个人的长寿；而广义的寿是指血缘群体的寿昌，即家族的繁盛。因此，中国人，尤其是对老人从古至今最常用的生日祝语是"福如东海，寿比南山"。

那么，怎样实现这些思想观念和价值取向，达到其人生目的呢？中国人认为最主要的一个方式是通过饮食来实现。《管子》言"王者以民人为天，民人以食为天"，《尚书·洪范》称"食为八政之首"，将饮食与治国安邦紧密联系，而人的长寿更需要饮食作保证。寿字在古代汉语中用作动词，是祝人长寿之意，并且通常是通过献酒来祝愿。《诗经·七月》言："为此春酒，以介眉寿。"《史记·高帝纪》也载："高祖奉玉卮，起为太上皇寿。"因此,中国人在人生礼俗上更多地表现为以饮食成礼。

二、人生礼俗的重要内容

人生礼俗的内容十分丰富,这里仅介绍其中重要的部分即诞生礼俗、结婚礼俗、寿庆礼俗、丧葬礼俗,并且以汉族的人生礼俗为主、兼叙一些少数民族的人生礼俗。

(一)诞生礼俗

新生命降临人世,是一件可喜可贺的事,中国人重要的庆贺仪式是办三朝酒、满月酒等宴会,许多地区还有抓周等活动。这些宴会和活动既充满喜庆气氛,又寄托着亲友们对幼小生命健康成长的希望和祝福。

在中国,婴儿诞生的第三天要举行仪式及庆贺宴会,孩子的外婆与亲友常带着鸡、鸡蛋、红糖、醪糟等食品前来参加。首先要为婴儿洗澡,称为洗三。《道咸以来朝野杂记》言:"三日洗儿,谓之洗三。"洗儿时,常在浴盆中放喜蛋、银钱等物,并用蛋在婴儿头上摩擦,以求不长疮疖。然后举行宴会,共享欢乐。在"三朝"时举行的宴会,称为"三朝宴"或"三朝酒",古代也称为汤饼宴。清朝冯家吉《锦城竹枝词》描写道:"谁家汤饼大排筵,总是开宗第一篇,亲友人来齐道喜,盆中争掷洗儿钱。"汤饼即面条。它在唐朝时通常作为新生婴儿家设宴招待客人的第一道食品。清朝以后,"三朝"的重要食品不再是面条,而是鸡蛋。在汉族地区,孩子的父母面对前来祝贺的亲友,总是会请他们品尝醪糟蛋或红蛋。而在少数民族地区则有所不同,如侗族讲究"三朝喜庆送酸宴",即孩子出生后的三天,也可以是五天或七天,外婆或祖母邀请亲友一起聚会吃酸宴。宴会上所有的食品都是腌制的,有酸猪肉、酸鱼、酸鸡、酸鸭等荤酸菜,也有酸青菜、酸豆角、酸辣椒、酸黄瓜等素酸菜。

婴儿满月时也要举行宴会,称为"满月酒"。清代顾张思《风土录》载:"儿生一月,染红蛋祀先,曰做满月。案《唐高宗纪》:龙朔二年七月,以子旭轮生满月,赐三日。盖始于此。"满月设宴的习俗从唐代开始,延续至今。宴会的宾客是孩子的外婆及其他亲友,其规格和档次视经济条件而定。在汉族地区,有的富贵人家还于此日设"堂会"表演歌舞,花费极大,俗语言"做一次满月,等于娶半个媳妇"。而在一些少数民族地区,也有做"满月酒"的习俗。如白族人在婴儿满月时,孩子的外婆及其他亲友总要带上一篮子鸡蛋作为礼物去探望,而孩子的父母或祖母则会用红糖鸡蛋和八大碗招待宾客。无论如何,做"满月酒"的一个重要目的都是希望孩子能带着许许多多的祝福健康成长。有的人家到了婴儿满100天时还要举行宴会,称为"百日酒",象征和祝愿孩子能长命百岁。

当孩子满一周岁时,许多地方则要举行"抓周"礼,以孩子抓取之物来预测其性情、志向、职业、前途等。北齐颜之推《颜氏家训·风操》言:"江南风俗,儿生一期,为制新衣,盥浴装饰,男则用弓矢纸笔,女则刀尺针缕,并加饮食之物及珍宝服玩,置之儿前，观其发意所取，以验贪廉愚智。"这种习俗至今仍然存在，但其性质大多已由预测转为游戏了，并且与孩子周岁庆宴同时进行，更看重欢乐与热闹。

❖拓展知识

在孩子诞生不久，许多地方还有给孩子认干亲、拜保保以保健康、免灾难的习俗。在汉族地区，认干亲、拜保保，其实是一回事，即给孩子选定一位干爹或干妈，使孩子能健康成长。通常是孩子的父母事先与所选之人商量好后再举行仪式。届时，父母在家中先让孩子给所选之人行礼，正式拜干亲；而干亲则给孩子再取一个新名，如富贵、三元等吉祥之名，并送给孩子有象征意义的礼物，如碗、筷象征孩子将来饮食无忧，文具象征孩子将来能读书成才。然后，父母摆出准备好的酒菜宴请干亲，大家热热闹闹地吃上一顿，从此干亲关系得以确立。人们认为这样可以保佑孩子健康成长。在一些少数民族地区，也有类似的习俗。如壮族就讲究认"踏生父母"。当孩子出生后，第一个走进孩子家的成年人被认作孩子的"踏生父"或"踏生母"，成为孩子的保护人。以后，如果孩子生病，就把孩子抱到踏生父母家喂饭，并取回一只鸡蛋、一把米，目的是为孩子消除灾病。

（二）结婚礼俗

孩子长大成年后，婚姻受到高度重视。在古代很长的历史时期内，人们是通过举行婚礼来宣布和确认婚姻关系的，现在虽然只需通过法律登记即可确认婚姻关系，但许多人仍然要举行婚礼。中国人在举行订婚和结婚典礼时都要举办宴会及相应仪式，以饮食成礼，并祝愿新人早生儿女、白头偕老。

据傅崇矩《成都通览》载，清末民初的成都人在接亲时要举行下马宴，送亲时要举行上马宴，举行婚礼时设喜筵，婚礼过后还要设正酒、回门酒和亲家过门酒，"一俟男家礼成，始折柬请女家，谓之正酒。次日女家又转请男家，谓之回门酒"，然后"两亲家于喜筵正酒毕后复择吉期又宴，宴时会亲，谓之亲家过门"。在这些宴会中最隆重的是婚礼时举办的婚宴，人们以各种方式极力烘托热闹、喜庆的气氛，表达对新人新生活的美好祝愿。旧时的婚宴礼仪繁多且极为讲究，从入席安座、开座上菜，到菜点组合、进餐礼节，甚至席桌布置、菜点摆放等都有整套规矩。新郎新娘在拜堂成亲后不但要向来宾敬酒，而且要饮交杯酒。如今的婚宴多在餐厅、饭店举行，多上象征喜庆的红色类菜肴和色、味、料成双的菜肴，并且常以鸳鸯命名，如鸳鸯鱼片、鸳鸯豆腐等，旨在祝愿新人白头偕老。而除了这个祝愿之外，人们还祝愿新人早生子女，尤其是儿子。据尚会鹏《中原地区的生育婚俗及其社会文化功能》言，在基本保持着中国传统社会文化特征的河南开封附近的西村，"多生孩子，多生男孩子，多生有出息的男孩子"作为主题在西村人的婚俗中反复被强调，饺子和枣因其寓意怀孕生子而成为必需的品种。新娘的嫁妆中有饺子，铺床时枕头中要放枣子，婚宴结束时新娘要单独吃半生半熟的饺子，生熟的"生"与生育的"生"同音同字，由此达到祝愿新人早生贵子的目的。

汉族的结婚礼俗是隆重而热闹的，少数民族的婚俗则是五彩缤纷的。阿昌族人在接亲时，新郎要在岳父家吃早饭，并且必须使用一双长 2 米左右的特制竹筷，夹食特制的花生米、米粉、豆腐等菜，旨在考验新郎的沉着、机智。因为筷子太长，菜或滑或细或柔软，仅靠力气大是不行的。朝鲜族人在结婚时要举行交拜礼、房合礼、宴席礼等。其中，宴席礼是新娘家为新郎准备的，席上摆满糕饼糖果和鸡、鱼、肉、蛋等，由傧相和邻里青年陪伴，在给新郎上饭上汤时米饭碗里常常放三个去皮的鸡蛋，新郎则不能全吃，一般要留下一两个，等退席后给新娘吃，以此表关心和体贴。东乡族人举行婚礼时，要由女方家设宴款待新郎和其他人。宴会进行过程中，新郎要到厨房向厨师致谢，并且"偷"走一件厨房用具，以示"偷"取了新娘家做饭的技术，可以使新娘心灵手巧，使新的家庭无饥馑之虞。少数民族的婚俗中最多的是唱歌迎亲、接亲。壮族人在女子出嫁时，常常要在家门口和闺房门口分别摆十二碗酒，接亲者要通过不断唱歌，而且要唱得好，才能一碗一碗地把酒洒下，直到洒了所有的碗，才能接走新娘。畲族人在结婚时要由娘家操办婚宴，但席桌上最初是空的，必须通过新郎唱歌才能上所需之物。要筷子，则唱"筷歌"；要酒，则唱"酒歌"；要各种菜肴，则唱相应的歌。当宴会结束后，新郎还必须唱一首一首的歌，把席上的东西一件件地唱回去，这样才能与新娘行交拜礼。鄂温克族人在婚礼宴会上，最重要的内容之一是欣赏"宴席歌"。歌唱者边舞边唱道："举起银白的奶酒，敬给碧玉的蓝天吧，出嫁的姑娘呀，让我们祝福你吧。世上的草儿和花朵，离不开天上的雨水，自己挑选的情人，要相亲相爱活到老。"无论少数民族的婚俗是怎样的千姿百态，也与汉族婚俗一样，有着共同的目的，那就是祝愿新人家庭兴旺、白头偕老。

❖特别提示

中国人的结婚礼俗不仅祝愿新人白头偕老，更祝愿家庭、家族的繁荣昌盛。

在中国历史上，人们认为养儿不仅能防老，而且能使家庭、家族兴旺、寿昌，因此在新人结婚时常常用食品来象征和祝愿新人能够"早生贵子"。在中国南方，人们通常让新娘吃红枣、花生、桂圆、栗子，谐音"早生贵子"；在北方则有让新娘吃"子孙饺子"的习俗。无论哪种习俗，都寄托着人们对家庭与家族兴旺、寿昌的美好愿望。

（三）寿庆礼俗

中国人非常重视生日，每一个生日都有或大或小的庆祝活动和仪礼，而祝愿长寿是这一系列活动和仪礼的重要主题。从寿面、寿桃到寿宴，气氛庄重而热烈，无不寄托着对生命长久的美好愿望。

　　所谓寿面，其实是指生日时吃的面条，古时又称"生日汤饼""长命面"。因为面条形状细长，便用来象征长寿、长命，成为生日时的必备食品。在古代，不论达官显宦还是平民百姓，也不论男女老幼，生日时都要吃寿面。《新唐书·后妃传》载，王皇后因不受玄宗宠爱，曾哭着说："陛下独不念阿忠脱紫半臂易斗面，为生日汤饼邪？"阿忠是王皇后的父亲，她用父亲脱衣换面为玄宗做寿面的事感动玄宗，可见在唐代连皇帝过生日也要吃寿面。清代慈禧过60岁生日时孔府76代孙孔令贻的母亲和妻子还专门进献寿面。至今仍然有许多家庭在生日时吃寿面。因为寿面象征长寿，所以其吃法就比较讲究，必须一口气吸食一箸，中途不能把面条咬断，一碗面条要照此方法吃完，否则便不吉利。所谓寿桃，是用米面粉为原料制作、象征长寿的桃形食物，通常为客人送的贺礼。寿宴，又称"寿筵"，是生日时举办的庆祝宴会。孔子《论语》言："三十而立，四十而不惑，五十而知天命。"中国人常常在中年以后开始做寿，举办寿宴，尤其重视逢十的生日及宴会，有贺天命、贺花甲、贺古稀、贺期颐等名称。寿宴上有很多讲究，将宴饮与拜寿相结合，祝愿中老年人健康长寿、尽享天伦之乐。菜品常用象征长寿的六合同春、松鹤延年等，也常用食物原料摆成寿字，或直接上寿桃、寿面来烘托祝愿长寿的气氛。参加宴会的宾客除带寿桃、寿面作为贺礼外，还可以带其他贺礼。《成都通览·贺礼及馈礼》载，当时祝寿的礼物还有寿帐、寿酒、鸡、鸭、点心、火腿等。如今的寿礼则有所不同，多为保健品如药酒、药茶等，更加注重以食疗来养生健身、益寿延年。

❖拓展知识

　　将面食品制成桃形用来象征长寿，源于古代的神话传说。汉朝东方朔《神异经》言："东北有树焉，高五十丈，其叶长八尺，方四五尺，名曰桃。其子径三尺二寸，小狭核，食之令人知寿。"即吃了这种直径长三尺二寸的桃子可以聪明、长寿。后来，人们又将它称为蟠桃、寿桃。明朝杂剧《蟠桃会》言："九天阊阖开黄道，千岁金盘献寿桃。"然而，这种桃子毕竟是传说之物，生活中难觅踪影。于是，人们便用米面粉制作桃形食品，以象征长寿。清代孔府向慈禧太后进献的生日贺礼"百寿桃"，就是用面粉制作的饽饽四品之一。

　　通常情况下，寿宴在逢十之际才隆重举办。但是，旧时在一些特殊时间也要举行比较隆重的寿宴及特殊礼仪，以消灾祈福、益寿延年，称为"渡坎儿"。所谓"坎儿"，旧时指老年人需要渡过的寿命关口。一般而言，55岁为第一个坎儿。俗语言："人活五十五，阎王数一数。"这时需要给阎王上一道增福延寿的表文，并设斋供，不可草率。寿宴要隆重一些，宴请的宾客也要多一些。至66岁是第二个坎儿。俗语言："人活六十六，不死也要掉块肉。"于是，为了祈求健康长寿，在举行寿宴的同时还要向亲友及邻里赠送猪肉、羊肉，以示已经"掉肉"，并系红腰带以求免灾。至73岁和84岁则为两个大坎儿，俗语言："七十三，八十四，阎王不叫自己去。"届时，除上表增寿、赠送肉食外，还要做三天大寿，一天为敬神庆寿，二天为做道场礼佛，三天为子女祝寿。寿宴的规模和档次都较高，常办十几桌或几十桌。

（四）丧葬礼俗

不论怎样想办法希求长寿，人总有一死。当走完生命之旅时死亡便是归宿。若生命匆匆结束或中途夭折，则是凶丧，是极悲哀的事，总是简单了结。若逝去的是长寿之人或寿终正寝，则是吉丧，是为一喜，只是相对于结婚"红喜"而言为"白喜"。凡是吉丧则十分看重，大多要举行葬礼和宴会，不仅祭奠死者，也安慰生者，还有祝愿生者长寿之意。

中国旧时的丧宴繁简不一。李劼人《旧账》记载了道光十八年（公元1838年）成都官员杨海霞的子孙为杨办丧事时举行宴会的情形：在50余天的时间里，杨府共置办了16种筵席400余桌，其席单包括成服席单、奠期席单、送点主官满汉席单、请谢知客席单、请帮忙席单、送葬席单、夜酒菜单、奠期日早饭单、送埋席单、送葬早饭单、祠堂待客席单、复山席单等。后来，丧宴逐渐简化了许多。有的地方在举行丧礼时以"七星席"待客，仅六菜一汤，少荤腥，多豆腐白菜、素面清汤，餐具也是素色，气氛低沉。宴会结束时，宾客常将杯盘碗盏悄悄带走，寓意"偷寿"，即为自己偷得死者生前的长寿。对于死者也有相应礼仪，首先是摆冥席，供清酒、素点、果品与白花等；到斋七、百天、忌辰和清明时，则常常供奉死者生前喜爱吃的食物。由此可见，在中国，人们不仅在一个人的有生之年里以饮食成礼，祝愿其健康长寿，而且在一个人死后仍然以饮食成礼，即在悼念死者的同时慰藉生者，并祝愿包括自己在内的生者健康长寿。

第四节　中国的社交礼俗

每个人都有社会属性，都生活在社会之中，必然要与他人交往。但是，在人与人的交往过程中要想和平相处，就不能随心所欲、胡作非为，必须约定俗成一些相应的行为规范和要求等。社交礼俗就是指人们在社会交往过程中形成并长期遵循的礼仪和风俗习惯。由于文化传统和社会风尚的差异，不同的国家或民族在社会交往过程中有着不同的行为准则和行为模式，也就有不同的社交礼俗。

一、社交礼俗的特点

在独特的文化传统、社会风尚、道德心理等因素的直接影响下，中国社交礼俗最主要的特点是在行为准则上注重长幼有序、尊重长者，即尊老原则。

在中国历史上，长期占据统治地位的是儒家思想与文化。儒家自孔子起就提倡礼治，即以礼治国、以礼治家，使礼成为处理人际关系、维护等级秩序的社会规范和道德规范。《荀子·修身篇》言："人无礼不生，事无礼不成，国无礼不宁。"《礼记·乐记》则将礼与乐并列而言："乐者，天地之和也；礼者，天地之序也。和，故百物皆化；序，故群物皆别。"儒家认为社会秩序主要存在于君臣、父子、夫妻、长幼之间，以君、父、夫、长为尊、为先，以臣、子、妻、幼为卑、为后，尊卑分明，进而形成了贵贱有等、夫妻有别、长幼有序的思想和行为准则。另外，由于中国长期以来是以农业为主的国家，强调"家国同构"的关系，注重实践经验的积累，认为年长者是家与国稳定和繁荣的关键，并且只有年长者才会因为有丰富的经验而成为德才兼备的贤人，于是，很早就形成了尚齿、尊老的社会风尚，即崇尚年龄，以年龄大者为尊，同时还将老与贤视为一体，"老即是贤"，尊老也意味着重贤，是尊重人才、获取人才的一个重要表现和途径。高成鸢《中华尊老文化探究》指出："古代在大多数情况下，德才兼备是老年人才能具有的品性，所以在中华文化中尊老与敬贤曾是同一回事。"因此，中国人在社会交往过程中，在贵贱相等的前提下，便极力提倡"长幼有序"，尊重老者、以长者为先。

❖特别提示

中国社交礼俗还有规范性、传承性和限定性等特点。

所谓规范者，标准也。中国的社交礼俗基本上都有约定俗成的行为标准，人们在交际场合待人接物时往往必须遵守。它不仅约束着人们在交往过程中的言谈举止，而且成为衡量一个人言行的尺度。如在宴会上，如何安排座位、如何就座、如何使用餐具、怎样进餐等，都有一定的行为标准、方式和要求。任何人想要在交际场合表现得合乎礼仪与习俗，都必须严格遵守它们。传承者，传授和继承也。中国的社交礼俗是中国人在长期的社会交往过程中逐渐积累和流传下来的礼仪与习俗，不是突然之间凭空产生的，也不会突然消失。如中国当代的社交礼俗就是在古代礼俗的基础上继承、发展起来的。限定性，是指有一定的范围。中国的社交礼俗主要适用于中国的社交场合，适用于在中国范围内普通情况下的、一般的人际交往与应酬，不能离开这个特定的范围，否则就可能产生不良影响。如中国人讲究长者为先，如果运用到西方国家，就会显得有些格格不入，因为他们长期崇尚的是"女士优先"。

二、社交礼俗的重要内容

中国人的社交礼俗内容丰富多彩，这里仅介绍人们在餐饮活动中所涉及的社交礼俗，主要包括宴会礼俗与便餐，即日常饮食礼俗两大类。需要指出的是，宴会与日常饮食礼俗，并不是社交礼俗的全部，而仅仅是其重要的组成部分，并且它们之间在实际生活中是互相交叉、难以分割的，这里为了便于叙述，就以用餐的性质和规模等为依据，对餐饮活动中所涉及的社交礼俗进行了如此分类。

（一）日常饮食中的社交礼俗

日常饮食中的社交礼俗众多，这里主要介绍座位的安排、餐具的使用、菜点的食用、茶酒的饮用这四个方面的礼俗。它们不同程度地体现了中国社交礼俗的特点。

1. 座位的安排

通常而言，座位的安排涉及桌次的排列与位次的排列两个方面。但是，在日常饮食中，进餐的人数不会太多，很少有桌次排列问题，而主要是位次的排列。

在排列位次时，主要规则是右高左低、中座为尊和面门为上。所谓右高左低，是指两个座位并排时，一般以右为上座，以左为下座。这是因为中国人在上菜时多按顺时针方向上菜，坐在右边的人要比坐在左边的人优先受到照顾。所谓中座为尊，是指三个座位并排时，中间的座位为上座，比两边的座位要尊贵一些。所谓面门为上，是指面对正门的座位为上座，而背对正门者为下座。而上座常常是安排给年长者或长辈坐的，这不仅是汉族的礼俗，也是白族、彝族、哈萨克族、维吾尔族、朝鲜族、土家族等众多少数民族的礼俗。如白族和彝族人家，在进餐时，年长者或长辈都坐在上座即上方，其余人则依次围坐在两旁和下方，还要随时为年长者或长辈盛饭、夹菜。

2. 餐具的使用

中国人进餐时主要使用的餐具有筷、匙、碗、盘。其中，最具特色的是筷子，中国人在使用它时有比较系统的礼仪与习俗，归纳起来大致有10点：①进餐时，需年长者或长辈先拿起筷子吃，其余人方可动筷。②吃完一箸菜时，要将筷子放下，不可拿在手中玩耍。放筷子时应放在自己的碗、盘边沿，不能放在公用之处。喝酒时更是这样，切忌一手拿酒杯、一手拿筷子。③举筷夹菜时，应当看准一块夹起就回，忌举筷不定。否则，就表示菜肴不好吃，其他人也常常会感到茫然。④切忌用筷子翻菜、挑菜。如在盘中翻挑，其他人会认为再夹此菜是吃剩的。⑤忌用筷子叉菜。传统田席中的甜烧白、咸烧白等菜肴，通常是一道菜十片或十二片肉，每人一片，如果用筷子横着去叉，会叉两片以上，这样既显得太贪吃，又造成同桌的十人中有人吃不到这道菜。⑥忌用筷子从汤中捞食。这种捞食的动作，俗称"洗筷子"，"洗"过筷子的汤被视为洗碗水或泔水，其他人不愿意再喝。⑦忌用粘着饭粒或菜汁、菜屑的筷子去盘中夹菜。否则，被视为不卫生。⑧忌用筷子指点他人。要与人交谈时应当放下筷子，不能在他人面前"舞动"。

⑨忌将筷子直立地插放在饭碗中间。因为人们认为这是祭祀祖先、神灵的做法。⑩忌用筷子敲打盘碗或桌子，更忌讳用筷子剔牙、挠痒或夹取非食物的东西。

除了筷子之外，匙、碗、盘的使用也有一定的礼仪与习俗。匙，又称为勺子，主要用途是舀取食物，尤其是流质的羹、汤。用它取食时，舀取食物的量要适当，不可过满，并且可以在原处停留片刻，待汤汁不滴下时再移向自己食用，避免弄脏桌子或其他东西。碗，主要是用来盛放食物的，其使用时礼节和忌讳主要有三点：①不要端起碗来进食，更不能双手捧碗。②食用碗中食物时，要用筷子或勺子，不能直接用手取食或用嘴吸食、舔食。③不能往暂时不用的碗中乱扔东西，也不能倒扣在餐桌上。盘子，也是用来盛放食物的，它在使用的礼俗方面与碗大致相同。

❖拓展知识

筷子，古称"箸"，后来因船家避讳而改称"筷"。船家认为，"箸"与"住"谐音，是不吉利的，于是就用"住"的反义词"快"来代替，又因箸大多是用竹子制成，就在"快"字上再加一个竹字头，成为"筷"。明朝陆容在《菽园杂记》中说："民间俗讳，各处有之，吴中为甚。如舟行讳'住'、讳'翻'，以'箸'为'筷儿'、'幡布'为'抹布'。"人们在使用筷子时有许多礼节和忌讳。

3. 菜点的食用

中国菜品种繁多，人们在食用菜点时的礼俗也是多姿多彩的。以待客吃鸡为例，不同民族就有不同的礼俗。东乡族把鸡按部位分为13个等级，人们进餐时按照辈分和年龄吃相应等级的部位。其中，最贵重的是鸡尾（又称鸡尖），常常是给年长者或长辈享用。苗族人最看重的是鸡心，由家长或族中最有威望的人将鸡心奉献给客人吃，比喻以心相托，而客人则应当与在座的老人分享，以表示自己大公无私，是主人的知己，若独食则会受到冷遇。侗族、水族、傣族却常常用鸡头待客，人们认为它代表着主人的最高敬意。若客人是年轻人，在恭敬地接过鸡头后，应当主动地将鸡头回敬给主人或年长者。汉族人大多看重的是鸡腿，人们常常用这些肉多的部分表达自己的盛情。待客时吃鸭和吃羊，也有不同的礼俗。布依族待客，常常用鸭头鸭脚。主人先将鸭头夹给客人，再将鸭脚奉上，表示这只鸭子全部供给客人了，是最盛情的款待。塔吉克族待客，主人首先向最尊贵的客人呈上羊头，客人割下一块肉吃后再把羊头双手送还主人，主人又将一块夹着羊尾巴油的羊肝呈给客人吃，以表达尊敬之意。

此外，在菜点的食用过程中还有一些细微的礼仪。比如，与人共同进餐要细嚼慢咽，取菜时要相互礼让、依次而行、取用适量，不能只顾自己吃，不能争抢菜肴，不能吃得太饱，喝汤时不能大口猛喝，否则会被认为太贪吃；吃饭菜不能咂舌，不能挥手扇较烫的饭菜，不能把剩的骨头扔给狗，不能梳理头发、化妆等，否则会被认为目中无人、缺乏教养。

4.茶酒的饮用

茶与酒是中国人的日常饮品，也是中国人待客的常用饮品。在人与人的社会交往过程中，人们以茶待客、以酒待客，不同的民族、地区有着不同的礼仪与习俗，但大多遵循着一个原则，即"酒满敬人，茶满欺人"。

就以茶待客而言，饮茶的礼俗主要涉及茶叶品种与茶具的选择、敬茶的程序和品茶的方法等。在以茶待客的过程中需要做好四步：第一步是主人应当根据客人的爱好选择茶叶。一般情况下，汉族人大多喜欢绿茶、花茶、乌龙茶，而少数民族大多喜欢砖茶、红茶，主人在上茶时可以多备几种茶叶，或询问客人，由客人选择；或了解客人的爱好，然后做出相应的选择。第二步是主人根据茶叶品种选择茶具。茶具主要包括储茶用具、泡茶用具和饮茶用具，即茶罐、茶壶、茶杯或茶碗等，不同的茶叶品种需要使用不同的茶具，最常用的是紫砂茶具，因为它有助于茶水味道的纯正；如果要欣赏茶叶的形状和茶汤的清澈，也可以选择玻璃茶具。在同时使用茶壶、茶杯时必须注意配套，使其和谐美观、相得益彰。第三步是主人精心地沏茶、斟茶与上茶。沏茶时，最好不要当着客人的面从储茶具中取出茶叶，更不能直接用手抓取，而应用勺子去取，或直接倒入茶壶、茶杯中。斟茶时，茶水不可过满，而是以七分为佳，民间有"七茶八酒""茶满欺人"等俗语。上茶时，通常先给年长者或长辈上茶，然后再按顺时针方向依次进行。第四步是客人细心地品茶。客人端茶杯时，若是有杯耳的茶杯，应当用右手持杯耳；若无杯耳，则可以用右手握住茶杯的中部；若是带杯托的茶杯，则可以只用右手端茶杯而不动茶托，也可以用左手将杯托与茶杯一起端到胸前，再用右手端起茶杯。饮茶时，应当一小口一小口地细心品尝、慢慢吞下，不能大口吞咽、一饮而尽，更不能将茶汤与茶叶一并吞入口中。

就以酒待客而言，饮酒的礼俗主要涉及酒水品种的选择、敬酒的程序与方法等。中国的酒水种类繁多，许多民族都有自己喜欢的酒水和常用的待客酒水，如汉族通常喜欢用白酒、黄酒、啤酒等待客，蒙古族崇尚马奶子酒，藏族崇尚青稞酒，羌族喜欢咂酒等，待客时必须根据客人的爱好和自身的具体情况对酒水品种进行恰当选择。在敬酒前，常常需要先斟酒，而且必须斟满，民间有"酒满敬人"之说。在敬酒时，最重要的是干杯。除了这常见的敬酒程序与方法外，一些少数民族还有独特之处。如壮族敬酒，是"喝交杯"，两人从酒碗中各舀一汤匙，眼睛真诚地看着对方，相互交饮。傈僳族敬酒，有饮双人酒的习俗，主人斟一碗酒，与客人各出一只手捧着，同时喝下去。彝族敬酒，常常喝的是"转转酒"，大家席地而坐，围成一圈，一碗酒依次轮到每个人的面前然后饮用。

❖拓展知识

上茶的方法是：先将茶杯放在茶盘中，端到临近客人的地方，然后右手拿着茶杯的杯托，左手靠在杯托附近，从客人的左后侧双手将茶杯奉上，放在客人的左前方。如果使用的是无杯托茶杯，也应双手奉上茶杯。

过去，人们敬酒干杯强调的是"一饮而尽"，杯内不能剩酒。如今随着社会的发展，许多人对此不再过分强求，但敬酒时仍然十分注重干杯的方法：主人举起酒杯向客人敬酒时，应右手持杯、左手托底，并且将酒杯放在稍微低于客人酒杯的位置，轻轻碰一下，然后各自根据酒量来饮，或者一饮而尽，或饮去一半，或适量。客人也应回敬主人，右手持杯、左手托底，与主人一同饮下。

（二）宴会中的社交礼俗

相比而言，宴会中的社交礼俗，在内容上与日常饮食中的社交礼俗有不少相同或相似之处，但是它的要求却更加严格、考究，内容也更加丰富。在中国的宴会上，除了同样有座位的安排、餐具的使用、菜点的食用等礼俗外，更重视迎送宾客、座位安排以及酒水饮用等方面的礼俗。

中国历代的各种宴会名目繁多，从上古三代到当代，宴会礼俗经历了由烦琐到简洁的过程。但是，无论如何，其礼俗的特点没有变，尤其是尊敬老者、长幼有序的行为准则贯穿始终，并且通过几乎代代相传的中国特有的养老宴集中体现着。这种养老宴始于虞舜时代，《礼记·王制》载："凡养老，有虞氏以燕礼，夏后氏以飨礼，殷人以食礼。周人修而兼用之。"燕礼、飨礼、食礼都是上古时期人们实现尊老养老之礼的特殊宴会，到周朝演化为乡饮酒礼。它不仅用来宴请老人，也用来宴请乡学毕业、即将荐入朝廷的贤人，其作用从尊老养老扩大到重贤荐贤，将老与贤相结合。在乡饮酒这一特殊的宴会上，处处体现着长幼有序准则和规范性等特点。《礼记·乡饮酒义》言，在迎送宾客时，作为宴会主人的乡大夫或地方官要多次揖拜、礼让，"主人拜迎宾于庠门之外，入三揖而后至阶，三让而后升，所以致尊让也"，即通过多次揖拜、礼让来表示尊敬与谦让。在安排座位时更要注意长幼有序，"主人者尊宾，故坐宾于西北，而坐介于西南，以辅宾"，主人自己"坐于东南"，并且言"六十者坐，五十者立侍，以听政役，所以明尊长也"。参加宴会的宾客至少分为三等，即宾、介、众宾，而宾通常只有一名，多由德高望重的贤能老人担当，居于最尊贵的位置；介通常也为一名，年轻的贤才最多为介（副宾），居于其次。在上菜点时，则通过数量的多少来表示尊老养老，"六十者三豆，七十者四豆，八十者五豆，九十者六豆，所以明养老也"。在进餐过程中，主人与宾客之间仍然要多次揖拜，并通过劝酒形式体现出长幼有序的准则，"宾酬主人，主人酬介，介酬众宾。少长以齿，终于沃洗者焉。知其能弟长而无遗矣"。酬即劝酒，按常理是主人劝宾客饮酒，但在乡饮酒中却是最尊贵的宾劝主人，主人劝介，介劝众宾之一，接着是年龄大的向年龄小的劝酒。这种特别的劝酒程式和饮酒形式是为了更加突出长幼有序的准则。到唐宋时期，由于宴会的桌椅发生变化，宴饮的进餐方式从分餐过渡到合餐，使得乡饮酒无法以菜点数量明长幼，但仍然通过迎送和席位、座次以及劝酒程式等表现长幼有序。到清朝时还增加了"读律令"的礼仪，以便让人们铭记此宴的目的："凡乡饮酒，序长幼，论贤良，别奸顽。年高德劭者上列，纯谨者肩随，差以齿。"

除了乡饮酒外，许多普通的宴会也自始至终地体现着长幼有序准则及其他礼俗特点。《礼记·曲礼》最早、最详细地作了记载和规定。在宴会上，安排座位时如"群居五人，则长者必异席"。周朝的席是坐具，通常坐4人，如果有5人，则必须为年长者另设一席。唐朝孔颖达在疏中还指出，群指朋友，如果只有4人，则应推长者一人居席端。若父子兄弟共同参加宴会，则"兄弟弗与同席而坐，弗与同器而食；父子不同席"，儿孙小辈是不能与长辈坐在一起的，若为夫妇，则一样不能同席。在年少者与年长者共同进餐过程中尤其是饮酒上更有一套严格的礼仪规定："侍食于长者，主人亲馈，则拜而食"，即当年少之人作为侍者接受主人亲自赐的菜肴时必须拜谢后才能食用；"侍饮于长者，酒进则起，拜受于尊所，长者辞，少者反席而饮"，"长者赐，少者贱者不敢辞"，即少者看见长者要赐酒给自己时必须立即起身，凑到盛酒的樽旁跪拜接受，等到长者制止自己时才能回到席上饮酒，但还要在长者干杯后才能饮，只要是长者赐的，少者无论自己喜好与否，都不能推辞。随着时代的发展和筵席座具的变化，过分繁缛的礼仪逐渐减少。如今，人们在宴会上无须作揖、跪拜，但其礼仪和习俗仍然遵循着长幼有序的准则。

❖特别提示

民俗是广大民众在长期的历史发展过程中相沿积久而成的行为传承和风尚，而礼仪大多是指为表示某种情感而举行的仪式，二者常常密不可分。饮食民俗与礼仪是它们的重要组成部分，内容丰富。其中，在日常食俗方面，汉族的饮食主要是以素食为主、肉食为辅，少数民族则各有不同；在节日食俗中，汉族的节日基本上是源于岁时节令，以吃喝为主，祈求幸福，少数民族则有自己的节日及相应的食品；在人生礼俗中，中国各族人民的共同特点是以饮食成礼，祝愿健康长寿；而在社交礼俗中，中国各族人民也有共同特点，那就是在行为准则上注重长幼有序、尊重长者。

俗话说："千里不同风，百里不同俗。"中国幅员辽阔，民族众多，各地区、各民族都有不同的饮食风俗和礼仪。它们是珍贵的非物质文化遗产，也是中国饮食文化的宝贵资源与财富，应当而且已经在当今旅游、餐饮活动中得到继承和发扬。但是，在利用这些资源策划、实施旅游、餐饮活动时必须首先"问俗"，在深入了解食俗的基础上"随俗"，即遵循饮食习俗，尤其要严格遵守饮食禁忌，以便在满足人们口福的同时，更好地满足人们的精神需求。

❖案例分享

成都 2005 千鸡百变贺岁宴

2005 年是中国传统的鸡年。在 2005 年 2 月 8 日（农历腊月三十），《成都商报》联合豪吉鸡精及成都市 50 家大型酒楼推出了"千鸡百变贺岁宴大请客"拜年活动，这些酒楼提供了风格各异、喜迎鸡年的"贺岁宴"。如红杏酒家有锦鸡贺岁宴，飘香酒楼有全鸡宴，大蓉和酒楼有闻鸡开门红宴，红高粱海鲜酒楼有金鸡报晓宴，老成都公馆菜有百鸡闹春宴，巴谷园有雄鸡高歌迎新宴，老渔翁酒楼有鸡年有余宴，等等。此外，泰国鱼翅馆、高丽轩等餐厅也推出了有着异国风味特色的"金鸡贺岁团年套餐"。这些酒楼、餐厅的贺岁宴不论是制作成全鸡席，还是以鸡为主要原料、搭配其他特色原料制作而成，却都是以鸡为主题。鸡，谐音"吉"，同时又代表 2005 年，十分贴切地表达了新年吉祥如意、阖家团圆、欢乐幸福的美好祝愿。在这些贺岁鸡宴中，还特意安排 50 桌免费赠送给了 50 个五世同堂、四世同堂及特殊家庭，更是强化了美好祝愿。这里选摘其中 3 个宴会或套餐的菜单[①]。

全鸡宴（飘香酒楼）

凉菜：怪味鸡块　椒麻鸡片　银芽拌鸡丝
　　　花椒鸡丁　飘香手撕鸡　脆皮麻圆鸡

热菜：闻鸡起舞　鱿鱼雪花鸡　宫保鸡丁
　　　鱼香鸡丝卷　鸡米浓汤萝卜　粉蒸鸡片
　　　熘鸡丝　竹荪鸡圆汤

小吃：芽菜炒鸡面　韭菜鸡肉煎饺

金鸡报喜火锅宴（三只耳火锅）

主锅：金鸡报喜（鸡翅尖、凤爪、掌中宝爆炒干锅）

烫菜：鲜毛肚、极品鹅肠、三只耳嫩鸡片、鸡肉火腿肠、嫩滑牛肉、
　　　鸡腿菇、贡菜、精制豆皮、生态魔芋丝、满堂红、菜头

凉菜：卤胗把　酸辣蕨菜　生拌花生仁　蒜泥黄瓜

小吃：香酥南瓜饼　野菜煎饼　银耳羹　水果拼盘

---

① 唐敏. 贺岁鸡宴 先睹为快. 成都商报，2005-01-29.

泰式咖喱鸡团年套餐（泰国鱼翅馆）

鲜虾刺身　　　凉拌海鲜什锦　　　干烧鹅掌　　　咖喱鸡

泰南炸鸡　照炉鲜鱼　什锦素菜　公阴虾汤

思考与练习

一、思考题

1. 什么是民俗？什么是饮食民俗？

2. 汉族和主要少数民族各有什么样的日常食俗？

3. 汉族的节日食俗有什么显著特点？有哪些相应的节日食品？

4. 信仰伊斯兰教各民族的重大节日及其食俗有哪些？

5. 中国人的人生礼俗有哪些特点？表现在哪些方面？

6. 中国人的社交礼俗有哪些特点？表现在哪些方面？

7. 举例说明饮食民俗在当今旅游或餐饮行业中是如何运用的？

二、实训题

学生以个人或小组为单位，根据中国人的人生礼俗和所在地区的实际情况设计、策划一次婚礼庆典活动或祝寿宴会。

第四章　中国肴馔文化

引　言

　　中国肴馔之多、之美，是其他任何国家都无法比拟的。本章要展示的是中国肴馔出神入化的刀工技艺、千变万化的调味技艺和多姿多彩的美化手段；民族的智慧和历史的积淀成就了闻名世界的中国肴馔，美妙绝伦、特色各具的地方风味流派更是让世人流连忘返、叹为观止。

❖学习目标

　　1. 了解中国肴馔制作技艺的特点。
　　2. 了解中国肴馔历史构成的主要内容。
　　3. 了解中国肴馔主要风味流派的特色。

第一节　中国肴馔的制作技艺

　　作为烹饪大国，中国肴馔的制作技艺让世人叹为观止。孙中山在《建国方略》中说过："我中国近代文明进化，事事皆落人之后，惟饮食一道之进步，至今尚为文明各国所不及。"中国烹饪经过几千年的发展，在肴馔制作技艺上形成了鲜明的特点，进入了艺术的境界和审美范畴。中国肴馔精湛、卓绝的制作技艺，主要表现在用料、刀工、调味和制熟等方面。

❖特别提示

　　馔，《辞海》中解释为食物，《南史·虞悰传》曰："豫章王嶷盛馔享宾。"《现代汉语词典》解释为饭食。肴，鱼肉类熟食荤菜。《楚辞·招魂》曰："肴羞未通。"《礼记·学记》曰："虽有佳肴，弗食，不知其旨也。"将馔和肴的解释综合起来，实际就是指人们食用的饭菜。因此，所谓肴馔，指的是由人们加工制作并食用的饭菜。从这个意义上说，肴馔文化是中国饮食文化的主要组成部分，中国肴馔的发展史就是中国烹饪的发展史。

一、用料技艺及特点

食物原料是烹饪的物质基础。中国幅员辽阔，物产丰富。对此，意大利传教士利玛窦说过："世界上没有别的地方在单独一个国家的范围内可以发现这么多品种的动植物。中国气候条件的广大幅度，可以生长种类繁多的蔬菜，有些最宜于生长在热带国度，有些则生长在北极区，还有的却生长在温带……凡是人们为了维持生存和幸福所需的东西，无论是衣食或是奇巧与奢侈，在这个国家的境内都有丰富的生产。"事实正是如此，中国食物原料品种之多，涉及面之广，在世界上没有一个国家能与其相比。这也为中国成为烹饪大国提供了有力的物质保障。

（一）原料的类别及品种

在此，结合人们日常的生活习惯，按照原料商品种类的划分办法，对中国烹饪的主要常用原料类别及品种进行介绍。

1. 粮食

中国是世界主要产粮国之一，品种繁多，以水稻、玉米、小麦和甘薯为主，其次为小米、高粱、大豆，还有大麦、荞麦、青稞、赤豆、绿豆、扁豆、豌豆、菜豆等。粮食是中国人的主食，同时又是制作菜肴的主辅料，还可酿制调味品。

2. 蔬菜

蔬菜可分为五大类：一是根茎类，有萝卜、莴笋、芋艿、茭白、竹笋、芦笋、土豆、藕等；二是叶菜类，有大白菜、甘蓝、大葱、韭菜、菠菜、芹菜、苋菜、蕹菜等；三是花菜类，有金针菜、花椰菜等；四是瓜果类，有番茄、茄子、辣椒、黄瓜、南瓜、西葫芦、丝瓜、苦瓜、冬瓜等；五是食用菌类，有蘑菇、猴头菇、草菇等。

3. 畜肉

畜肉在中国食物原料中占有重要地位，以猪、牛、羊等家畜及其乳制品为主体，还包括一些可食昆虫以及畜肉再制品。在中国的畜肉中有许多优良品种，如荣昌猪、金华猪、太湖猪、秦川牛、南阳牛、鲁西黄牛、乌珠穆沁蒙古羊、哈萨克羊、滩羊、成都麻羊等，均为优质食物原料。

4. 禽及禽蛋

禽类有家禽、野禽之分。家禽主要包括鸡、鸭、鹅，著名品种有狼山鸡、九斤黄、寿光鸡、蒲河白鸭、麻鸭、中国鹅、狮头鹅等。蛋品有鸡蛋、鸭蛋、鹅蛋、鸽蛋、鹌鹑蛋等。此外，还有很多再制品，如板鸭、风鸡、腊鸡、腊鸭、咸蛋、松花蛋、糟蛋等。

5. 水产品

水产品可分为海鲜类与淡水类。海鲜类有小黄鱼、大黄鱼、带鱼、鲳鱼、海鳗、鲅鱼、墨鱼、鲐鱼、鳓鱼、海虾、鲜贝等；淡水类，有被称为"四大淡水鱼"的草鱼、鲤鱼、鲢鱼、鳙鱼，还有鲫鱼、鳜鱼、鲈鱼、鳊鱼、鲥鱼、龟、鳖、虾等。

6. 干货

干货原料可分为五类：一是动物性海味干料，有干贝、海参、鱿鱼、鲍鱼等；二是植物性海味干料，有紫菜、海带、石花菜、冻粉等；三是陆生动物性干料，有蹄筋、驼峰等；四是陆生植物性干料，有黄花、玉兰片、莲子、百合等；五是陆生藻菌类干料，有黑木耳、香菇、口蘑、竹荪、冬虫夏草等。

7. 调味品

中国烹饪十分重视调味，因此调味品极为丰富，但可以简要地分为液体与固体两大类。液体类调味品有酱油、醋、蚝油等；固体类调味品则有味精、食盐、糖、花椒、辣椒等。

❖拓展知识

食物原料的分类方法有很多种：按原料属性分，有动物性原料、植物性原料、矿物性原料、人工合成原料四类；按原料加工与否分，有鲜活原料、干货原料、复制品原料三类；按原料在菜肴制作中的地位分，有主料、配料、调料三类；按原料的商品种类分，有粮食、蔬菜、家畜肉及制品、干货制品、水产品、果品、调味品等。此外，还有其他分类方法。

（二）用料技艺的重要内容

1. 原料的选择

（1）选料的作用。在制作肴馔时，首要的任务就是选择原料。原料不仅是味的载体，构成美食的基本内容，而且本身就是美味的重要来源，原料选择是否得当直接关系到肴馔制作的成败。清代袁枚在《随园食单》中说："大抵一席佳肴，司厨之功居其六，买办之功居其四。"具体而言，原料选择具有两方面的意义：一是依照菜品的需要确定主料、辅料和调料，定类定种；二是在确定品种后挑选合适的原料，定质定性。

（2）选料的原则与方法。从烹饪实践看，选料至少应遵循四个原则：一是根据原料的固有品质来选择原料。主要看原料的品种、产地、营养素含量以及口味、质感的好坏等。如北京烤鸭要选用北京填鸭，清蒸武昌鱼要选用梁子湖的团头鲂，火腿以金华、宣化所产为上乘。二是根据原料的纯净度和成熟度来选择。主要看原料的培育时间和上市季节，纯净度和成熟度越高，利用率和使用价值越大。正如谚语所说："冬有鲫花秋有鲤，初春刀鱼仲夏鲥。"三是根据原料的新鲜度来选择。主要看原料存放时间的长短，常常从形态、光泽、水分、重量、质地、气味等方面进行判断。所谓"活水煮活鱼""农家鲜蔬香"。四是根据原料的卫生状况来选择。严格按照国家《食品安全法》的要求进行原料的选择，凡是受到污染、腐败变质或含有致病菌虫的原料都不能使用。

在对原料进行选择时，主要采用感官检验和理化检验两种方法。所谓感官检验，即运用视觉、嗅觉、味觉、触觉和听觉，观察原料的光泽、形态、气味、声响、质感和滋味来判断原料品质的好坏，是最常用的方法；但有时也采用理化检验方法，即运用现代科学技术来检测，如通过仪器、设备、化学检验手段对原料的品质好坏进行判断。

❖特别提示

《食品安全法》第三十四条明文规定禁止生产经营下列食品、食品添加剂、食品相关产品：

（一）用非食品原料生产的食品或者添加食品添加剂以外的化学物质和其他可能危害人体健康物质的食品，或者用回收食品作为原料生产的食品；

（二）致病性微生物，农药残留、兽药残留、生物毒素、重金属等污染物质以及其他危害人体健康的物质含量超过食品安全标准限量的食品、食品添加剂、食品相关产品；

（三）用超过保质期的食品原料、食品添加剂生产的食品、食品添加剂；

（四）超范围、超限量使用食品添加剂的食品；

（五）营养成分不符合食品安全标准的专供婴幼儿和其他特定人群的主辅食品；

（六）腐败变质、油脂酸败、霉变生虫、污秽不洁、混有异物、掺假掺杂或者感官性状异常的食品、食品添加剂；

（七）病死、毒死或者死因不明的禽、畜、兽、水产动物肉类及其制品；

（八）未按规定进行检疫或者检疫不合格的肉类，或者未经检验或者检验不合格的肉类制品；

（九）被包装材料、容器、运输工具等污染的食品、食品添加剂；

（十）标注虚假生产日期、保质期或者超过保质期的食品、食品添加剂；

（十一）无标签的预包装食品、食品添加剂；

（十二）国家为防病等特殊需要明令禁止生产经营的食品；

（十三）其他不符合法律、法规或者食品安全标准的食品、食品添加剂、食品相关产品。

2. 原料的初加工

原料经过筛选后便进入初加工阶段，取出净料，为精细加工做好准备。所谓初加工，是指解冻、去杂、洗涤、涨发、分档、出骨等工艺流程，通常可分为动物原料初加工、植物原料初加工、分档取料、干货涨发四个方面。具体而言，在动物原料中，禽畜类要经过宰杀、煺毛、去鳞、剥皮、开膛、翻洗、整理内脏等工序，鲜活水产品一般要经过刮鳞、去鳃、吐沙、取内脏、洗涤等工序；植物原料通常经过摘除整理、削剔、洗涤等工序；干货原料的初加工主要是涨发，分为水发、碱发、油发、盐发等。此外，对于动物原料，还常常进行分档取料。如使用禽、畜、鱼、火腿等原料时，常根据菜肴成品的需要，依其肌肉组织的不同部位、不同质量而采用不同的刀法进行分割，以保证菜肴质量，突出烹饪特色，做到物尽其用。

（三）用料技艺的特点

中国烹饪的用料技艺特点可以概括为八个字：用料广博，物尽其用。

正如前面所述，中国食物原料之丰富，是世界上其他国家无法比拟的，中国人开发食物原料之多，也是世界上其他民族所罕见的。林语堂先生曾经说过：我们中国人凭着特异的嘴巴和牙齿，便从树上吃到陆地，从植物吃到动物，从蚂蚁吃到大象，吃遍了整个生物界。如今，为了保护野生的珍稀动植物和维护人体健康，中国人不再以它们为食，但又利用先进科学技术对一些珍稀动植物进行人工种植与养殖，并且大量引进国外优质原料。因此，中国的食物原料仍然十分丰富，中国肴馔在选择原料上一直是非常广博的。

面对丰富的食物原料，中国厨师在具体使用过程中还有许多独到的方法。一物多用，废物利用，综合利用，无不体现出中国厨师在用料方面的高超技艺。猪、牛、羊的全身几乎都能制成菜肴，有全猪席、全牛席、全羊席。仅以猪蹄为料，则可煨可烧，可酱可糟，可冻可醉，可卤可蒸，早在清代《调鼎集》中就列出20余款猪蹄菜，现在各地则更多。锅巴，本是煮焖锅饭时锅底结成的焦饭，可算作饭的废品，但到清朝时，李化楠就在《醒园录》中介绍了风味独特而专门制作的锅巴，袁枚《随园食单》所记的"白云片"、四川的"锅巴海参"都是使用特制的锅巴做原料制成的。又如豆渣，以前常常被当作废物处理，但经过厨师的巧手，可制作出高级名菜，像四川的"豆渣烘猪头"。

❖拓展知识

豆腐渣是生产豆奶或豆腐过程中的副产品，以前常常被人们当作废物处理。随着科学的发展，人类文化素质的提高，人们已从营养学的角度开始重新认识豆腐渣。经研究证明，大豆中有一部分营养成分残留在豆腐渣中，一般豆腐渣含水分85%、蛋白质3.0%、脂肪0.5%、碳水化合物8.0%，还含有钙、磷、铁等矿物质。食用豆腐渣，能降低血液中胆固醇含量，减少糖尿病人对胰岛素的消耗；豆腐渣中丰富的食物纤维，有预防肠癌及减肥的功效，因而豆腐渣被视为一种新的保健食品源。

豆腐渣烘猪头是四川传统名菜。一般猪头是不上席的，但豆腐渣烘猪头却以它的色泽棕红、汁浓味醇、肉质粉糯、豆腐渣香酥，而成为一道筵席名菜。"豆腐渣烘猪头"

为咸鲜味型，深牙黄色，肉肥烂，脂肪多，酒饭均宜。

二、刀工技艺及特点

所谓刀工，是指根据原料属性、构造特点以及菜肴制作的要求，运用不同刀具，使用各种刀法，将原料加工成一定规格形状的操作技艺。孔子在《论语》中说"割不正，不食"，这实际上是对刀工的要求。早在唐朝，中国就有了刀工专著《砍脍书》。刀工技艺发展到今天，仅刀工刀法就达200余种，许多名厨的刀工技艺更是炉火纯青、出神入化。

❖特别提示

《砍脍书》是唐朝专门记述饮食文化刀工技术的专著，现已失传。

从日本明治年间（公元1868—1912年）印行的烹饪书《养小录》及中国其他一些典籍中可以了解到，《砍脍书》对当时所运用的各种基本刀法和花刀艺术进行了详细描述和理论分析。其中就有"小晃白"、"大晃白"、"舞梨花"、"柳叶缕"、"对翻蛱蝶"和"千丈线"等名，记叙了当时厨艺高人的运刀之势与所切肉菜之细薄。

（一）刀工的作用

中国烹饪强调刀工，是因为在烹饪实践中，刀工与菜肴的烹制、造型以及人们的饮食习惯等都有着极其密切的关系。

1.便于烹制和调味

刀工处理是解决原料加工问题的重要手段，因为原料加工的形状，与菜肴成熟的时间和菜肴的调味有着不可分割的联系。如生炒鸡球，需通过刀工把鸡肉切成片，并用花刀划纹，才能制成且易于入味。菜肴的调味，既要根据原料的性质和烹制的需要，也要根据原料大小厚薄来进行。原料经刀工处理成丁、丝、片、条、块和在原料表面刻上花纹后可大大缩短入味的时间。

2.利于造型和美化

中国肴馔造型美观、多姿多彩，让世人叹服，而这必须通过刀工的使用才能实现。如通过刀工技艺，可以将原料加工成菊花形、荔枝形、麦穗形、凤尾形、玉米棒形、梳子形等。经过刀工处理，菜肴的片、丝、条、块才有同样的规格，匀称统一，整齐美观。通过雕刻、拼摆制作的菜肴，更需要精巧的刀工技艺，否则是无法达到美的效果的。

3.便于食用和消化

在日常饮食生活中，大量的肴馔都要运用刀工切割技术，使原料脱骨、分档，使整变碎，大变小，甚至加工成为泥状、茸糊状，其本质就是便于人们食用，便于吸收、消化，进而达到养生、健身的目的。如南乳扣肉，其切块的大小正好适合人们的饮食需要。

（二）刀工技艺的重要内容

1.用刀的基本原则

（1）依料用刀，干净利落。不同的原料有不同的性质、纹路，即使同一种原料也有老嫩之别，因此常常根据不同的原料选择不同的刀工技艺。如鸡肉应顺纹切，牛肉则需横纹切。若采取相反方法，牛肉难以嚼烂。另外，用刀要轻重适宜，该断则断，该连则连。丁、片、块、条、丝等属需切开的，就必须干净利落，一刀两断；而使用花刀法刻花纹的，如油泡鱿鱼、生炒鸡球，则要均匀用刀，掌握分寸，不能截然分开，以使菜肴整齐美观。

（2）主次分明，配合得当。一般菜肴大都有主料和辅料的搭配，辅料具有增加美味、美化菜肴的作用，但它在菜肴中只充当辅助的角色，必须服从主料、衬托主料。因此，辅料的形状必须与主料协调，无论是块、丁、条、片，都以小于主料为宜。

（3）规格一致，适合烹调。用刀工切割的原料，不论是丁、丝、片、条、块，还是其他形状，都需粗细、厚薄、长短一致，才能使烹制出的肴馔色、香、味、形俱佳。刀工处理必须服从肴馔烹制所采用的烹饪方法及调味的需要。如炒、油爆法使用猛火，时间短，入味快，故原料要切得小、薄。炖、焖法使用中小火，时间较长，原料可切得大和厚些。

（4）合理用料，物尽其用。刀工处理原料，要精打细算，做到大材大用、小材小用，避免浪费，尤其在大料改制小料时，常常只选用原材料的某些部位，对其他暂时用不着的剩余部分应巧妙安排，合理利用。

2.常用刀法

所谓刀法，是指把原料加工成为烹制菜肴所需要的一定形状的运刀方法。除了按需要使用的灵活刀法如排、拍、旋等，用于食品雕刻的美术刀法如雕、挖外，经常使用的刀法主要有四种。

（1）直刀法是指刀面与砧板成直角的方法，包括切、剁、砍等。切，指刀刃垂直原料，自上而下切割原料的方法，因运刀方向不同而有直切、推切、拉切、锯切、铡切、滚切等。剁，潮汕称"斫"。剁的应用有两个方面：一是剁无骨的肉类，二是剁带骨的原料。砍，也称劈，适用于加工形体大而带骨或质地坚硬的原料。砍分为直刀砍和跟刀砍两种。

（2）平刀法是指刀面与砧板平行的一种刀法，包括平刀片、推刀片、拉刀片。平刀片，适用于片一些无骨、软嫩的原料，如豆腐及豆干等，操作时刀面与砧板平行，一刀到底。推刀片，适用于片一些熟的原料以及较嫩脆的原料，如咸菜等，运刀时刀面与砧板平行，左手按住原料，右手握刀，刀刃片进原料后由里向外推动，一推到底。拉刀片，适用于片一些略带韧性的原料，如鱼肉、猪肉、虾等，运刀时刀刃向里，刀面与砧板平行，左手按住原料，右手握刀，片进原料后往里一拉到底。

（3）斜刀法是指刀身与砧板上的原料成一定角度的一种刀法，包括斜刀片与反刀片两种。斜刀片，适用于片一些质地松软或带脆性、韧性的原料，如鱼、角螺，运刀时左手按住原料，右手握刀，根据菜肴烹制需要取倾斜角度和厚薄程度，刀刃向左手边，一刀一刀片下去。反刀片，常用于片一些较脆的植物原料，如芥蓝头、香菜心，运刀时左手按住原料，右手握刀，刀刃朝外，左手中指背抵住刀身，刀的斜角大小根据菜肴的需要而定。

（4）剞刀法，又称花刀法、混合刀法，是直刀与斜刀配合使用的方法。它主要适用于韧中带脆的原料，如猪腰、肚、鱿鱼等。采用剞刀法加工的原料在成熟后有麦穗、荔枝、凤尾、鱼鳃、梳子、蓑衣、菊花、核桃、卷形等形状。

（三）刀工技艺的特点

归纳起来，中国刀工技艺的特点主要是切割精工、刀法多样。

中国厨师历来都把刀工技艺作为一种富有艺术趣味的追求，其技艺之精者已近乎道。《庖丁解牛》的寓言故事在中国家喻户晓，庖丁神奇的切割技术为世人所称赞。明代冯梦龙在《古今谈概》中也记载了一位操刀高手，其绝技更是让人惊叹："一庖人令一人袒背，俯偻于地，以其背为刀几，取肉二斤许，运刀细缕之。撤肉而拭其背，无丝毫之伤。"这种以人之背为砧板切肉的技术，没有相当的刀工技艺，实在是难以为之的。当代的厨师进一步继承并发展了历代的运刀技艺。比如重庆"老四川"灯影牛肉的创始人钟易凤所片的大张牛肉片，制成后可透过牛肉片看见灯影，真正是"薄如蝉翼"。一只重1.5千克的北京烤鸭，一般要求片108片，而且应在3分钟内完成，大小均匀，薄而不碎，形如柳叶，片片带皮，足见刀工之精湛。如今，刀工刀法的名称已有200多种。以片为例，就有刨花片、鱼鳃片、骨牌片、斧片、火夹片、双飞片、灯影片、梳子片、月牙片、象眼片、柳叶片、指甲片、雪花片、凤眼片、斧头片等，足见其刀法的多样。

三、调味技艺及特点

美食以美味为基础，而美味通过调味来创造。中国肴馔历来把味作为核心，调味既是烹饪的技术手段，也是烹饪成败的关键，所以有人说中国的烹饪艺术实际是味觉的艺术。清人徐珂在《清稗类钞》中比较中西饮食时说："西人尝谓世界之饮食，大别之有三。一我国，二日本，三欧洲。我国食品宜于口，以有味可辨也。日本食品宜于目，以陈设时有色可观也。欧洲食品宜于鼻，以烹饪时有香可闻也。"

（一）味觉与味的分类

美食是一种综合性的艺术品，因为人们在欣赏它时获得了包括味觉、嗅觉、触觉等在内的综合性的美感。而调味所涉及的主要是味觉，因此，了解味觉的含义和分类是正确认识中国烹饪调味技艺的前提。

1.味觉

味觉有广义和狭义之分。狭义的味觉，简单地讲就是辨别食物味道的感觉，是食物刺激人的舌头表面的味蕾后传入大脑皮层的一种生理现象。广义的味觉，是指人们对食物的综合性感觉，既包括味觉器官的感觉，也包括视觉、嗅觉、触觉等的感觉，同时还受到人们饮食习惯、生理状况、心理状况和环境等因素的影响。

2.味的分类

中国烹饪把味分为两大类，即本味和复合味。

本味，又称基本味、独味，通常包括咸、甜、苦、辣、酸。咸味，是烹调的基本味，是诸味中的主味，俗话言"咸为百味之首"。咸味主要来源于食盐，在烹调中起着定味、除异和消毒杀菌的作用。甜味，是基本味之一，也可独立成味，主要来源于糖、蜂蜜，在烹调中的作用仅次于咸味，能够增鲜、上色、提香、增浓、解腻。酸味，是基本味之一，在烹调中的主要作用是去腥、增香和解腻。苦味和辣味，都是特殊的基本味，在烹调中有消除异味、增加鲜味的作用。

复合味，也就是调和味、混合味，常由两种或两种以上的本味组合而成。复合味的种类远远多于基本味，不同的调味品进行组合，或相同的调味品在组合时的不同比例，都会形成特有的复合味。中国菜肴的味道绝大多数是以复合味形式出现的。如椒盐味，是用花椒与精盐同炒而成的混合味，其菜肴有干炸里脊、软炸虾仁等。怪味，是由酸、辣、甜、麻、咸、香各味组合调制而成的，其菜肴有怪味豆、怪味鸡等。而同样用食盐的咸味、醋的酸味和糖的甜味进行混合，但由于各自用量与比例的不同，就出现了糖醋味和荔枝味这两种复合味，其代表菜品分别为糖醋排骨和宫保鸡丁。

（二）调味技艺的重要内容

1.调味的程序

调味是决定菜肴口味质量的关键。为了取得调味的最佳效果，在菜肴制作过程中，一般分三个阶段进行调味。

（1）加热前调味，可以说是基本的调味。为了使原料有一个基本的味道，常常在加热之前先用调味品把原料浸渍一下，包括对原料进行各种不同方式的挂糊上浆。对于一些在加热过程中无法进行调味的菜肴，加热之前的调味就特别重要，因为它直接决定菜肴的口味质量。例如，一些油炸的菜肴是无法在加热过程中进行调味的，通常的做法是预先进行浸渍、挂糊、上浆，以使原料获得所需要的味型，确定成品的滋味。

（2）加热中的调味，是最重要的调味。大部分菜肴都是在烹调过程中进行调味，因此获得所要求的味道。在加热中的调味要注意两个方面，一是运用调味品的种类和多少，二是投料的时机和先后顺序。大部分的菜肴都是复合味型，为了获得所要求的美味和最佳效果，在调味时，首先要确定味的类型，做好调味上的定性工作；其次是确定投量的多少，必须恰到好处，做好调味上的定量工作；最后是按照适当的时间和顺序投入调味料。如鱼香肉丝、麻婆豆腐的调味，主要是在加热过程中完成的。

（3）加热后的调味，也可称为辅助调味，是为了弥补前两个阶段调味的不足，是增加和改善滋味的补充手段，也是适应不同口味需求做出的味的局部改变。一些炸制的菜肴可以带作料上席，一些冷菜需要酱、醋来蘸食，至于吃火锅要备不同的作料等，这些都属于加热后的调味。加热后的调味方法有很多，但关键是做到锦上添花、美上加美。

2. 调味的原则

（1）遵循调味的基本规律。

调味的基本规律主要有三个方面：一是突出本味。在处理调味品与主配料关系时，应以原料鲜美本味为中心，使无味者变得有味，使有味者更美；使味淡者变得浓厚，使味浓者变得清淡；使味美者得以突出美味，使味异者得以消除异味。二是注意时序。调和滋味时，要根据原料的不同时令特征和最佳食用时期，采用不同调味品和调味手段，赋予菜肴不同的口味。三是注重适口。古人言"食无定味，适口者珍"，人的口味常常受地理环境、饮食习惯、嗜好偏爱、性别年龄等影响，菜肴调味也要因人施调，以满足不同的口味要求。

（2）熟练运用调味方法。

按烹调加工中原料上味的不同方式，调味方法可分为腌渍调味、分散调味、热渗调味、裹浇调味、黏撒调味、跟碟调味等。在调味时，可以单独使用一种方法，也可以综合使用多种方法，但必须根据调味品的呈味成分与变化以及菜肴成品要求做出相应选择，才能调制出美味可口的菜肴。

（3）掌握调味的基本要领。

调味的基本要领主要有三个方面：一是使用的调味品面要广，质要优。调味品种类越多，口味类型的调制就会越丰富多彩；调味品质量越好，调制的菜肴口味就越纯正。二是调制应适时适量。配制不同味型，不仅需要准确把握不同调味品的用量和比例，还要准确控制调味品的投放时间和顺序。三是调制时工艺要细致得法。不同菜肴的调味，需用不同的调味品和调味方法，有些还有特殊的工艺要求，因此必须因菜施调，操作得当。

（三）调味技艺的主要特点

总的说来，中国调味技艺的特点是调味精巧，味型多变。

从欣赏的角度看，中国肴馔制作是一门味觉艺术，从创造的角度看，也可以说是一门调味艺术。肴馔制作的所有环节，最终都是服务和服从于调味的，无论是加热前调味、加热中调味，还是加热后调味，大多是将各种主料、作料和调料有序有别地汇于一炉，通过有机地组合变化，做到"有味使之出，无味使之入"，最后达到"五味调和"的至高境界，创造出美味的菜肴，由此可见中国调味技艺的精巧。而在调味过程中，运用少数具有基本味的调料的化学性质巧妙地进行组合，又变化出了品种多样的复合味型。而这种味的组合就如同绘画一样，画家运用红、黄、蓝三原色便调出绚丽多彩的各种颜色。中国肴馔的味也是如此，仅以辣味为例，主要来源之一是辣椒，而通过对辣椒的不同用法，就可调出干香辣、酥香辣、油香辣、酸香辣、清香辣、冲香辣、辛香辣、芳香辣、甜香辣、酱香辣等10余种不同的辣味，制作出不同风格的辣味菜肴。

四、制熟技艺及特点

在中国人食用的食物中，绝大多数是经过加热制熟的，而中国肴馔制作技艺中，制熟是食物由生变熟的关键环节。

（一）制熟技艺的重要内容

1. 火候的掌握

《吕氏春秋·本味》中说，"火为之纪，时疾时徐。灭腥去臊除膻，必以其胜，无失其理"，其意思是指烹饪过程中要注意调节和掌握好火候，当用什么火候就用什么火候，不得违背用火的道理。而这个道理的要义便集中体现在一个"纪"字上。"纪，犹节也"，指的是节度、适度，也就是说用火要适度。

（1）火候的要素。

火候通常由四个要素构成：一是火力，即燃料释放的热能。在中国历史上，火力有文火、武火、大火、小火、微火之分，不同的菜肴在制作中火力的大小也不同。二是火度，即火力达到的温度。在同样条件下，火度不同，热能供应量也不同，所以必须充分了解炉灶的效能。三是火势，即火焰燃烧范围的广狭和向背投射。火势大，炊具受热面大；火势小，炊具受热面也小。四是火时，即火接触炊具时间的长短。不同的菜肴，烹制时间的长短要求不一样。火候同原料特性、菜品要求有机结合，是厨师高超技艺的表现。

（2）掌握火候的方法。

"鼎中之变，精妙微纤"，肴馔烹制的成败得失常常是在刹那之间。准确掌握火候，成为中国厨师必须练就的功夫。陈光新先生把火候的掌握总结为三步：第一步，充分保证热能的供应。这也就是厨师们常说的"烧火、看火与用火"。烧火的关键有三条：一是供氧充分，通风良好；二是燃料充分燃烧，热能有效利用；三是炉膛隔热保温，不浪费热能。看火，则主要凭借视觉和触觉，依靠的是厨师的经验累积。用火，掌握火力，关键有四条：一是按法定火，因火成菜；二是大小转换，一气呵成；三是不用"疲火"或"枯火"，而用"刚火"及"劲火"；四是不偏不倚，恰到好处。第二步，善于控制火力。火力大小常有征候，可以通过鉴别油温、调节炉温、巧用传热介质等来把握。做什么菜需要用什么火，可以通过油温的鉴别来得知。而油温的高低，又可以通过加热时间长短来加以控制。第三步，了解热能在原料内部的传递情况，以及原料受热质变的种种表现。

2. 制熟的主要方法

制熟方法主要指烹饪方法。中国肴馔的烹饪方法经过历代厨师们的实践总结，已发展至数百种。传统的烹饪方法概括起来，主要有三大类：一是直接用火熟食的方法。这是最古老的方法，从史前时期沿用至今，包括燔、炙、烧、烤、烘、熏、火煨等法。二是利用介质传热使食物成熟的方法。它又包括三种类型，即水熟法，如蒸、煮、炖、氽、焖、扒、煲；油熟法，如爆、炒、炸、煎等；物熟法，如盐焗、沙炒、泥裹等。三是通过化学反应制作熟食的方法，包括泡、渍、醉、酱、糟、腌等法。其中每一种具体的烹饪法又可派生出若干其他方法，使得烹饪方法达数百种之多。

如今，随着科技的飞速发展，尤其是烹饪能源的多样化，带来了烹饪工具的多样化。一批技术含量高的智能化烹饪工具不断出现，在制作时间和规模等方面都远远超过了传统的烹饪方法。比如，烹饪的工业化生产，同样的菜品可以在很短的时间内制造出成千上万份，而且在质量、数量、色泽等方面都能保持完全一致。此外，一些以电能、太阳能、核能等为能源的烹饪工具，在烹饪方法上也有别于传统的烹饪方法。

❖拓展知识

中国烹饪的产业化已经成为未来发展的必然趋势。对此，著名科学家钱学森同志在给杨家栋（《中国烹饪研究》主编）的信中说道："快餐业就是烹饪业的工业化（Industrialization of cuisine），把古老的烹饪操作用现代科学技术和经营管理技术变为像工业生产那样组织起来，形成烹饪产业（cuisine industry），这是一场人类历史上的革命！犹如出现于18世纪末西欧的工业革命，用机器和机械动力取代了手工人力操作。这是快餐业的历史含义，也是对餐饮工业化重大意义的高度概括。"烹饪的产业化，必将促使中国烹饪从传统走向现代，实现跨越式发展。

（二）制熟技艺的主要特点

用火精妙，烹法丰富，是对中国烹饪制熟技艺的概括。

从中国肴馔制作的实践来看，中国肴馔品种繁多，制法复杂，在用火上不是一成不变而是变化万千，烹饪方法更是多种多样，以至于让人感到难以把握。然而，正因如此，才更加体现出中国厨师的烹饪技巧。比如，对于油温的测试，中国厨师凭借经验，通过观察、手烤等方法，就可迅速判断出油温的大致度数。又如爆三样中的猪肝、腰花、鸡肫，虽然都是动物内脏，但其成熟程度却有相当大的区别，必须用不同的火候分别烹调至半熟或断生状态，然后再放入同一锅内烹制，统一调味后方能成菜。在烹饪方法上，利用水、蒸气传热的蒸、煮、炖、焖、卤、烩等方法制作菜肴，其掌握火候的难度相对较小；最难掌握的是用油传热、旺火速成的烹饪方法，因为火候稍有偏差就会严重影响菜品质量。如炒虾仁、爆肚仁，只有准确掌握火候、动作敏捷、手法利落，才能使菜品呈现出鲜、嫩、脆、软的风格特色。

第二节　中国肴馔的美化

烹饪是艺术，是人类对食物选择、烹调、供应和享受的艺术。肴馔之美是中国烹饪艺术的重要内容。中国肴馔的烹调过程就是烹饪艺术的创作过程，它主要塑造的是味的形象，也塑造辅助的色、香、滋、形和味外之味的形象，表达着制作者的思想感情。例如糖醋鲤鱼，鱼盛盘中，头尾高翘，犹如年画中的"胖娃娃抱大鲤鱼"。品尝时，鱼肉的美味带给人味觉快感，其造型美带给人视觉快感，整个菜肴还能令人产生"鲤鱼跳龙门""年年有鱼"的美好联想，获得意外的美感情调。因此，人们常常称誉技艺精湛的烹调师为烹饪艺术大师。

中国肴馔经过历代厨师的不断实践、不断追求，形成了方法多样、精彩纷呈的美化手段，一道佳肴就是一个美妙绝伦的艺术品。概括起来，中国肴馔的美化手段主要有三个方面。

一、美食与美名配合

美食是一种特殊的艺术品，品味和欣赏美食，除了给人视觉上的美、味觉上的美之外，还能给人的身心带来愉悦的美感。面对美食，人们往往是"阅读"与品尝并重：在进食以前，谈论它、想象它、观赏它，产生强烈的餐饮审美感受；进食过程中，浅尝辄止，细细品味；进食之后，一边回味，一边探讨烹调特色，交流心得。中国美食历来注重"味外之美"，菜肴的命名就是重视文学美的表现。菜名之于菜肴，有时就如文艺作品的标题一样，能起到画龙点睛的作用，使菜肴平添魅力。姚伟钧先生在《饮食风俗》一书中，将菜肴命名的方法总结为祝贺型、典故型、趣味型、数字型、质朴型五种。

1. 祝贺型

在宫廷御膳中，常用一些吉祥的祝福字句来命名菜肴，以讨皇帝的喜欢，而清宫御膳表现得尤为突出。比较常见的菜名有，燕窝"万"字金银鸭子、燕窝"年"字三鲜肥鸡、燕窝"如"字锅烧鸭子、燕窝"意"字什锦鸡丝四品菜，合起来就是"万年如意"。以此类推，还有洪福万年、江山万代、万寿无疆等四品菜。在四品菜周围还摆放五福捧寿桃、寿意白糖糕、寿意苜蓿糕等。在民间，也喜用一些暗喻祝贺或象征吉兆的菜名，如竹笋炒猪天梯（排骨），名为"步步高升"；发菜炖猪蹄，名为"发财到手"等。

2. 典故型

许多菜肴常常以菜肴历史事件和趣闻逸事等命名。例如，四川名菜宫保鸡丁，相传由清代末期的四川总督丁宝桢首创。丁宝桢是咸丰年间进士，后任四川总督，很喜欢食用辣子与猪肉、鸡肉合烹的菜肴，他设宴请客，常命厨师用花生和嫩鸡肉制作"炒鸡丁"，肉嫩味美，很受客人欢迎。后来，丁宝桢因功被封为"太子少保"，人称丁宫保，人们也就把丁府烹制的炒鸡丁称为宫保鸡丁。此外，诸如霸王别姬、五侯鲭、无心炙、佛跳墙、麻婆豆腐等都有其典故来历。

3. 趣味型

这类菜名较多，它可以给进食者增添愉悦，营造喜悦轻松的进食氛围。如以鸡鸭为"凤"料，竹笋炒鸡片名为"凤入竹林"，菜花炒鸡块叫"凤穿牡丹"，鸡脚炖白蘑菇丁则名为"雪泥凤爪"等，若配合上以猪肉、蛇、鱼等为"龙"料，则有龙凤赏月、龙凤呈祥、龙凤火腿、龙抱凤蛋等。此外，以"神""仙"命名的菜肴有神仙粥、神仙汤、神仙富贵饼、仙人窝，以"鸳鸯""麒麟"命名的菜名有鸳鸯鱼片、鸳鸯豆腐、鸳鸯鳜鱼、麒麟鲈鱼等，用料或许很简单，却都有一定的情趣。

4. 数字型

它是以数字为首命名的，如一品豆腐、二度梅开、三元白汁鸡、四喜圆子、五味果羹、六福糕点、七星脆豆、八宝烤鸭、九转肥肠、十味鱼翅、百鸟朝凤、千层糕等。每一位数字都有一定的寓意，如三元白汁鸡，就是借古代科举会元、解元、状元这"三元"之意，以祝食者不断进步，节节高升。四喜圆子就是寄寓食者可得福、禄、寿、禧四喜，或久旱逢甘露、他乡遇故知、洞房花烛夜、金榜题名时这四喜。

5. 质朴型

以料、形、味、色、质、器、烹饪方法等方面的特点给菜肴命名，是质朴型命名的主要表现，如黄泥鸡、糖醋鲤鱼、汽锅鸡、烤乳猪、咖喱鸡、酥麻雀、扒羊肉、炸肉丸、爆猪肝之类便是。

❖特别提示

给菜肴取个美名是一门学问，名称太实则可能乏味，太虚又会让人茫然，必须做到虚与实的和谐统一，做到名与实相符。这好比给商品做广告一样，质量毕竟是第一位的，广告效应必须依附商品质量，只有这样，才能让中国菜名更加雅丽，更富有吸引力。

二、美食与美器配合

"美食不如美器"，美食佳肴要有精致的餐具烘托，才能达到完美的效果。俗话说，好马须有好鞍配，红花须有绿叶配。一道美食，不仅要有一个美的名字，也需要一个与之相配的器具。只有美食与美器完美地结合，才能各显其美，相得益彰。袁枚在《随园食单》一书中提出，在食与器的搭配时，"宜碗者碗，宜盘者盘，宜大者大，宜小者小，参错其间，方觉生色"，"大抵物贵者器宜大，物贱者器宜小；煎炒宜盘，汤羹宜碗；煎炒宜铁铜，煨煮宜砂罐"。也就是说，美器之美不仅表现在器物本身的质、形、饰等方面，而且表现在它的组合之美，它与菜肴的匹配之美。总之，在美食与美器的配合上，应以表达菜点或筵宴主题为核心，以美观为标准。

1. 根据菜肴的造型选择配搭器具

中国菜肴的造型变化万千，美不胜收。为了突出菜肴的造型美，就必须选择适当的器具与之搭配。一般情况下，大象征了气势与容量，小则体现了精致与灵巧，在选择盛器的大小，尤其是在展示台和大型的高级宴会上使用时，应与想要表达的内涵相结合。如以山水风景造型的花色冷盆"瘦西湖风景"和工艺热菜"双龙戏珠"等菜肴，都必须选择大型器具，只有用足够的空间，才能将扬州瘦西湖的五亭桥、白塔等风光充分展现出来，将龙的威武腾飞的气势表达出来；如果是蝴蝶花小冷碟之类菜肴，应选择小巧精致的器具，以充分体现厨师高超的刀工技术与精巧的艺术构思。

2. 根据菜肴的用料选择配搭器具

中国菜肴的原料丰富异常，不同形状、不同类别和贵贱不一的原料有不同的装盘方法，必须选择不同的盛装器具。如鱼类菜肴，尤其是整鱼，应当选择与鱼之大小吻合的鱼盘。盘小鱼大，鱼身露于盘外，不雅观；鱼小盘大，鱼之特色又得不到充分体现。又如白果炖鸡，常常使用整鸡，而且汤汁很多，则应当选择汤钵或瓦罐盛装，体现出古朴之风扑面而来。一般而言，名贵的菜肴应配以名贵的器具，像用燕窝、鲍鱼之类原料制作成的菜肴，就不能搭配档次低、质量差的器具，否则，原料的特色就不能得到充分体现；而普通原料，如盛装于高档器具中，也会显得不伦不类。

3. 根据菜肴的色彩选择配搭器具

色彩能给人以视觉上的刺激，进而影响到人的食欲和心境。菜肴的色彩美可以通过多种手段加以展示。为菜肴配搭色彩和谐的器具，自然会给菜肴增色不少。一道绿色蔬菜盛放在白色盛器中，给人碧绿鲜嫩的感觉，如盛放在绿色的盛器中，就会逊色。一道金黄色的软炸鱼排或雪白的珍珠鱼米（搭配枸杞），如放在黑色的盛器中，在强烈的色彩对比烘托下，鱼排更加色香诱人，鱼米则更显晶莹可爱，使人食欲也为之提高。有一些盛器饰有各色各样的花边与底纹，如运用得当也能起到烘托菜点的作用。如中国烹饪代表团赴卢森堡参加第八届世界杯烹饪大赛时，选用了一套镶有景泰蓝花边的白色盛器，在这套高雅精致、体现了中国民族风格的盛器衬托下，菜肴显得更加独具特色、亮丽诱人，取得了良好的效果。

4. 根据菜肴的风味选择配搭器具

不同材质的器具有不同的象征意义，金器银器象征荣华与富贵，象牙瓷器象征高雅与华丽，紫砂漆器象征古典与传统，玻璃水晶象征浪漫与温馨，铁器粗陶象征粗犷与豪放，竹木石器象征乡情与古朴，纸质与塑料象征廉价与方便，搪瓷不锈钢象征着清洁与卫生等。因此，必须根据菜肴的风味选择配搭不同材质的器具。如以药膳等为主的筵宴，可选用江苏宜兴的紫砂陶器，因为紫砂陶器是中国特有的，能将药膳地域文化的背景烘托出来；如经营烧烤风味的，可选用铸铁与石头为主的盛器；经营傣家风味食品的，可选用以竹子为主的盛器。

5. 根据筵宴的主题选择配搭器具

盛器造型的一个主要功能就是要点明筵宴与菜点的主题，引起食用者的联想，进而增进食用者的食欲，达到烘托、渲染气氛的目的。因此，在选择盛器造型时，应根据菜点与筵宴主题的要求来决定。如将糟熘鱼片盛放在造型为鱼的象形盆里，鱼就是这道菜的主题，虽然鱼自身的形状或许看不见了，但鱼形盛器将此菜是以鱼为原料烹制的主题给显示了出来。又如，将蟹粉豆腐盛放在蟹形盛器中，将虾胶制成的菜肴盛放在虾形盛器中，将蔬菜盛放在大白菜形盛器中，将水果甜羹盛在苹果盅里等，都是利用盛器的造型来点明菜点主题的典型例子，同时也能引发食用者的联想，提高食用者的品尝兴致。在喜庆宴会上，将菜肴"年年有余"（松仁鱼米）盛装在用椰壳制成的粮仓形盛器中，则表达了筵宴主人盼望来年有个好收入的愿望。在寿宴中，用桃形小碟盛装冷菜，桃形盅盛放汤羹或甜品等，桃形盛器能点出"寿"宴的主题，渲染出贺寿气氛。

❖特别提示

在美食与美器的搭配实践中，常常是综合各种因素进行器具的选择与搭配，而不是仅仅根据单个因素来选配，这里只是为了叙述的方便，将器具的选择、搭配分成了若干方法。但无论如何，美食与美器配合时，必须立足美食"选"美器，美器一定要"配"美食。

❖拓展知识

鼎是古代烹饪器具，相当于现在的锅，用以炖煮和盛放鱼肉。一般来说鼎有三足的圆鼎和四足的方鼎两类，又可分有盖的和无盖的两种。

迄今为止出土的最大最重的鼎是 1939 年 3 月在河南安阳发掘的后母戊鼎。此鼎形制雄伟，重达 875 公斤，高 133 厘米、口长 110 厘米、口宽 79 厘米。鼎身呈长方形，口沿很厚，轮廓方直，显现出不可动摇的气势。司母戊鼎立耳、方腹、四足中空，除鼎身四面中央是无纹饰的长方形素面外，其余各处皆有纹饰。在细密的云雷纹之上，各部分主纹饰各具形态。鼎身四面在方形素面周围以饕餮作为主要纹饰，四面交接处，则饰以扉棱，扉棱之上为牛首，下为饕餮。鼎耳外廓有两只猛虎，虎口相对，中含人头。耳侧以鱼纹为饰。四只鼎足的纹饰也匠心独具，在三道弦纹之上各施以兽面。据考证，后母戊鼎应是商王室重器，其造型、纹饰、工艺均达到极高的水平，是商代青铜文化顶峰时期的代表作。

三、美食与美境配合

心理学家认为，人的心理状况是在环境与人相互影响中形成的，由于人的脑细胞适应能力强，人对自己所在的环境很快就会形成一种心理状态。环境对人的影响分为直接影响和间接影响。环境对人心理的最直接影响是通过感觉实现的。比如气味对应着嗅觉，色彩对应着视觉。还有一些环境因素在人的感觉局限内虽无法察觉，但又实实在在影响到人的心理，比如说电场、磁场、超声波、次声波、无色无味化学污染等，对人的身心都在发生作用。环境对人的间接影响是通过影响人的生理、知觉、想象、幻觉和条件反射等因素影响人的心理的。因此，人们只有在美境中品尝美食，才能得到更好的美感享受。而饮食环境之美，不仅包括就餐环境之美，也包括就餐者心境、就餐情景之美，在美食与美境配合上，必须根据美食的不同，在这三个方面精心选择和营造出相应的美境，从而实现美食与美境的和谐搭配。

1. 就餐环境与美食的配合

就餐环境主要包括餐饮店坐落的位置、餐厅的装潢、房间的设施等因素。从近几年餐饮市场的情况看，大多数餐饮企业都非常重视餐厅位置的选择、内部环境的装修，小桥流水、翠竹绿树等生态式、仿真式的装潢风格随处可见，其目的就是让食客有一个好的就餐心理，能够在品尝美食中真正获得美感。但是，餐厅的装修必须与自身特点、经营风格、营销对象相适应，美食要置身于符合其个性特点的环境中，才会让就餐者领略到美食的风味。乡村小镇，啖食野味山珍；酒楼宾馆，品尝生猛海鲜，才能各得其所，各放异彩。倘若星级宾馆的餐厅，装成了乡野味十足的风格，甚至将井台、蓑衣、老玉米等充斥其间，不但不会给就餐者好感，反而会让人产生错位之感；而一些中小型的特色餐饮店，拼尽全力，贴金抹银，尽显堂皇，也不足取。

2. 就餐者心境与美食的配合

简单地讲，就餐者心境就是就餐者在进餐之时的心情。对于就餐者而言，带着轻松、愉快的心情就餐，就会食之若甘，其香入脾；而带着烦闷、抑郁的心情就餐，再好的美食也会食之无味。所谓"借酒消愁愁更愁"，便是如此。因此，引导和调节就餐者就餐心理就显得极为重要，经营者要充分利用餐厅的各种条件，通过看、听、闻等来激发和调动就餐者的食欲。要把就餐者的注意力集中在嗅觉和味觉上，使其能够尽情地享受美食。德国有家名为"Unsicht Bar"的餐馆，"Unsicht Bar"的意思就是"看不见"，因为这里一片黑暗，客人们看不见任何东西。餐馆这样做的目的，是让顾客心无旁骛，只专注食物的味道，更好地享受美食——在黑暗环境中，客人们的注意力不会被其他景象分散，可以完全集中于嗅觉和味觉。该餐厅负责人曼弗雷德·沙尔巴赫说："我们要让顾客拥有非同寻常的经历，让他们的味觉、嗅觉以及就餐心理都有全新的体验。人们会感到，在享受美食时，舌头可以取代眼睛。"而中国餐馆在引导和调节就餐者就餐心理时，常常会用各种音乐和字画，如播放热闹、喜庆的音乐，让顾客的心中充满洋洋喜气，其乐融融地进餐；贴挂富含哲理意味、祝愿色彩等内容的对联，让顾客暂时抛开烦恼，带着对未来的美好憧憬进餐，以便更多地品味到菜肴之美。

3. 就餐情景与美食的配合

就餐情景指就餐者与就餐者之间、就餐者与服务员之间所共同构成的暂时的人际环境和人情关系气氛。影响人的心理的因素是多方面的，人际关系所构成的情感氛围会对人的心理产生重要影响。俗话说"酒逢知己千杯少，话不投机半句多"，其实道出了这样一个道理：融洽的人际关系会让人胃口大开，开怀畅饮；尴尬的人际关系会使人食不知味，举杯难饮。美食的品尝，如果没有一个和谐、融洽的人际环境，自然就不会收到好的效果。除了就餐者之间的人际关系外，就餐者与酒店服务人员之间的关系也同样重要，酒店服务人员的仪表、谈吐、态度、服务技能等都会在一定程度上影响到就餐者的饮食心理。不难想象，就餐者面对一个着装不整或者说话粗鲁、服务低劣的服务员，会有一个好的心情，会获得美食的享受吗？

第三节　中国肴馔的历史构成

在中国饮食历史的发展过程中，历朝历代的厨师们创造了数以万计的各色菜点。虽然有些菜点因多种原因已经销声匿迹，但更多的菜点却被流传下来。这些菜点来自各种渠道，是在不同社会背景中孕育出来的。如果从肴馔的产生历史和饮食对象等角度进行梳理、划分，那么，民间菜、宫廷菜、官府菜、寺观菜、民族菜、市肆菜等不同类别的菜，就是中国肴馔历史构成的主要内容。

一、民间菜

民间菜指的是广大城乡居民祖祖辈辈日常制作和食用的肴馔。民间菜来自于民间，遍布东西南北，有着不同的地方风情、民族风情和家庭风情。它是中国菜的根源与基础，养育了中华民族。

❖特别提示

民间菜分为两个大类：一类是四季三餐必备的家常菜，以素为主，荤腥搭配，以经济实惠、补益养生见长；另一类是逢年过节聚餐的家宴菜，以荤为主，酌配素食，以丰盛大方、敦亲睦谊取胜。

（一）民间菜的历史发展

民间菜的传播主要靠家庭间的相互影响和家庭内上下代的传教，缺乏正规的传承渠道。因此，民间菜的历史很难考证，现今的资料主要来自对文学作品、杂记、民俗等史料和仍流行于民间的众多食品的采集和整理。如《宋氏养生部》便是由明代学者宋诩及母亲合著的。宋诩的母亲虽只是家庭主妇，却能烹制多种菜肴，她怕自己的烹饪经验失传，就自己口授，由宋诩记录整理，共同完成了此书。清兵入关时，浙江慈溪人潘清渠闭门修书，专事厨艺，完成《饕餮谱》一书。而历史上的许多名家也在其诗文中留下赞美民间菜的文字。如李调元诗中的"烹鸡冠爪具，蒸豚椒姜并"，就是对四川民间菜的描述；苏东坡"慢着火，少着水……火候足时它自美"是对民间红烧肉的描述；《金瓶梅》中对民间烧猪头、猪蹄有这样的描述："舀一锅水，把那猪首、蹄子刷刷干净，只用一根长柴禾安在灶内，用一碗油酱并茴香大料，拌得停当，上下锡古子扣定，哪消一个时辰，把个猪头烧得皮脱肉鲜，香喷喷五味俱全，将大冰盘盛了，连姜蒜碟儿……"

通过这些史料的记载可以看出，民间菜产生于民间，发展于民间，品种丰富，它的影响渗透于中国每一个地方风味之中，是各地方风味形成的基础和源头。因此，从一定意义上说，民间菜是中国烹饪的根。

（二）民间菜的主要特点

1．取材方便，操作易行

家家户户每天都要煮饭炒菜，这是生存的需要。从一日三餐的食物原料来看，普通老百姓大多是就地取材，而非四方珍品。民间有"靠山吃山，靠水吃水"的说法，是指老百姓主要依靠居住地附近的物产获取食物原料。而从烹饪技术要求看，普通老百姓为了生存的需要，常常是因料施烹，操作简单，不受条条框框制约，也正是因为如此，民间菜往往可以出新出彩。

2．调味适口，朴实无华

民间菜的调味主要以适应家庭、大众的口味需要为目的。在菜点的食用上，民间菜的食用者最初常常是小范围的，后来才逐渐扩大范围，故而调味技艺较为随意。各地方风味菜的口味特点，都是以民间的口味嗜好为基础形成的。如四川民间喜用泡红辣椒、豆豉、郫县豆瓣调味；陕西民间喜用酸辣调味；江南民间喜用糖来提香；广东民间喜用酱油、黄酱调味，这些都说明民间口味各有所好，其调味常常适合各个地区中家庭、大众的口味。民间菜不刻意追求菜肴的造型、装盘，也不会追求华彩，看重的是实用和可口，一些流行在民间的用"土办法"制作出来的菜肴，虽不华美，却别有风味。比如腌菜、酱菜、渍菜、泡菜、豆酱、皮蛋、糟蛋、风鸡、风鸭、腊肉等，无不体现出朴实无华的乡土气息。

（三）民间菜的代表菜品

民间菜数量繁多，其代表品种有四川的泡菜、回锅肉，广东的炒田螺、煎堆，山东的炒小豆腐，江苏的醉虾、醉蟹，吉林的白肉血肠、猪肉炖粉条、黏豆包，江西的红焖狗肉，河北的氽鱼汤等。各地的民间筵宴席也别具风情，如四川的田席、洛阳的水席等。需要说明的是，民间菜是各种地方风味菜的基础，许多地方名菜其实都是来自当地民间，因此，民间菜的许多代表菜已经归入到地方菜或市肆菜之中。

❖拓展知识

起源于民间的洛阳水席，是河南著名的宴席。唐武则天时代，洛阳水席被引进皇宫，加上山珍海味，制成宫廷宴席，后又从宫廷传回民间，距今已有一千多年历史。所谓"水席"有两个含义：一是以汤水见长，全部热菜都有汤汤水水；二是热菜吃一道换一道，如流水一样不断更新。洛阳水席的特点是有荤有素、选料广泛、可简可繁、味道多样，酸、辣、甜、咸俱全，舒适可口。水席共有二十四道菜，先上八个饮酒凉菜（四荤四素），接着上十六个热菜，热菜由大小不同的青花海碗盛放。其中除四个压桌菜外，其他十二个菜，每三个味道近似的为一组，每组各有道大菜领头，并带两个小菜，叫"带子上朝"，作为配菜或调味菜。最后上四道压桌菜，其中有一道鸡蛋汤，又称送客汤，以示全席已经上满。热菜上桌必以汤水佐味，鸡鸭鱼肉、鲜货、菌类、时蔬无不入馔，丝、片、条、块、丁，煎炒烹炸烧，变化无穷。

二、宫廷菜

所谓宫廷菜，是指奴隶社会王室和封建社会皇室成员所食用的肴馔。宫廷菜由于饮食者的特殊身份，役使天下各地名厨，聚敛天下美食美饮，形成豪奢精致的风味特色。可以说，每个时代的宫廷菜，都能代表同时代的中国烹饪技艺的最高水平，因此，宫廷菜是中国古代烹饪艺术的高峰。

（一）宫廷菜的历史发展

宫廷菜初步形成规模大约在周朝。当时的宫廷饮食具代表性的有两种风味，一是周王室的饮食风味，其"八珍"是中国最早的宫廷宴席，体现了周王室烹饪技术的最高水平，也代表着黄河流域饮食文化；二是楚国宫廷风味，楚宫筵席兼收并蓄，博采众长，代表着长江流域饮食文化。秦汉时期，宫廷菜在总结前代烹饪实践的基础上，菜品更加丰富，烹饪技法也不断创新。如汉朝宫廷的面食品比以前明显增多，而豆腐的发明，更使宫廷饮食发生了重大变化。魏晋南北朝时期，各族人民的饮食习俗在中原交汇，大大丰富了宫廷饮食。如新疆的烤肉、涮肉，闽、粤的烤鹅、鱼生，西北游牧民族的乳制品等都被吸收到宫廷菜中，为宫廷风味增添了新的内容。进入唐朝，宫廷菜的烹调技术和烹饪技艺已经达到很高水平，这主要通过宫廷宴会得到体现。当时，宫廷宴会不仅种类繁多，而且场面盛大，宴会的名目和奢侈程度都是空前的。据韦巨源的记载，在烧尾宴的菜品中各类山珍海味就达 58 款之多。北宋时期，宫廷菜相对简约。从原料选择看，这个时期以羊肉为原料烹制的菜肴在宫廷饮食中占有重要地位。南宋时期，宫廷菜开始越来越奢华，遍尝人间珍味的君王们对菜肴非常挑剔，宫廷筵宴席也是奢靡异常。元朝的宫廷菜，以蒙古风味为主，所制菜肴多用羊肉，全羊席是代表，同时还吸收多个少数民族乃至外国的饮馔品种和技法，充满少数民族风味和异国情调。明朝宫廷菜十分强调饮馔的时序性和节日食俗，重视南味。清朝的宫廷菜无论在质量上还是数量上都是空前的，奢侈靡费、强调礼数达到了古代中国宫廷饮食的极致，是中国宫廷菜发展的顶峰。

（二）宫廷菜的主要特点

1.选料严格

由于食用者的特殊地位，宫廷菜的原料选择和使用极为严格，不能有半点马虎，否则就有杀身之祸。《礼记·内则》中记叙了周代宫廷饮食对原料的要求："不食雏鳖。狼去肠，狗去肾，狸去正脊，兔去尻，狐去首，豚去脑，鱼去乙，鳖去丑。"著名的周朝"八珍"中，"炮豚"所选用的主料，只能是不足一岁的小猪；"捣珍"必取牛羊麋鹿的脊背之肉，由此可见宫廷菜选料的严格。

2.烹饪精湛

宫廷御厨都经过层层筛选，各怀绝技，而且分工精细。同时，宫廷的御膳房拥有良好的操作条件和烹饪环境，加之庞大而健全的管理机构，对菜肴的形式与内容、选料与加工、造型与拼配、口感与营养、器皿与菜名等，均加以严格规定和管理。这一切不仅确保了菜品质量，也必然使其烹饪精湛。

3.馔品新奇

享受美食是历代宫廷生活的重要内容，帝王们对菜肴的要求苛刻而挑剔。因此，让帝王及其眷属吃好喝好，既是御厨们的职责，也是朝臣讨好帝王的机会。宫廷菜正是在满足多重需要中不断出新、出奇的。

（三）宫廷菜的代表品种

经过几千年的创造、积累，宫廷菜的菜品数量繁多，而一直传承至今、最有代表性的是清朝宫廷菜。如今，地处北京的仿膳饭庄和御膳饭店就经营着清宫菜，其著名品种有四大抓、四大酱、罗汉大虾、怀胎鳜鱼、鱼藏剑等菜肴以及豌豆黄、小窝头、芸豆卷等点心。

❖拓展知识

"四大抓"是清代宫廷名菜，为清代"香山山王"之子王玉山所创。相传有一天，慈禧用晚饭，御膳房上的玉馔珍馐都不合胃口，御厨们一筹莫展。当时身为火头军的王玉山挺身而出，做了一道"糖酥里脊"呈上，慈禧品尝后非常高兴，忙问菜名叫什么，听差也不知其名，便从王玉山做菜时乱抓的手势，编了一个"抓炒里脊"的菜名，慈禧听后马上封王玉山为"抓炒王"，"抓炒里脊"也从此而名扬天下。日后，王玉山又相继推出"抓炒鱼片""抓炒腰花""抓炒大虾"。于是"抓炒里脊"和"抓炒鱼片"、"抓炒腰花"、"抓炒大虾"被称为清代宫廷菜"四大抓"，成为北京风味名菜中的代表作品。"四大抓"的特点是外脆里嫩，酸甜适口。

三、官府菜

官府菜，亦称公馆菜，是封建社会官宦人家制作并食用的肴馔。官府菜注重摄生，讲求清洁，工艺上常有独到之处，不少家传美馔闻名遐迩。对于官府菜，《晋书》有"庖膳穷水陆之珍"的记载，唐人房玄龄有"芳饪标奇"的评语，可以说，官府菜是封建社会达官显贵穷奢极侈、饮食生活争奇斗富的历史见证。

（一）官府菜的历史发展

官府菜始于春秋时期，从汉至唐已初具规模。东汉大鸿胪郭况之家号称"琼厨金穴"，西晋荆州刺史石崇以操办"金谷园宴"驰名，中唐礼部尚书韦陟的府邸名曰"郇公厨"，晚唐邹平郡公段文昌的厨房更有"炼珍堂"的美称。到了宋朝以后，官府菜有了更大的发展，除了绵延千载的孔府菜外，各朝均有著名品种。如宋朝有苏轼的东坡菜、清河郡王张俊家菜；金元时期有元好问家菜、刘因家菜、阿合马家菜；明朝有礼部侍郎钱谦益家菜、魏忠贤家菜、严嵩家菜；清朝有袁枚的随园菜、曹寅的曹家菜、纪晓岚的纪家菜、谭宗浚的谭家菜等。民国年间，有谭延闿的组庵菜，张作霖的帅府菜等。

封建社会官府菜之所以兴盛不衰，主要原因有三个方面：一是封建官吏为了享乐和应酬；二是通过饮食活动为官职升迁铺路；三是养生延年的需要。虽然，官府菜主要是因封建官吏的需要而产生，但它对中国烹饪的发展、演变也有其积极的一面，它保留了很多饮食烹饪的精华，在烹饪理论与实践方面也有建树。

（二）官府菜的主要特点

1.烹饪用料广博

官府菜由于出自官宦之家，能够有条件获得各种档次或等级的原料，对原料的选择和使用都非常广泛而且讲究。以孔府菜为例，其用料多选山东的品种繁多、档次齐全的特产原料，如胶东的海参、鲍鱼、扇贝、对虾、海蟹等，鲁西北的瓜、果、蔬菜，鲁中南的大葱、大蒜、生姜，鲁南的莲、菱、藕、芡，以及遍及全省的梨、桃、葡萄、枣、柿、山楂、板栗、核桃等，都是孔府菜取之不尽的资源，由此可见官府菜的用料广博。

2. 制作技术奇巧

官府的家厨虽然不像宫廷御厨那样经过层层筛选、各怀绝技，但是在制作技术上也各有独特之处，更能够出奇、出巧。如镶豆莛，通常的做法是在豆芽外面包裹肉泥制成，而孔府的做法是将豆芽掐去两头，入70℃的水中汆一下，捞出控尽水分，用细竹签把豆莛穿至中空，塞入鸡肉泥、火腿丝等，清炒而成，其制作之奇、技法之巧由此可见。此外，石崇的"咄嗟即办"、谭家菜的"清汤燕菜"等也都以制作奇巧取胜。

3. 菜名典雅有趣

官府菜非常注重菜肴的命名，常常选择雅致、有情趣意味的文字为菜肴命名。如东坡菜中的玉糁羹，用山芋制成，因为它香味奇绝、色白如玉，苏轼为它取名为玉糁羹。孔府菜的许多菜肴名称既保持和体现着"雅秀而文"的齐鲁古风，又表现出孔府肴馔与孔府历史的内在联系。如"玉带虾仁"表明衍圣公之地位的尊贵，"诗礼银杏"与孔家诗书继世有关，"文房四宝"表示笔耕砚田的家风，而"烧秦皇鱼骨"则寄托着对秦始皇"焚书坑儒"之暴政的痛恨。

（三）官府菜的代表品种

在数千年的奴隶社会与封建社会中，官府菜发展出众多的品种，流传至今、最有代表性的是孔府菜和谭家菜。

1. 孔府菜

孔府菜是最典型、级别最高、历史最悠久的官府菜。它是在鲁菜的基础上发展而来的，由家常菜和筵席菜两部分组成。家常菜是府内家人日常饮食的菜肴，由内厨负责烹制，注重营养、讲究时鲜，技法多而巧，具有浓厚的乡土气息。筵席菜是为来孔府之帝王、名族、官宦祭孔和拜访举办的各种宴请活动的菜肴，由外厨负责烹制，有严格的等级差别，名目繁多、豪华奢侈，讲究排场、注重礼仪，掌事者要根据参宴者官职大小与眷属亲疏来决定饮馔的档次及餐具的规格。其著名菜品有当朝一品锅、带子上朝、一卵孵双凤、诗礼银杏等。

❖拓展知识

"诗礼银杏"是孔府菜中独具特色的名肴珍品。据《孔府档案》记载：孔子教其子孔鲤学诗习礼时曰："不学诗，无以言；不学礼，无以立。"后来传为美谈，其后裔自称"诗礼世家"。至五十三代衍圣公孔治，建造诗礼堂，以表敬意。堂前有银杏树两株，苍劲挺拔，果实硕大丰满，每至仲熟。孔府宴中的银杏，即取此树之果，故名"诗礼银杏"。此菜清香甜美，柔韧筋道，可解酒止咳，成菜色如琥珀，清新淡鲜，酥烂甘馥，十分宜人。

2. 谭家菜

谭家菜是中国最著名的官府菜之一，由清末官僚谭宗浚的家人所创。谭氏为广东人，一生酷爱珍馐美味，他与儿子刻意饮食并以重金礼聘京师名厨，得其烹饪技艺，将广东菜与北京菜相结合而自成一派。谭家菜以海味烹饪最为著名，在调料上讲究原汁原味，以甜提鲜，以咸提香；在烹制上讲究火候足、下料狠，采用烧、烩、焖、蒸等方法，成菜质地软嫩，味道鲜美适口，南北均宜。其著名菜品有黄焖鱼翅、清汤燕菜等。

❖特别提示

"清汤燕菜"在做法上有独到之处，不采取用碱涨发燕窝的办法，虽然用碱涨发的燕窝颜色白、量较多，但是营养损失很大。这个菜的做法是：用温水将燕窝浸泡三小时，再用清水反复冲漂，择尽燕毛和杂质。待燕窝泡发好后，放在一个大汤碗内，注入250克鸡汤，上笼蒸20~30分钟，取出分装在小汤碗内；再把以鸡、鸭、肘子、干贝、火腿等料熬成的清汤烧开，加入适量料酒、白糖、盐调好味，盛入小汤碗内，每碗撒上切得很细的火腿丝即可。此菜汤清如水，略带米黄色，味道鲜美，燕窝软滑不碎，营养价值很高。

四、寺观菜

寺观菜，又名斋菜或香食，泛指道家、佛家宫观寺院制作的以素食为主的肴馔。它已有近两千年的历史，是中国菜的特异分支，属于素菜的一个类别，其产生与发展同中国传统的膳食结构和佛教、道教的饮食思想与戒律密切相关。

（一）寺观菜的历史发展

远古时期，人类主要靠采集渔猎维持生存，没有荤食与素食之分。在中国，随着生产的发展，到先秦时期才有了素食的雏形。《礼记·玉藻》说："子卯，稷食菜羹。"即在忌日要以稷谷为饭，以菜为羹。《庄子·人间世》中颜回说："回之家贫，唯不饮酒、不茹荤者数月矣。如此，则可以为斋乎？"这说明当时已有了荤食和素食之分。战国后期，食物原料日益丰富，人们对荤食、素食与人体的关系有了深入认识，提出了少吃荤食、多吃素食的主张。如《吕氏春秋》言："肥肉厚酒，务以自强，命之曰烂肠之食。"秦汉时期，豆腐的发明大大丰富了素食的内容。

到南北朝时期，素食有了迅猛发展，最终使得寺观菜真正产生。北魏的贾思勰在《齐民要术》中就专门对素食进行了论述，许多士大夫文人更崇尚清淡，以"肉食者鄙"，以吃素为荣。这与佛教、道教密切相关。在南北朝时期，传入中国的佛教开始摆脱依傍，走上了自己发展的道路，其中大乘佛教更是深受当时人们的尊崇，许多僧人受其经典《大般涅槃经》《楞伽经》关于禁止肉食等思想与戒律的影响，开始大兴素食。

而南朝梁武帝萧衍也大力倡导素食，且自己素食终身。素食一经信奉佛教的皇帝提倡，则被涂上了明显的政治色彩和浓厚的宗教色彩。这促使寺观素食最终产生，并得到迅速普及和提高。到唐宋时期，寺观菜有了长足的发展，其原料的花色品种之多，烹调技艺之高，已非前代所能比拟。到了元朝，道教的饮食戒规对寺观素食的发展起到了推波助澜的作用。道教作为中国土生土长的宗教，本来就崇尚自然和养生服食，在佛教传入后更借鉴佛教的饮食思想与戒律，逐渐提出了自己的饮食戒规。如金朝的王重阳明确提出了禁食"大五荤""小五荤"之说。

进入清朝，中国的素食已发展为宫廷素食、寺观素食和市肆素食等多种类型，而寺观素食发展到了最高水平，出现了许多著名的品种，如北京的法源寺、西安的卧龙寺、广州的庆云寺、镇江的金山寺、上海的玉佛寺、杭州的灵隐寺、新都的宝光寺等都是可烹制出上佳素食的著名寺院。

❖特别提示

"大五荤"即指牛羊鸡鸭等一切肉类食物，"小五荤"指韭蒜葱等有刺激性气味的蔬菜，都是修道者禁食之物。

（二）寺观菜的主要特点

1. 就地取材

宫观寺院大多依山而建，而僧尼、道徒平日除做一些佛事、道事之外，其余时间多用于田间劳作，能够从中获得大量的食物原料，可谓"靠山吃山"。如，扬州大明寺的拔丝荸荠、拔丝山药等都是就地取材的上乘之作。位于泰山的斗母宫，僧厨们制作的金银豆腐、葱油豆腐、朱砂豆腐、三美豆腐等名馔，所用原料皆是产自岱阳、灌庄、琵琶湾的豆腐。青城山天师洞的"白果炖鸡"为青城一绝，也是选用当地的优质银杏为原料制作的。

2. 擅烹蔬蔌

寺观菜由于受其饮食思想和戒律的影响，使用的食物原料主要为瓜果、笋菌、豆制品等植物性原料，经过长期的烹饪实践和经验积累，必然形成擅烹蔬蔌的特点。以笋为例，笋干煮汁，特别是长煮笋干的老汁，配浇各种蔬菜，其鲜味非它物可代。用鲜笋煮汁，在寺院被当作重要的调味品。而袁枚的《随园食单》曾赞扬"扬州定慧庵僧，能将木耳煨二分厚，香蕈煨三分厚"，说该寺制作的冬瓜"尤佳，红如血珀，不用荤汤"，素面"极精，不肯传人"。袁枚还对南京承恩寺的大头菜、萝卜、豆腐干、芋粉团、野鸭馅等倍加称赞。

3. 以素托荤

寺观菜为了提高烹饪技艺、丰富菜肴品种，便在造型上下大功夫，形成了以素托荤的特点。如用瓜或牛皮菜加鸡蛋、盐、米粉、豆粉、面粉制成"猪肉"，用豆筋制成"肉丝"，用藕粉、鸡蛋、豆腐皮等原料制成"火腿"，用绿豆粉、紫菜、黑木耳等制成"海参"，用萝卜丝依法制成"燕窝"，用玉兰笋制"鱼翅"，豆腐衣、山药泥制"鱼"，用豆油皮制"鸡"，用豆腐衣、千张等又可制成"鸭"。可以说，鸡鸭鱼肉、鲍参翅肚等"荤"料样样都能用"素"料制成。

（三）寺观菜的代表品种

寺观菜品种繁多，最有代表性的是罗汉斋。罗汉斋，又名罗汉菜，是以金针、蘑菇、木耳、竹笋、豆制品等十多种干鲜蔬果烹制而成，取释迦牟尼的弟子"十八罗汉"之意而命名。此外，还有一些菜肴为了达到以假乱真的目的，取荤菜之名来命名，颇具代表性的有素油鸡、白烧干贝、冰糖甲鱼、菊花素海参、奶汤煮干丝等。

五、民族菜

民族菜，是指除汉族以外的 55 个少数民族创造的风味食品。我国是一个幅员辽阔、人口众多的国家，少数民族占有很大比例，少数民族菜以它独特的烹调方法和著名的菜肴享誉中华大地。

（一）民族菜的历史发展

民族菜是与民族史同步发展的。秦汉之前，黄淮一带有九夷，中原有夏，江汉有九黎、三苗和蛮，西北有戎、狄、羌等部族，这个时期出现了雉羹（野鸡汤）、蟹胥（蟹酱）、雏烧（烤小鸡）和鱼脍（生鱼片）等菜品。汉魏六朝时期，先有东夷、南蛮、百越和诸戎，后有匈奴、东胡、肃慎、扶余、鲜卑、契丹、突厥与回纥等民族，这个时期出现了羌煮（猪肉羹煮鹿头）、貊炙（整烤山兽）、胡羹、胡饼、蒸豚、灌肠和菌（肥肉烧食用菌）等菜品。从唐朝到清朝的漫长历史中，相继有党项、女真、西夏、大理、吐蕃、乌蛮、大南、维吾尔等民族，先后出现了蜜唧（蜜汁活鼠胎）、虾生（炝活虾）、鲎酱、肉鲊、过厅羊、腌鹿尾、马驹儿、马思答吉汤（用羊蹄、香粳米、回回豆子、草果、官桂、芫荽和马思答吉汤香料煮制）等。民国以后，中国已有了满、蒙古、朝鲜、回、维吾尔、藏、苗、傣、壮、土家、高山等 50 余个民族，出现了白肉火锅、烤全羊、抓饭、哈达饼、水卵大虾、火中烧肝、油煎干蝉、腌鳇鱼子等一大批著名菜品。

可以说，每个民族菜都有自己的特点和著名品种，这里无法逐一叙述，仅选取在民族菜中影响力最大、特色最鲜明、食用的民族最多的清真菜作为代表，进行简要介绍。

（二）民族菜代表——清真菜

1. 清真菜的发展概况

清真菜，广义上说，是信奉伊斯兰教民族菜肴的总称。伊斯兰教是与佛教、基督教并称的世界三大宗教之一，约于7世纪中期传入中国。在中国，信奉伊斯兰教的少数民族有10个，即回族、维吾尔族、哈萨克族、塔吉克族、柯尔克孜族、乌孜别克族、塔塔尔族、撒拉族、东乡族和保安族。最初，由于回族人口最多，分布最广，人们便将伊斯兰教称为回教，并将信奉伊斯兰教民族的菜肴概称为回回菜。

❖特别提示

到明末清初时，回族学者王岱舆等在译述伊斯兰教义时指出："盖教本清则净，本真则正，清净则无垢无污，真正则不偏不倚。"又说："真主原有独尊，谓之清真。"从此，"清真"一词便为社会广泛使用，"清真教"成为伊斯兰教在中国的译称，而"清真菜"之名也取代了"回回菜"的旧称。

清真菜在其发展过程中，广泛流行于回汉杂居的民间，更善于吸收其他民族风味菜肴之长而为己所用。如其中的东坡羊肉、宫保羊肉就源于汉族的风味菜肴，而涮羊肉原为满族菜，烤羊肉原为蒙古族菜，后来都成为清真餐馆热衷经营的风味名菜。

❖拓展知识

受各地物产及饮食习俗的影响，清真菜最终形成了三大流派：一是西北地区的清真菜，善于利用当地特产的牛羊肉、牛羊奶及哈密瓜、葡萄干等原料制作菜肴，风格古朴典雅，耐人寻味；二是京津、华北地区的清真菜，除牛羊肉外，还使用海味、河鲜、禽蛋、果蔬，取料广博，精于刀工和火候，色香味形并重；三是西南地区的清真菜，善于利用家禽和菌类植物，菜肴清鲜淡雅、原汁原味。

2. 清真菜的主要特点

（1）选料严谨，禁食严格。

受伊斯兰教教规的制约，清真菜在原料的使用上有严格禁忌，选料十分严谨。伊斯兰教主张吃"佳美""合法"的食物。所谓"佳美"食物，指的是清洁、可口、富于营养之食。按照穆斯林的教规，那些食草动物如牛、羊、驼、鹿、兔、鸡、鸭、鹅、鸠、鸽等，以及河海中有鳞的鱼类，都是允许吃的食物；而那些"自死动物、血液、猪肉以及非诵安拉之名而宰的动物"，以及鹰、虎、豹、驴、骡之类的凶猛禽兽和无鳞鱼，都是不可食用的。

❖特别提示

所谓"合法"，指的是以合法手段获取那些"佳美"的食物。按照穆斯林的教规，宰杀供食用的禽兽，一般都要请清真寺内阿訇认可的人代刀，并且必须事先沐浴净身后再进行屠宰，宰杀时还要口诵安拉之名，只有这样才是合法的。

（2）工艺精细，菜式多样。

清真菜的用料主要是牛、羊两大类，而羊肉尤多，穆斯林最为擅长烹制羊肉。早在清朝，就有了清真"全羊席"。徐珂在《清稗类钞·饮食类》中说："如设盛筵，可以羊之全体为之。蒸之，烹之，炮之，炒之，爆之，灼之，熏之，炸之。汤也，羹也，膏也，甜也，咸也，辣也，椒盐也。所盛之器，或以碗，或以盘，或以碟，无往而不见为羊也。多至七八十品，品各异味。"这充分体现出了厨师高超的烹饪技艺。到同治、光绪年间，全羊席更为盛行，最终使得它因过于糜费而逐渐演化成"全羊大菜"。全羊大菜是全羊席的精华，由"独脊髓"（羊脊髓）、"炸蹦肚仁"（羊肚仁）、"单爆腰"（羊腰子）、"烹千里风"（羊耳朵）、"炸羊脑"、"白扒蹄筋"（羊蹄）、"红扒羊舌""独羊眼"八道菜肴组成，制作工艺十分精细，也是清真菜的名品。

六、市肆菜

市肆菜，又称餐馆菜，是饮食市肆制作并出售的肴馔。系中菜的正宗和主体，根植于广阔的饮馔市场，由创造精神最强的肆厨制作。它是中国菜的主力军，为了在激烈的市场竞争中生存发展，强调广取其他类别菜肴之精华，努力迎合时代的饮食潮流，腾挪变化，锐意创新，故而流派众多，特色鲜明，有着勃勃生气。

（一）市肆菜的历史发展

据现有的历史资料证明，在商朝时期就已经出现了饮食行业的雏形。刘向《说苑》中有"太公尝屠牛于朝歌，卖饭于孟津"的记载，这说明像朝歌、孟津等都邑已经有了专门卖饮食品的市场。到了汉朝，饮食业的发展已不再局限于京都，临淄、邯郸、开封、成都等地也形成了商贾云集的饮食市场。《史记·货殖列传》记载："富商大贾周流天下，交易之物莫不通。得其所欲，而徙豪杰诸侯强族于京师。"司马相如和卓文君则曾在临邛开酒店卖酒食。魏晋南北朝时期，因战乱不停，饮食行业的发展受到了抑制。至隋朝，天下统一，饮食业得到复苏并开始繁荣。以洛阳、长安为中心的全国各大都邑，饮食商铺到处都有，甚至连波斯人的胡饼在市场上也随处可见。进入唐朝，农业生产以及商业、交通空前发达，星罗棋布、鳞次栉比的酒楼、餐馆、茶肆、小吃摊成为都市繁荣的主要特征。唐王建《寄汴州令狐相公》"水门向晚茶商闹，桥市通宵酒客行"的诗句，就是对当时饮食夜市繁荣景象的描述。宋朝时，社会经济的兴盛，商品流通条件的改善，使得市肆饮食有了进一步的发展。据《东京梦华录·序》记载，当时的东京"集四海之珍奇，皆归市易；会寰区之异味，悉在庖厨"，著名的酒楼饭馆就有72家，遍布街头巷尾的"脚店"更是不计其数。元朝时，市肆菜具有浓厚的蒙古风味，出现了主食以面为主、副食以羊肉为主的格局。明清时期，市肆菜的地方特色更加明显，许多地方风味流派最终形成。清朝徐珂在《清稗类钞·饮食类》中指出："肴馔之有特色者，为京师、山东、四川、福建、江宁、苏州、镇江、扬州、淮安。"

（二）市肆菜的主要特点

1. 技法多样，品种繁多

市肆菜与其他菜相比，更多地吸取了各种风味流派、各民族饮馔品种的制作方法，形成了品种丰富、技法多样的优势。以清朝为例，清末的傅崇矩在《成都通览》第七卷列出成都之包席馆及大餐馆、成都之南馆和饭馆以及炒菜馆、成都之著名食品店、成都之食品类、成都之家常便菜等，记载了当时成都饮食市场上的菜肴点心等品名，其中仅川菜品种就达 1 328 种；清朝顾禄在《桐桥倚棹录》记载的苏州虎丘市场上供应的菜点有 147 种；《调鼎集》和李斗《扬州画舫录》等记载的市肆菜品也非常丰富。

2. 应变力强，适应面广

市肆菜所面对的是不同层次、不同地域的饮食消费者。因此，在激烈的竞争中，适应市场变化、满足不同需要是市肆菜发展的前提。以近年来北京、成都餐饮市场为例，装修豪华、消费档次高的宾馆、酒楼不乏食客，价廉物美、经济实惠的大众餐馆也是门庭若市。同时，随着经济的快速发展、物质生活的丰富，一些更加科学的饮食观念不断冲击着传统的饮食习俗，这些变化必然带来饮食市场的变化。西餐的流行、地方风味菜之间的融合、营养保健食品的走俏等现象都说明了市肆菜具有因时而变、适应面广的特点。

3. 流派众多，风味鲜明

餐饮企业要在竞争激烈的餐饮市场中站稳脚跟，鲜明的风味特色是重要保证。为了凸现特色，每家餐馆都会尽自己最大的努力，不断开发新的菜品，以满足市场需要。近几年在全国许多地方流行的"江湖菜"，以其标新立异、特色十足受到食客们的广泛好评。不同流派、不同特色的市肆菜，推动着中国餐饮业的迅猛发展。

（三）市肆菜的代表菜品

市肆菜品种之多，当为中国各种类别菜之最，其代表菜品也数不胜数。但是，由于市肆菜的许多名品在市场流行一段时间后，常常最终融入地方风味菜之中，甚至成为其代表，因此，这里不再罗列市肆菜的代表菜品。

❖拓展知识

江湖菜，可以说是市肆菜的代表。所谓江湖菜，是指相对于正宗菜而言的菜式。它植根于民间，以某种菜系为基础，师出多家，不拘常法的重复加工，复合调味，中菜西做，老菜新做，北料南烹，大胆创新，常有出奇制胜的效果，深受食客喜爱。

第四节　中国肴馔的风味流派

中国幅员辽阔，由于自然条件、物产、人们的生活习惯、经济文化发展状况不同，各地形成了众多的地方风味流派。其中，最著名和最具代表性的有六个，即四川风味菜、山东风味菜、江苏风味菜、广东风味菜、北京风味菜和上海风味菜。这些著名的地方风味菜大都有各自独特的发展历史，体现出精湛的烹饪技艺，甚至还有许多优美动人的传说或典故。此外，中国肴馔还有不少其他地方风味流派，并且各自都有其浓郁的地方特色，拥有不同的烹饪艺术风格。但是，限于篇幅，这里仅介绍最著名的六个地方风味菜。

一、四川风味菜

四川风味菜，即川菜，是中国最具特色的地方风味流派之一，以成都、重庆两地菜肴为代表。川菜发源于古代的巴国和蜀国，到清朝末年逐渐形成一套成熟而独特的烹饪艺术，成为一个特色浓郁的地方风味菜，与鲁菜、苏菜、粤菜并称为中国四大菜系，影响遍及海内外，有"味在四川"之誉。

（一）四川风味菜的形成与发展

从现有资料和考古研究成果看，川菜的孕育、萌芽应该在商周时期。成都平原是长江流域文明的发源地之一，奴隶制的巴国、蜀国早在商朝以前就已建立。陶制的鼎、釜等烹饪器具已比较精美，也有了一定数量的菜肴品种。从秦汉至魏晋，是川菜初步形成的时期。《华阳国志·蜀志》说："始皇克定六国，辄徙其豪侠于蜀，资我丰土。家有盐铜之利，户专山川之材，居给人足，以富相尚。"正是有了这样的物质条件，再加之四川土著居民与外来移民在饮食及习俗方面的相互影响与融合，直接促进了川菜的发展。

到了唐宋，四川尤其是成都平原的经济相当发达，人员流动较为频繁，川菜与其他地方菜进一步融合、创新，进入了蓬勃发展时期。这主要表现在四个方面：一是大量使用优质特产原料。唐朝杜甫、宋朝苏轼和陆游等都对四川特产原料如鲂鱼、丙穴鱼、黄鱼和四季不断、丰富鲜美的蔬菜赞美不已。二是菜点制作精巧美妙。如孙光宪在《北梦琐言》中记述了魔芋菜肴的制作："镇西川三年，唯多蔬食。宴诸司，以面及蒟蒻之类染作颜色，用象豚肩、羊臑、脍炙之属，皆逼真也。"这些菜品采用以素托荤的方法，制作精巧，惟妙惟肖。三是筵宴形式独具特色。这时，将饮食与游乐有机结合的游宴和船宴已经普遍出现于四川各地，成都更是一年四季都有游宴，场面壮观、花费巨大，以致引来朝廷非议。四是饮食市场迅速崛起。唐人张籍《成都曲》描写道："万里桥边多酒家，游人爱向谁家宿。"而《岁华纪丽谱》记载宋朝的成都"每岁寒食辟园张乐，酒炉、花市、茶房、食肆，过于蚕市"。

明清时期是川菜的成熟定型时期。这时，四川菜在前代已有的基础上博采各地饮食烹饪之长，进一步发展，逐渐成熟定型，最终在清朝末年形成一个特色突出且较为完善的地方风味体系。新中国成立后，尤其是20世纪80年代后，四川菜进入了繁荣创新时期，主要表现在三个方面：一是在烹饪技法上中外兼收。川菜不仅大量吸收和借鉴中国其他地区的烹饪技法，如广东的煲法、脆浆炸法，也吸收和借鉴外国技法，如日本常用的铁板烧等。二是肴馔风格的多样化、个性化、潮流化。当今川菜在设计、制作上更多地表现出文化性、新奇性、精细性、乡土性等多种特点，而且菜肴品种翻新很快，常常有稍纵即逝之感。三是筵宴日新月异，饮食市场空前繁荣。这一时期，新的筵宴形式不断涌现，创新品种层出不穷，出现了小吃席、火锅席、冷餐会等。在饮食市场中，餐馆酒楼数量繁多、类型丰富、个性鲜明。此外，这一时期，川菜在烹饪技术与理论方面也日趋规范化、系统化。

（二）四川风味菜的主要特点

1. 用料广泛，博采众长

四川盆地群山环绕，江河纵横，沃野千里，物产丰富，古称"天府之国"。盆地、平原、浅丘地带气候温和，四季常青，不仅六畜兴旺、瓜蔬繁多，而且山珍野味、江鲜河鲜种类繁多，品质优异。其中，虫草、竹荪、雅鱼、江团、鲇鱼、郫县豆瓣、自贡川盐、保宁醋等食物原料、调料更是品质优良的特产原料和调料。这些都为川菜制作提供了丰富的原料，使其在用料上具有广泛和博采众长的特征。

❖拓展知识

郫县豆瓣是川菜制作中的重要调料之一，产于四川省成都市郫县的唐昌、郫筒、犀浦等原十九个乡镇，有三百多年的历史。郫县豆瓣在选材与工艺上独树一帜，味醇厚不加香料，色泽油润却不加油脂，凭借精细的加工技术和原料的优良而达到色、香、味俱佳的效果。具有豆瓣酥脆化渣、酱脂香味浓郁、红油红润有光泽、辣而不燥、黏稠适度、回味醇厚悠长的特点。川菜中有名的回锅肉、麻婆豆腐、水煮牛肉等都必须使用郫县豆瓣，所以郫县豆瓣被誉为"川菜之魂"。

2. 注重调味，味型多样

川菜可谓是"一菜一格、百菜百味"，其常用味型就有20余种，而且是清鲜醇浓并重，善用麻辣。川菜众多的味型基本上是依靠味的组合变化而产生的。如以辣椒为一种调味料，其自身的形式变化就有泡辣椒、干辣椒、辣椒油、辣豆瓣、糊辣壳等，再与其他调味料如花椒、姜葱蒜、陈皮、芥末等结合，就出现了红油味型、麻辣味型、酸辣味型、煳辣味型、陈皮味型、鱼香味型、怪味味型、家常味型等众多味型。由于川菜注重并善于进行味的组合变化，出现了丰富的味型，便有了"食在中国，味在四川"之誉。

❖特别提示

有些人认为川菜的味型就是麻辣，其实这是一种误解。川菜的味型特别丰富，有24种之多，分为三大类：第一类为麻辣类味型，有麻辣味、红油味、煳辣味、酸辣味、椒麻味、家常味、荔枝辣香味、鱼香味、陈皮味、怪味等；第二类为辛香类味型，有蒜泥味、姜汁味、芥末味、麻酱味、烟香味、酱香味、五香味、糟香味等；第三类为咸鲜酸甜类味型，有咸鲜味、豉汁味、茄汁味、醇甜味、荔枝味、糖醋味等。

3. 烹法多样，独具一格

四川菜使用的基本烹饪方法有近30种，尤以干煸、干烧和小炒等最具特色，最能反映出四川菜在制作过程中用火技艺的精妙。其中，小炒，是将加工成丁、丝或片的动物原料码味码芡，用旺火、热油炒散，再加配料，并迅速烹滋汁翻簸，使菜肴成熟，其妙处在于快速成菜。干煸，是川菜独有的烹饪方法，是将经过刀工处理成丝、条形状的原料放入锅中，用中火、少许热油进行不断的翻拨煸炒，使原料脱水、成熟，妙在成品酥软干香。干烧，是四川又一特殊烹饪方法，是将原料经刀工处理后放入锅中，加适量汤汁，先用旺火煮沸，再改用中火或小火慢烧，使汤汁逐渐渗透到原料内部，或者黏附于原料之上。

（三）四川风味菜的代表品种

据不完全统计，四川菜的菜点约有5000种以上，许多菜品早已成为人所共知的名品。最具代表性的有宫保鸡丁、回锅肉、麻婆豆腐、水煮牛肉、毛肚火锅、开水白菜等，它们都有独特之处。此外，川菜的代表品种还有樟茶鸭子、清蒸江团、蒜泥白肉、糖醋脆皮鱼、金钱海参、素烧冬寒菜、龙抄手、钟水饺、赖汤圆、川北凉粉等。

回锅肉是四川菜中最具知名度的菜品之一，在四川几乎是人人爱吃，家家会做。该菜以煮至断生的猪腿肉与青蒜苗、郫县豆瓣、甜面酱、酱油、混合油等烹制而成，肉片形如灯盏窝，香辣味浓，油而不腻。

宫保鸡丁，传说是清代四川总督丁宝桢所创，因其官封太子少保，即宫保，所以人们将丁宝桢所创的这道菜冠以宫保鸡丁之名。该菜选用嫩公鸡脯肉、油酥花生仁等为原料，成菜时浇上用肉汤、湿淀粉制成的汤汁，菜肴肉质细嫩，花生酥香，口味鲜美，油而不腻，辣而不燥。

麻婆豆腐始创于清同治初年。当时，成都北郊万福桥有一陈兴盛饭铺，主厨掌灶的是店主陈春富之妻陈刘氏。她用鲜豆腐与牛肉、辣椒、花椒、豆瓣酱等烧制的豆腐菜肴，麻、辣、烫、嫩，味美可口，十分受人欢迎，人们越吃越上瘾，名声渐渐传开，因她脸上有几颗麻子，故传称为麻婆豆腐。

二、山东风味菜

山东风味菜，也称鲁菜，产生于齐鲁大地，由济南菜和胶东菜构成，素有"北食代表"的美誉。齐鲁大地依山傍海，物产丰富，经济发达，为烹饪文化的发展、鲁菜的形成，提供了良好的条件。

（一）山东风味菜的形成与发展

山东是中国古文化发祥地之一。从距今 7000 多年到 4000 多年的大汶口文化、龙山文化遗址出土的灰陶、红陶、蛋壳陶等饮食烹饪器具造型优美，标志着新石器时代山东地区已有较高的饮食文明。春秋战国时期，山东地区的政治、经济、文化有了新的发展，孔子、孟子都提出了自己的饮食主张，还出现了善辨五味的易牙、俞儿，他们的饮食理论与实践活动在全国居于领先地位。

从秦汉至南北朝时期，山东菜逐渐形成了自己的独特风格和一定的体系。受民族迁移和食俗、食物交流融汇的影响，山东菜在原来比较单一的汉族饮食文化基础上吸收北方各民族饮食文化的精华，增添了不少新技法和新菜品。北魏贾思勰的《齐民要术》对此作了比较系统的整理和介绍，记载有以山东菜为主体的北方菜肴 100 余种，还论述了烹饪工艺各个环节的技术要求和多种烹饪方法，这说明山东菜已基本形成了代表黄河流域饮食文化风貌的技术体系和风味特色。从隋唐到两宋，是山东菜的蓬勃发展时期。烹饪技艺和风味菜品逐渐从豪门府第和地主庄园走向市肆，增强了流通性和开放性。唐朝段成式的《酉阳杂俎》等古籍就介绍了这个时期山东与中原地区、西北地区进行土特产交流，市肆饮食丰富多样等方面的内容。

元明清时期是山东菜发展的昌盛时期。这主要表现在四个方面：一是食物原料日益增多，烹饪方法不断完善。这一时期，山东从外地引入了不少食物原料，如燕窝、熊掌、猴头蘑、鹿肉、驼峰等，并且煎、炒、烹、烧、扒、炖、焖等各种技法不断细化。二是饮食器皿精致豪华。如孔府的"满汉宴银质点铜锡仿古象形水火餐具"，精美绝伦，成为菜品配器讲究豪华的典范。三是饮食市场十分繁荣。《金瓶梅》和《水浒传》都曾生动地描述过山东地区空前繁荣的市井饮食状况。及至清末，"满汉全席"流传于市，再次推动山东餐饮市场的新繁荣。四是山东菜最终形成完整的风味体系并誉满四方。到明清之际，经过几次大融合的山东菜已形成自己完整的风味体系。厨师精湛的技艺和大批风味名菜，不仅满足齐鲁人民的饮食需求，还流传到京津、华北和东北各地，成为明清宫廷御膳的主体，影响遍及黄河流域及其以北地区，因此又被称为"北方菜"。

到了 20 世纪 80 年代后，改革开放使山东的政治、经济、文化发生了日新月异的变化，餐饮业受到前所未有的重视，成为第三产业的重要支柱，饮食市场空前繁荣。在市场经济浪潮中，山东不仅挖掘、推出传统鲁菜精品，还消化吸收川菜、粤菜、淮扬菜等各地风味，不断创制出新潮鲁菜。

❖特别提示

北方菜是指黄河流域以北广大地区的菜肴，京津地区、东北三省、内蒙古地区、晋、陕等地区都是北方菜的范围。山东菜因其历史悠久，并且对黄河流域以北地区菜肴的影响非常深远，因此成为北方菜的代表。

（二）山东风味菜的主要特点

1. 取材广泛，选料精细

山东是粮食和水产品的生产大省，其产量均位居全国前列，名贵优质的海产品驰名中外；蔬菜和水果种类繁多、品质优良，是"世界三大菜园"之一，其苹果产量也居全国之首。这些得天独厚的条件使鲁菜的选料可以高至山珍海味，低涉瓜果蔬菜，丰富的原料也为精细选料创造了条件。

❖拓展知识

中国的山东、美国的德克萨斯州和乌克兰被誉为"世界三大菜园"。

2. 调味纯正醇浓，精于制汤

山东菜受儒家"温柔敦厚"与中庸的影响，在调味上极重纯正醇浓，咸、鲜、酸、甜、辣各味皆有，却很少使用复合味。如调制酸味时，重酸香，常常将醋与糖和香料等一同使用，使酸中有香、较为柔和。调制甜味时，重拔丝、挂霜，将糖熬后使用，使甜味醇正。调制咸味时，常将盐加清水溶化纯净后使用，也特别擅长使用甜面酱、豆瓣酱、虾酱、鱼酱、酱油、豆豉等，使咸味中带有鲜香。对于鲜味的调制，多用鲜汤。汤是鲜味之源，用汤调制鲜味的传统在山东由来已久，早在北魏时的《齐民要术》中就有相关记载。如今，精于制汤、用汤已成为山东菜的重要特征，其清汤、奶汤名闻天下，有"汤在山东"之誉。

3. 烹法讲究，善制海鲜和面食

山东菜的烹饪方法以炒、炸、烹、爆、烤为多，尤其以爆、塌两种方法称绝。爆有油爆、汤爆、火爆、酱爆、葱爆、芫爆等；塌是将鲜软脆嫩的原料加工成一定形状调味后，或夹以馅心或粘粉挂糊，放入油锅煎上色，控出油后再加汁和调料，以微火煨，收汤汁，使原料酥烂柔软，色泽金黄，味道醇厚，如锅塌肉片、锅塌豆腐等。此外，海鲜

和面食制作也十分擅长。对于各种海产品，山东厨师都能运用多种烹饪方法烹制出众多鲜美的菜肴，如用偏口鱼就可以做出爆鱼丁、氽鱼丸、鱼包三丝等上百个菜肴；而无论小麦、玉米、红薯，还是黄豆、小米，经过一番加工制作，也都可以成为风味各异的面食品，如煮制的面食有宽心面、麻汁面、福山拉面等，蒸制的面食有高桩馒头、枣糕，以及烧饼、糖酥煎饼等，品种丰富，地方特色浓郁。

（三）山东风味菜的代表品种

在山东风味菜中，最具代表性的品种有糖醋黄河鲤鱼、清蒸加吉鱼、扒原壳鲍鱼、油爆双脆、九转大肠、奶汤蒲菜、奶汤鱼翅、蝴蝶海参等。此外，还有德州扒鸡、奶汤银肺、黄焖甲鱼、三美豆腐、绣球干贝、菊花鸡、酿寿星鸭子、鱼茸蹄筋、酿荷包鲫鱼、芫爆鱿鱼卷、鸡茸海参、拔丝苹果、奶汤鸡脯、油爆海螺、清氽蛎子等。

糖醋黄河鲤鱼是济南历史悠久的传统名菜，"汇泉楼"长期经营。当时"汇泉楼"院内有一鱼池养鲤鱼，顾客能够站在池边观赏后指鱼定菜。厨师当场将顾客指定的鱼捞出，宰杀洗净后剞花刀，裹上芡糊，入油锅炸熟且头尾翘起，浇上熬好的醋汁。成品色泽深红，外焦里嫩，酸甜鲜香，上席后尚发出嗞嗞的响声，颇有一番雅趣。

扒原壳鲍鱼是山东菜名师杨品三创制的风味名菜。鲍鱼是名贵的海产品，乃海味之冠。扒原壳鲍鱼主要选自长岛、胶南等地所产的鲍鱼。制作时先把鲍鱼肉扒制成熟后装入原壳中，使之保持原形，再浇以芡汁。菜品透明发亮，肉质细嫩，味道鲜美。

油爆双脆作为北方名菜，在古代已有记载。元代倪瓒《云林堂饮食制度集》中最早记载了"腰肚双脆"的菜名；清代袁枚在其《随园食单》中概括为："滚油炮（爆）炒，加料起锅，以极脆为佳。此北人法也。"这是对爆肚头一菜的记载，正是爆双脆的特色。油爆双脆选用肚头、硬筋、鸡肫等为主料，配以猪油、淀粉等辅料制成。该菜色泽红白相间，吃口脆嫩，清鲜爽滑。

奶汤蒲菜是济南的传统风味汤菜。济南菜十分讲究清汤和奶汤的调制，清汤色清而鲜，奶汤色白而醇。奶汤蒲菜便是用济南菜中传统的奶汤烧制而成，其汤汁色泽洁白，菜质脆嫩，味清淡鲜醇，是汤菜中的佳品。

三、江苏风味菜

江苏风味菜，也称淮扬菜、苏菜，主要由淮扬、金陵、苏锡、徐海四个地方菜构成，其影响遍及长江中下游广大地区。江苏东临大海，西拥洪泽，南临太湖，长江横贯于中部，运河纵流于南北，素有"鱼米之乡"之称，土壤肥沃，一年四季物产丰富，为江苏菜的形成提供了优越的物质条件。

（一）江苏风味菜的形成与发展

江苏菜起源于新石器时代。在江苏境内许多新石器时代文化遗址中，出土的动植物残骸和大量的炊煮器、饮食器，如陶釜、陶罐、陶碗、陶豆等，说明先民们赖以生存的饮食与烹饪条件已基本齐备。据《楚辞·天问》所载，上古时的彭祖篯铿善于制作"雉羹"，这是见诸典籍中最早的江苏菜肴。春秋战国时期，江苏菜有了较大发展，出现了全鱼炙、吴羹等名菜。汉魏南北朝时期，江苏的面食、素食和腌菜类食物有了显著的发展。

❖拓展知识

雉羹，上古烹饪食品，相传是4000多年前篯铿所创。篯铿，即彭祖，他用野鸡加稷米（后来改为薏米）烹调的野鸡汤（即雉羹）味道鲜美，献给尧帝食用，治愈了尧帝的疾病，尧帝便把彭城封给他，所以后世称他为彭祖。乾隆皇帝南巡时路过徐州，品尝雉羹，感觉味道鲜美无比，因而赐名"天下第一羹"。

隋唐至宋元时期，江苏菜得到更大的发展。隋朝时，京杭大运河的开凿繁荣了扬州、镇江、淮安及苏州的经济，促进了江苏菜的发展，使其成为"东南佳味"。唐朝时的扬州已是"雄富冠天下"的"一方都会"，苏州繁华热闹的程度相当于半个长安，城中酒楼、饭馆、茶肆、货摊比比皆是。宋元时期，江苏菜已很精美，饮食市场趋于繁荣。宋陶谷《清异录》载有广陵缕子脍、吴越玲珑牡丹鲊、越国公碎金饭、吴中糟蟹、镇江寒消粉、建康七妙等肴馔，涵盖江苏的扬州、镇江、南京、苏州等地。宋朝浦江吴氏《中馈录》中也载有醉蟹、瓜荠、蒸鲥鱼、糟茄子等江苏名菜。其中，不少海味菜、糟醉菜被列为贡品。

明清时期，江苏菜南北沿运河、东西沿长江发展，逐渐走向鼎盛时期，最终形成完整的风味体系。明太祖朱元璋建都南京，南京一度成为全国的政治、经济、文化中心，加上郑和七下西洋，中外物资交流增多，使江苏的食物原料更加丰富，烹调方法日趋完善，菜肴品种数以千计。到清朝时，江苏菜的特色已十分突出，并且自成体系。据徐珂《清稗类钞·各省特色之肴馔》记载："肴馔之有特色者，为京师、山东、四川、广东、福建、江宁、苏州、镇江、扬州、淮安。"在所列特色突出的10处中江苏占了5处。与此同时，还出现了一批在中国烹饪历史上具有重要意义的饮食烹饪著作，有袁枚《随园食单》、鹤云氏《食品佳味备览》、李斗《扬州画舫录》、顾禄《桐桥倚棹录》和《清嘉录》等。理论是对实践的总结，这些典籍充分反映了江苏菜的巨大成就，也说明江苏饮食文化的发达。

进入20世纪80年代后，江苏菜开始了繁荣与创新，饮食市场空前繁荣。高中档酒店、宾馆和大众化饭店、酒楼如雨后春笋般兴起，使饮食市场充满了活力。随着中外饮食和国内饮食的频繁交流，重科学、讲文化、求艺术已成为一种时尚，江苏厨师更注重菜肴与点心结合、中菜与西菜结合，努力创造出具有江南特色的崭新的江苏风味菜。

（二）江苏风味菜的主要特点

1.用料广泛，选料精良

江苏地理位置优越，物产丰富，烹饪原料应有尽有。水产品种类多、质量好，鱼鳖虾蟹四季可取，太湖银鱼、南通刀鱼、两淮鳝鱼、镇江鲥鱼、连云港的河蟹等更是其中的名品。可以说，江苏"春有刀鲚夏有鲥，秋有蟹鸭冬有野蔬"，一年四季，水产禽蔬野味不断，使得江苏菜用料广泛，尤其喜用品质精良的鲜活原料。

2.调味清鲜适口，醇和宜人

江苏菜在调味时注重原汁原味，力求使一物呈一味、一菜呈一格，显示出清鲜醇和、咸甜适宜的特征。常用的调味品有淮北海盐、镇江香醋、太仓糟油、苏州红曲、南京抽头秋油等当地名品，也有厨师精心制作的花椒盐、葱姜汁、红曲水、鸡清汤、老卤、清卤等调味品，同时注重用糖。这样，不仅使菜肴展示出江苏菜的整体风味特色，也呈现出江苏境内各地域的差异，如扬州菜淡雅、苏州菜味略甜、无锡菜则更趋于甜。

3.烹法多样，制作精细

江苏菜的烹饪方法多种多样，特别擅长炖、焖、煨、焐、蒸、炒、烧等，同时又精于泥煨、叉烤。在使用焖法时，常常要用专门的焖笼、焖橱。使用炖法也有讲究：砂锅中的菜肴在旺火上烧沸腾后要移至炭火上慢慢炖焖，有时在砂锅口还要蒙上一层皮纸，以防原味外溢，江苏风味的许多名菜都是采用此法炖制的。江苏菜的制作精细，更突出地表现在最为精细的刀工上，有"刀在扬州"之誉。如一块2厘米厚的方干，能批成30片的薄片，切丝如发。冷菜制作、拼摆手法要求极高，一个扇面三拼，抽缝、扇面、叠角，寥寥六字，但刀工拼摆难度极大。

4.善烹江鲜家禽和制作花色菜点

江苏风味善用江鲜家禽，不仅制作精细，而且款式多样，如以鸭为原料，可制成板鸭、八宝鸭、香酥鸭、黄焖鸭及著名的三套鸭；以鸡为原料，可制成西瓜鸡、叫花鸡。此外，花色菜点制作也十分讲究，宋明的史料已记载扬州使用鲫鱼肉、鲤鱼子或菊苗制"缕子脍"这样的工艺菜，精致小巧的船点更是造型美观、花色繁多，闻名天下。

❖拓展知识

缕子脍，唐代名菜，是用鲫鱼肉、鲤鱼子和菊苗烹调加工而成。宋代陶毂的《清异录·缕子脍》记载道："广陵法曹宋龟，造缕子脍。其法，用鲫鱼肉鲤鱼子，以碧笋或菊苗为胎骨。"缕子脍是扬州造型精美的花式菜肴。

（三）江苏风味菜的代表菜品

江苏菜的名品数不胜数，最具代表性的品种有大煮干丝、水晶肴蹄、三套鸭、霸王别姬、沛公狗肉、清蒸鲥鱼、盐水鸭、松鼠鳜鱼、夫子庙小吃等。此外，还有将军过桥、清炖蟹粉狮子头、叫花鸡、软兜长鱼、雪花蟹斗、拆烩大鱼头、双皮刀鱼、母油全鸭、白汁狗肉、荷花铁雀、坛子狗肉、拔丝搅糕等。

大煮干丝是扬州的传统名菜。干丝，是用豆腐干片成的细丝，扬州烹制干丝的方法较多，可烫可煮，可荤可素。烫食的干丝宜细，细到可以穿针；煮食的干丝宜稍粗，如火柴棍大小。大煮干丝色泽洁白，质地绵软，汤汁浓厚，味鲜可口。

水晶肴蹄是镇江、扬州一带的传统名菜。此菜是在古菜"烹猪"和"水晶冷淘"基础上发展而来的。据民间传说，八仙之一的张果老路经镇江，闻了肉香，立即下马大啖肴肉，竟然将赴王母娘娘蟠桃大会的事给忘了，可见其味之美。这道菜肉质鲜红，皮白光洁晶莹，卤冻透明，质地醇酥，油润不腻，滋味鲜香。

三套鸭是扬州的传统名菜。它是将家鸭、菜鸽、野鸭分别整料出骨，而后鸭中套鸭，鸽置鸭内，经文火炖制而成。三套鸭乃三禽合食，一菜三味，家鸭鲜肥，野鸭香酥，肉鸽细嫩，再加火腿、香菇、冬笋点缀，使肥、鲜、醇、酥、软、糯融于一菜。逐层品尝，越吃越鲜，越吃越嫩，美不胜收。

霸王别姬是徐州的传统名菜。菜名取自楚霸王别姬的历史故事，同时该菜使用的主料为甲鱼、鸡，故而菜名又有谐音之意。成菜用品锅盛装，造型古朴大方，肉质酥烂脱骨，汤汁鲜美醇厚。

四、广东风味菜

广东风味菜，又称粤菜，主要由广州菜、潮州菜和东江菜组成。广东地处中国南端沿海，境内高山平原鳞次栉比，江河湖泊纵横交错，气候温和，雨量充沛，动植物类的食品源极为丰富。同时，广州又是历史悠久的通商口岸城市，而旅居海外的华侨把欧美、东南亚的烹调技术传回家乡，使广东菜吸取了外来尤其是西方烹饪之长而最终成熟完善。

❖拓展知识

东江菜，又称客家菜。客家人原是古代中原人，在汉末和北宋后期因避战乱南迁，聚居在广东东江一带。其语言、风俗尚保留中原固有的风貌，菜品多用肉类，极少水产，主料突出，讲究香浓，下油重，味偏咸，以砂锅菜见长，有独特的乡土风味。东江菜以惠州菜为代表，酱料简单，但主料突出，喜用三鸟、畜肉，很少配用菜蔬，河鲜海产也不多，代表品种有东江盐焗鸡、东江酿豆腐、爽口牛丸等，表现出浓厚的古代中州之食风。

（一）广东风味菜的形成与发展

广东菜起源于距今七八千年前的岭南地区。在广东英德青塘和始兴县玲珑岩遗址中出土了陶器，而这两处遗址大约存在于七八千年前，说明当时的岭南地区已开始了初期的烹饪。在距今约三四千年时，广东的先民已聚居于珠江三角洲，其中大部分形成了南越族，并与中原保持着物资交流。秦汉时期，朝廷采取南迁汉族人的方式，通过"杂处"而达到"汉越融合"的目的。中原汉族人带来的科学知识和饮食文化、烹饪技艺，也迅速与岭南独特物产和饮食习俗糅合在一起，去粗取精，不断升华，形成了以南越人饮食风尚为基础，融合中原饮食习惯、烹饪技艺精华的饮食特色，从而奠定了广东菜吸收包容、不断进取创新的风格。

唐宋时期，广东菜逐渐成长壮大，主要表现在四个方面：一是烹饪方法初成体系。据唐朝刘恂《岭表录异》所记，当时的岭南已经流行煮、炙、炸、瓤、炒、烩、烧、煎、灼、拌等多种烹饪方法。二是用料上喜杂食，因料施烹。岭南有着丰富的野生动植物资源，无论虎豹、猿猴、孔雀，还是蛇、鼠、野禽，都常常被作为食物原料。同时，人们还根据原料的特性来烹饪。刘恂《岭表录异》载："蚝肉，大者腌为炙，小者炒食。"三是食风日盛。面对岭南的山珍海味、奇禽异兽，广东人都乐于仔细研究其食法，加上宋朝时广州已成为中国最大的商业城市和通商口岸，更促进了饮食业的发展，追求饮食美味的风气十分盛行。四是食制自成一格。在中国的大部分地区，都是餐后上汤，而自唐朝以来，广东菜是先上汤羹再上别的菜，实行的是典型的南方食制。

明清时期是广东风味菜的快速发展时期。广东外贸条件得天独厚，明政府实行禁海政策，只在泉州、宁波、广州三地设市舶司，但唯有广州可通东南亚及西洋各国。到了清朝，政府禁海政策更加严厉，独留广州包办清朝的对外贸易，广州成为对内对外贸易十分发达的地方。这时的广州，商贾云集，各地名食蜂拥而至，西洋餐饮相继传入，饮食市场十分兴隆。于是，广东菜在内外饮食文化的滋润下快速发展，最终形成了特色突出的地方风味体系。到民国时期，仅广州就有较大的饮食店200多家，而且家家都有自己独特的招牌菜，这时候的广东餐饮市场可谓名菜荟萃，争奇斗艳，"食在广州"已初见其形。

20世纪80年代后，广东风味菜进入了繁荣时期。从1987年起，广州市政府在每年金秋季节便举办广州国际美食节，全省各地也不定期举办以食为主题的群众性文化活动或技能竞赛。与此同时，广东菜还大规模跨出省界、国界，所到之处都呈现无法抗拒的诱惑力。一时之间，人们以品广东菜为时尚和乐事，以进粤菜馆为身份象征，以懂做广东菜为自豪。

（二）广东风味菜的主要特点

1. 用料广而精

广东地处南部沿海，四季常青，江河纵横，物产丰富，为广东菜提供了丰富、奇异的原料，除鸡鸭鱼虾外，还善用蛇、猫、狸鼠、鸟、龟、猴、蜗牛、蚂蚁子、蚕蛹等制作佳肴，尤以蛇菜有名。对于广东的食物原料，清人屈大均作了精辟的概括："天下所有之食货，粤东几尽有之；粤东所有之食货，天下未必尽有也。"（《广东新语》）广东菜取料之广，品种之多，肴馔之奇，是有悠久历史的。但到如今，为了保护野生的珍稀动植物和人体健康，广东更多地把注意力放在了用料的精细上。

2. 调味注重清而醇

广东菜常常以生猛海鲜为原料活杀后烹食，在调味上讲究清而不淡、鲜而不俗、嫩而不生、油而不腻；既重鲜嫩、滑爽，又兼顾浓醇。一般而言，夏秋力求清淡，冬春偏重浓醇。如八宝鲜莲冬瓜盅，就是夏秋季节人们喜欢的菜肴。冬季和春初，天气较冷，则力求滋补并要味道浓郁，如"瓦罐山瑞"等味道香浓的菜肴。粤菜的调料也很特独，不同季节和不同菜品要选用不同的调料，而且有不少原料曾经是其他地方菜不用或很少用的，如蚝油、柱侯酱、沙茶酱、柠檬汁、鱼露和果皮。

❖特别提示

广东菜有"五滋""六味"之说。所谓"五滋"，即香、松、软、肥、浓；所谓"六味"，即酸、甜、苦、辣、咸、鲜。

3. 博采中外技法

由于长期的人口南迁，水陆交通方便，商业发达，广东菜广泛地吸取了川、鲁、苏、浙等地方菜和西餐的烹饪技术精华，融中外烹饪技法为一炉，并结合广东烹饪习惯加以变化，形成了自己独具一格的烹饪特色。如广东菜中的松子鱼和菊花鱼是由江苏菜中"松鼠鳜鱼"演化而来，而果汁肉脯则是借鉴西菜焗的方法制作而成。广东菜有许多独特而擅长的烹饪方法，如烧、烤、焗、蒸、扣、炆、泡、炒、焖、灼、烩、煎等。仅焗法就有多种，包括原汁焗、汤焗、酒焗、盐焗、炉焗等。

4. 点心多而且新

广东点心种类之多，是其他地方少见的。如有常期点心、星期点心、四季点心、席上点心、节日点心、旅行点心、早上点心、午夜中西点心、原桌点心餐、精美点心、筵席点心等，名目繁多，精小雅致，款式常新，保鲜味美，应时适宜。

（三）广东风味菜的代表品种

在广东风味菜中，最具代表性的有龙虎斗、红烧大群翅、虾子扒海参、东江盐焗鸡、烤乳猪、烧鹅、玫瑰酒焗双鸽等。此外，其代表菜还有油泡虾仁、红炖鱼翅、烧雁鹅、甜绉纱肉、马蹄泥、蚝油牛肉、沙河粉、艇仔粥、东江窝全鸡、扁米酥鸡、东江鱼丸、梅菜扣肉、爽口牛肉丸和广式月饼等。

　　龙虎斗，又名龙虎凤大烩、豹狸烩三蛇、菊花龙虎凤，是驰名中外的广东传统名菜。据传该菜是由清代辞官回家的江孔殷所创。江孔殷逢七十大寿时，欲向亲朋献上一道新奇菜肴，左思右想，不得其法。偶见家中猫、蛇缠斗，受到启发，便以猫、蛇为料做成菜肴，取名为"龙虎斗"。此菜创制成功后，迅速在广东一带流行开来，名气也越来越大。

❖拓展知识

　　粤菜有三绝之说，龙虎斗是其中之一。此外还有炆狗、焗雀。炆狗，选砧板头、陈皮耳、筷子脚、辣椒尾形的精壮之狗，加上调料烹制，食时配上生菜、茼蒿、生蒜，佐以柠檬叶丝或紫苏叶，使之清香四溢；焗雀，雀用的是禾花雀，此雀肉嫩骨细，味道鲜美。

　　红烧大群翅，广东传统名菜。鱼翅是鲨鱼鳍、鳐鱼鳍的干制品，广东人把前脊鳍称头围，后脊鳍称二围，尾鳍称为尾勾或三围。头围、二围、三围合称一副群翅。烹制红烧大群翅，要有一定的烹饪技巧和功夫，成菜时三部分鱼翅的翅针按原样整齐排列，口感柔软带爽。

　　虾子扒海参，广东传统名菜。该菜是用海参配以鲜香兼备的虾子烹制而成。成菜后海参滋味浓郁，口感软滑，色、香、味、形俱佳，而且以整参上席，气派非凡。

　　东江盐焗鸡，是东江地区传统名菜。早年在广东惠州一带的沿海盐场，为保管熟鸡，便将其用纱纸包好后放入盐堆腌储。经过腌储的鸡肉鲜香可口，别有风味。后来，又经当地厨师研制，将生鸡现焗现食，滋味更加可口，至今仍然盛名不衰。

五、北京风味菜

　　北京菜，又称京菜、京朝菜，是由北京本地菜和发展了的具有北京风味的山东菜、清真菜和宫廷菜等组合而成的。从元朝以来，北京就是中国政治、经济、文化的中心，各地菜肴进京朝贡形成了北京菜集各地菜肴之大成的优势，不仅沉积了汉族饮食文化的精华，也融合了少数民族菜肴的风味特色，其形成的历史并不久远，但在全国乃至世界各地均影响广泛，并享有盛誉。

（一）北京风味菜的形成与发展

　　北京风味菜起源于新石器时代。据考古发现，新石器人类遗址遍布现北京的房山、通州、平谷、怀柔等地，不仅出土 2000 多件磨盘、磨棒、铲、石刀等石器工具，还出土了许多植物的种子和陶制食器炊具如罐、碗、杯、勺、鬲、甑、甗等，说明新石器时代的北京人已经能够加工烹饪谷类和畜牧类食品，烹饪技艺除了用火烧、烤制食品外，还可以用类似今日蒸锅的甑煮和蒸食。秦汉以后，曾经位于北京西南的蓟城成为北方重镇，也是兵家必争之地，造就了百业兴旺、商贾云集的繁华景象，汉族与少数民族饮食文化在此进行着大交流、大融合，使得北京菜中牛羊肉菜占据了较大比例。

但是，北京菜真正形成是在元明清时期，主要表现在奠定北京菜基础的山东鲁菜进入北京。明清时期，山东人在北京做官的增多，许多山东厨师要么随官进京，要么到北京开饭馆，山东风味菜也就在北京逐渐产生影响。此外，江浙菜也流入北京，特别是明朝都城由南京迁至北京，南方种植稻米技术和米制品制作工艺也随之传入北京，江南厨师陆续进京，为北京菜肴及小吃增添了新的内容。而各地风味菜进京，为适应北京特定的社会条件和地方口味，在用料及做法上也不断发生新的变化，虽然与原来的地方风味不尽相同，却更加适合北京人的风俗习惯和口味。这样一来，北京菜便最终形成了自己独有的风味体系。

新中国成立以后，北京菜也逐渐进入繁荣兴盛时期。在20世纪80年代，随着一批老字号饮食业和有特色的风味品种的恢复，八方风味和外国特色品种源源不断涌进北京，几年时间便形成了四海美味、八方佳肴齐聚京华的局面。北京菜不仅吸收和改造了外地进京的名菜，而且造就了一大批身怀绝技的烹饪大师。北京菜走出北京，走向世界，成为受国内外宾客欢迎的重要地方风味流派。

（二）北京风味菜的主要特点

1. 用料广泛，尤以羊肉为多

乾隆年间的"全羊席"可以用羊体的各个部位做出100多种美味菜肴，有"汤也，羹也，膏也，鲜也，辣也，椒盐也"，"或烤或涮、或煮或烹、或煎或炸，纯是关外游牧风俗"。其他如猪、牛、鸡、鱼等肉类及瓜果蔬菜在北京菜中也经常使用。

2. 烹法众多，调味注重咸鲜

北京菜的基本烹饪方法可以概括为"爆烤涮炒煮燎炸，焖蒸烧烩熘煎扒"，每一基本方法中又可以分为许多种，如爆，有油爆、酱爆、葱爆；熘，可分为焦熘、软熘、醋熘、糟熘。北京菜尤为擅长的烹饪方法是炸、熘、爆、炒等。在调味上，北京菜注重以淡咸为主，兼有清、香、鲜、嫩、脆的特色。

（三）北京风味菜的代表菜品

北京是历史悠久的首善之区，八方优秀人士荟萃，各地饮食汇聚于此，拥有海纳百川的胸怀，北京菜经过融会贯通，形成古朴、庄重、大度的艺术风格。具有代表性的菜肴有北京烤鸭、钳子肉炒芹菜、涮羊肉、油爆肚仁以及炸烹虾段、珍珠鲍鱼、全家福、三鲜豆腐盒、如意卷、荷包里脊、干烧冬笋等。

北京烤鸭是具有130多年历史的全聚德著名菜品，号称"第一国菜"。北京烤鸭选用北京鸭为主料，将经过处理后的鸭子放入烘烤炉内烘烤至熟。食用时，将鸭片成片状后盛入盘中，将葱丝、黄瓜丝和鸭片蘸上甜面酱，用荷叶饼包起来食用。北京烤鸭色泽红润，皮脆肉嫩，油而不腻，鲜香味美。

涮羊肉，北京传统名菜。它又称羊肉火锅，以羊肉为主料，配以白菜、细粉丝、糖蒜和众多调味料，用涮的方法边涮边吃。其历史悠久，在清朝时就受北京各阶层人士的欢迎。在清朝宫廷冬季膳食单上记有涮羊肉，咸丰年间正阳楼切出的羊肉片因"片薄如纸，无一不完整"而使此菜更受喜爱。民国时东来顺馆用重金把正阳楼切肉师傅聘请过来，专营涮羊肉，并且进一步改良，赢得了"涮肉何处嫩，首推东来顺"的美誉。

钳子肉炒芹菜，北京传统名菜。钳子米，俗称大虾米，是海米中的上品。钳子肉炒芹菜最大的特点是选料精，如芹菜须用芹菜心，往往一份菜肴所需的芹菜心要从几公斤的芹菜中才能择选出来。成菜后钳子米呈黄色、鲜美而干香，芹菜脆嫩清爽。

六、上海风味菜

上海菜又称海派菜，它包括本帮与京、川、广、扬、苏、锡、豫、杭、徽、闽、湘、宁、鲁、清真、素菜 16 个帮别，这些原有各地风味根据上海习俗，统统演化成了海派菜。

（一）上海菜的形成与发展

上海本是一个小渔村，唐天宝十年（公元 751 年）时，在今松江设立华亭县，上海属华亭管辖。南宋咸淳年间，上海建镇，成为华亭县中最大的市镇。至元二十九年（公元 1292 年）设立上海县。明永乐元年（公元 1403 年），上海的黄浦江成为连接海口的主要河道，使得上海的贸易逐步发展起来。到清朝嘉庆年间，上海已发展成为商业港口城市，仅阳朔路"洋行街"一地就有南北货、咸鱼行、水产行等数十家，菜馆有六七家，且具有一定的水平。清人叶梦珠在《阅世编》的"宴会"一节就记载了明末清初上海设宴的情况，"肆筵设席，吴下向来丰盛。缙绅之家，或宴官长，一席之间，水陆珍馐，多至数十品。即士庶及中人之家，新亲严席，有多至二三十品者，若十余品则是寻常之会矣"，"一席之盛，至数十人治庖"。可以说，在清代以前，上海基本上是个农业城镇，餐饮并不发达，虽有不少传统的品种，但基本上是上海本地农家餐桌上的菜点。到了清代中后期，上海老城区初具轮廓，借助十六铺港口之利，商业发达，随着酒楼餐馆的大量出现，菜肴也达到了一定的水准。

鸦片战争后，随着"五口通商"的实施和上海开埠，上海菜发展的轨迹突然转变。一方面，上海作为内地货物运输的集散地，连同本地丰饶的物产，食物原料非常充裕；另一方面，鸦片战争后，上海作为通商口岸，经济不断繁荣，为了生存发展来到上海的各地人士，常常带着各自的嗜好在这里寻觅家乡风味，于是在清末，上海除了经营本地菜的餐馆外，还出现了不少经营各种地方风味的餐馆。最先进入上海的是开在小东门的安徽菜馆，接着，苏州、无锡菜馆也在上海出现，后来，宁波菜、广东菜、四川菜、河南菜、福建菜、清真菜等纷纷在上海开设菜馆。到民国时期的 20 世纪二三十年代，上海菜形成了本帮与京、川、广、扬、苏、锡、豫、杭、徽、闽、湘、宁、鲁、清真、素菜16个地方风味菜聚于一地的格局，并具有了海派特征，即：灵活多样，精美纤巧，适应性强，具有江南的秀灵之气且带有更强的功利性。开设在南京东路的新雅粤菜馆，先是由粤厨主理正宗粤菜，后来请苏帮冷盆师到店献艺，又引入西菜烹调方法增添了烟鲳鱼、吉列明虾等名菜，成为当时上海最负盛名的菜馆之一。20世纪四五十年代，海派菜开始进入总结提高时期，并逐渐成熟定型。1956年上海举办了规模盛大的名菜名点展览，在此基础上编辑出版的《上海名菜》一书，对上海菜的选料、烹制方法、调味和色、香、味、形、质等特征作了较系统的介绍。这标志着海派菜特色不仅在市场上得到了认可，在理论上也形成了自己的体系。进入"文革"时期，上海菜的发展基本处于停止甚至倒退阶段，但是80年代改革开放后，海派菜迅速复苏，并且展现出一幅全新的画面。

（二）上海菜的主要特点

1. 用料广泛，选料严谨

上海地处长江入海口，又位于中国大陆海岸线的中心点，气候温和，交通方便，有四季常青的菜蔬、河产海鲜以及全国各地及海外原料。丰富的烹饪资源为上海菜提供了纵横驰骋的广阔天地，形成了选料严谨、四季有别的特征，注重活生时鲜、季节时令。如对鱼的选择，上海菜常以江浙两省的鱼产品为主，鲜活为上，当场宰杀烹制。

2. 烹法多样，调味注重浓而不腻、清鲜而不淡薄

上海菜常用的烹饪方法有红烧、清蒸、生煸、油焖、川糟、煨、炖、炒、糖醋等，在调味上注重浓而不腻、清鲜而不淡薄。上海菜的各种口味都较温和，如海派京菜的咸味比北京菜略轻，海派川菜的麻辣味比川菜减少等。

3. 制作精细，适应性强

上海菜的精细，首先，体现在刀工上。如"富贵鳜鱼丝"这道菜，就必须通过厨师精湛的刀工技艺才能制作完成。其次，体现在菜肴的制作、款式、盛器、环境等各方面的精致细巧上。比如百粒虾球，虾球外表粘裹着面包颗粒，必须先将面包切片，然后再切成丝，最后切成粒。面包粒脱水之后，其香脆度远胜面包粉，其大小一致的颗粒更给人一种匀称美。然而，在美的背后，却是厨师过硬的基本功。脱胎于松仁玉米的创新菜"玉米棒"，将鱼肉剁成泥，做成小玉米状，外表粘上松仁，头部再套上一个青椒做成的托，外形如一支支小玉米，小巧玲珑，惹人喜爱。

（三）上海菜的代表品种

总的来说，上海菜具有崇新、华彩、秀美的艺术风格。其中，崇新是其烹饪艺术的精华所在。上海菜总是能顺应时代的潮流，有着强烈的时代感。比如，在烹饪设备和工具的更新上，上海往往领先于其他城市；在饮食风尚方面，上海也总是与国际潮流接轨。上海菜取各派菜系之长，不断变革创新，形成了华彩的风韵。其制作之精细、造型

之巧妙、装盘之典雅、环境之讲究，表现了秀美的特征。上海菜的代表品种有虾子大乌参、松江鲈鱼、生熏白丝鱼、三黄鸡、扇形甩水和生煸草头、松仁鱼米、糟钵头、南翔馒头、鸡骨酱、清炒鳝糊、竹笋腌鲜、烟鲳鱼等。

虾子大乌参，上海菜的著名品种，在20世纪30年代由上海本帮菜馆得兴馆创制。当时，大乌参引进上海，很多人不懂如何烹制。德兴馆的名厨杨和生试着摸索出了大乌参的制作方法。他先把大乌参扔进炉膛，将其坚硬的表皮烧焦，再刮去焦壳，入水泡软，反复煮焖后用红烧肉的卤及虾子为配料进行焖烧，然后勾芡，淋入葱油即成。成菜后的大乌参味美异常，软糯、肥腴、鲜美，香味扑鼻。不久，虾子大乌参成了德兴馆的看家菜品，也是上海菜的名品。

松江鲈鱼，上海名菜。这道菜以鲈鱼为主料，去骨切丁，配料笋丁用开水汆熟；炒锅置火上，入熟猪油烧至五成热，下葱、姜煸香捞出，倒入鱼丁稍炒，烹绍酒，加鸡汤、笋丁及各种调味料制成。成菜后肉嫩味鲜，回味无穷。

生熏白丝鱼，上海本帮菜的名品。上海本帮菜少有烟熏菜，而生熏白丝鱼却是深受上海人喜爱的一款烟熏菜。此菜所用原料为白丝鱼，鱼身刺密，肉质细嫩、鲜美。制作生熏白丝鱼的方法奇特，先将木屑、糖等熏料置入一锅中，锅上铺铁丝网，将鱼放在网上烟熏，然后再倒扣一锅作盖。待熏料的水分干时，鱼已蒸熟。经浓烟熏蒸的鱼，其颜色与味道早已渗进鱼身，风味别致，烟香味十足。

❖特别提示

中国肴馔文化是中国饮食文化的主要内容之一。中国肴馔的技艺特点主要表现在：原料使用上的用料广博、物尽其用；刀工上的切割精工、刀法多样；调味上的精巧与多变；制熟上的用火精妙、烹法多样。在肴馔的美化方面，注重美食与美名、美器与美境的配合。民间菜、宫廷菜、官府菜、寺观菜、民族菜、市肆菜等是中国肴馔历史构成的主要内容；而在众多的地方风味流派中，四川菜、山东菜、江苏菜、广东菜、北京菜和上海菜是最著名、影响力最大的，它们特色鲜明、各有千秋。

❖案例分享

西洋饮食对传统生活方式的影响[①]

中国传统筵席讲究排场，所谓"食前方丈"，浪费十分严重。这种习气引发了一些有识之士对国民性的反思。这些人士认为，国人过分讲究吃喝并不是一件值得夸耀的好事，而恰恰暴露了国民性中"丑陋"的一面，因为"中国人既然好吃，所以无论大事小

事一概都是以'吃'来解决；没有事的时候，也得借'吃'生出事来，这样，自己就无心做事业了。中国人既然吃好了，自己头脑一昏，倒身一睡，所以什么事自己也就不能做了。"一些趋新人士则仿效西方宴席的形式，对传统筵席进行改革，以简单、雅洁作为最高规格的待客之道，并特别注意到了西方的"文明"的饮食礼仪：

席之陈设，男女主人必坐于席之两端，客坐两旁，以最近女主人之右手者为最上，最近女主人左手者次之，最近男主人左手者又次之，其在两旁之中间者更次之……及进酒，主人执杯起立（西俗先致颂词，而后主客碰杯起饮，我国颇少），客亦起执杯，相让而饮……食时，勿使餐具相触作响，勿咀嚼有声，勿剔牙。进点后，可饮咖啡，食果物，吸烟（有妇女在席则不可。我国普通西餐之宴会，女主人之入席者百不一觏），并取席上所设之巾，揩拭手指、唇、面，向主人鞠躬致谢（《清稗类钞》）。

这里至少蕴含着两个与中国传统饮食礼俗不同的信息：一是体现在餐桌上男女平等乃至女子地位高于男子的特征；二是"执杯起立""先致颂词""相让而饮""勿咀嚼有声""鞠躬致谢"这样一系列优雅、文明、安静的举动，与中餐"爱热闹"的饮食文化形成鲜明的对比。

西方宴席男女主人同时入席，而且女子地位要比男子高，习以为常。而中国的传统筵席，一般情况下女人是没有资格入席的，而是另辟餐桌。1878年，中国第一任驻外公使郭嵩焘在伦敦公使馆"仿行西礼，大宴英国绅商士女，令如夫人同出接见，尽欢而散"。消息传到国内，竟然引起了轩然大波。有人借此攻击郭嵩焘，以朝廷大员，令内眷入席陪宴，有失体统，"传闻因此为人弹劾"。在国外尚且如此，如果此事发生在国内，那就不问可知了。

中国虽然有"食不语"的古训，但时过境迁，后世人们早已把这个古训抛到九霄云外了。吃饭讲究热闹，宴会时或者看戏，或者听说书、堂唱，以能博取食客的喝彩为"上档次"。即使是低等的中餐馆，也总有猜拳行令之类的活动，闹闹哄哄，人们不以为不妥。尤其是敬酒，更为"惨烈"，正如柏杨所批评的，"世界上似乎只有中国人敬酒的举动最为惨烈，远远望去，好像三作牌正在张牙舞爪修理小民。一个硬是要灌，一个硬是半掩其门，拉着嗓子声明自己是良家妇女，或者拉着嗓子声明自己早已改邪归正，不再喝啦"。道出了中国传统饮食文化所固有的陋习。

随着西方饮食文化的传入，这种"爱热闹"的中国传统饮食文化受到一些"趋新"人士的摒弃，提出改变这种旧俗的主张。有的人则身体力行，选择幽雅、安静的西餐馆而不是热闹的中餐馆作为应酬之所。尽管国人对西餐的口味普遍不抱好感，但对西方的"文明"的饮食礼仪还是比较肯定和尊重的，据说"庚款"留美学生在出国前，清华大学的校长还要慎重地亲自对他们进行为期一个月的"吃饭"培训。当然，学习怎样"吃"并不需要这么多时间，主要还是接受西餐的礼仪训练，包括吃饭时如何保持优雅和安静。

但总的来说，西方饮食文化的传入，并没有、也不可能较大程度地改变中国人数千年养成的饮食习惯。中国饮食文化"吸收"西方饮食文化的程度如何？我们很难从"量"上去考查，但可以肯定的是，这种"吸收"是非常有限的；若从"质"上看，所谓"吸收"，也不过是把西餐、西点和西式饮料"改造"成符合中国人口味的新食物，而不是原原本本地照搬，更不可能取中餐而代之。一般来说，在社会生活的各个方面中，"食"是最少带有时代烙印的，过去吃的东西跟现在吃的东西没有多大区别。而对西方饮食文化中的"科学"和"文明"成分了解的人，更是寥寥无几（仅局限在大城市的知识阶层中），一个富翁也许经常吃西餐，一个黄包车夫也可能偶尔尝一片面包，但恐怕他们根本不会想到这里面还隐藏着什么"科学"或"文明"。近代从西方传进来的带着奶酪黄油味的饮食文化，虽然使一些"趋新"人士对它"津津乐道"，但对中国的传统饮食文化并没有产生多大的冲击，只不过增添了一道"异味"罢了，很多人只是偶尔尝一尝，然后依然钟情于自己家乡的莼羹鲈脍。

思考与练习

一、思考题

1. 原料选择应遵循哪些原则？

2. 中国肴馔的用料技艺有哪些特点？

3. 中国肴馔的刀工技艺有哪些特点？

4. 中国肴馔的调味技艺有哪些特点？

5. 中国肴馔的制熟技艺有哪些特点？

6. 中国肴馔的美化主要通过哪些手段实现？

7. 宫廷菜的主要特点是什么？

8. 寺观菜的主要特点是什么？

9. 山东菜有哪些特点？它是怎样构成的？

10. 四川菜在调味方法上有什么特点？

11. 广东菜是怎样构成的？在烹饪方法上有什么特点？

二、实训题

学生以小组为单位，设计一个套餐并进行相应的名称、餐具搭配，以体现出美食与美名、美器的配合。

第五章 中国筵宴文化

引 言

筵宴，是筵席与宴会的合称。筵席，专指为人们聚餐而设置的、按一定原则组合的成套菜点及茶酒等，又称酒席。最初，古人席地而坐，筵席是指宴饮时铺在地上的坐具，筵长、席短，随着时间的流逝，才逐渐将筵、席二字合用，演变为酒席的专称，并且沿用至今。宴会，是人们因习俗、礼仪或其他需要而举行的以饮食活动为主要内容的聚会，又称燕会、酒会。宴会最不能缺少的核心内容是筵席，而筵席通常出现在宴会上，是宴会上供人们饮食用（按一定原则组合）的成套菜点及茶酒，二者虽有一定的区别，却又密不可分，因此，古人常将二者合称为"宴飨"或"宴享"。《汉书·礼乐志》言"嘉笾陈列，庶几宴享"，今人则合称为筵宴，而在实际生活中，许多人甚至习惯上将它们视为同义词语混用。中国筵宴文化是中国饮食文化的重要组成部分，历史悠久，内容丰富多彩，本章仅介绍其中重要的两个方面，一是中国筵宴历史与名品，二是中国筵宴艺术与技术。

❖学习目标

1. 了解筵宴的含义、发展历史、主要类别及特征。
2. 能掌握中国筵宴艺术的艺术风格及其实现方法。
3. 能设计、策划各种类型的筵宴菜单。

第一节 中国筵宴的历史与名品

一、筵宴的起源与发展

中国筵宴起源于原始聚餐和祭祀等活动，其发展历程基本上与整个中国饮食的发展历程相一致，也经历了新石器时代的孕育萌芽时期、夏商周的初步形成时期、秦汉到唐宋的蓬勃发展时期，而在明清成熟、持续兴盛，然后进入近现代繁荣创新时期。

（一）筵宴的孕育萌芽时期

中国筵宴是在新石器时代生产初步发展的基础上，因习俗、礼仪和祭祀等活动的产生而由原始聚餐演变出现的。

中国先民最初过着群居生活，共同采集渔猎，然后聚在一起共享劳动成果。随着历史发展，开始农耕畜牧，聚餐逐渐减少，但在丰收时仍然要相聚庆贺，共享美味佳肴，同时载歌载舞，抒发喜悦之情。《吕氏春秋·古乐篇》载："昔葛天氏之乐，三人操牛尾，投足以歌八阕。"此时聚餐的食品比平时多，而且有一定的进餐程序。另一方面，当时人们很少了解自然现象和灾害产生的真正原因，便产生了原始宗教及其祭祀活动。人们认为，食物是神灵所赐，祭祀神灵就必须用食物，一是感恩，二是祈求神灵消灾降福，获得好的收成，祭祀仪式后往往会有聚餐活动，人们共同享用作为祭品的丰盛食物。人工酿酒出现之后，这种原始的聚餐便发生质的转化，从而产生了筵宴。

在中国，有文字记载的最早筵宴是虞舜时代的养老宴。《礼记·王制》言："凡养老，有虞氏以燕礼。"孔颖达解释说："燕礼则折俎有酒而无饭也，其牲用狗。谓为燕者，《诗》毛传云：燕，安也，其礼最轻，行一献礼毕而脱履升堂，坐以至醉也。"燕，即宴，这种养老宴是先祭祖，后围坐在一起，吃狗肉，饮米酒，较为简朴、随意。

（二）筵宴的初步形成时期

到夏商周三代，筵宴的规模有所扩大、名目逐渐增多，并且在礼仪、内容上有了详细的规定，筵宴进入初步形成时期。

在夏朝，启继位后曾在钧台（今河南禹州市南）举行盛大的宴会，宴请各部落酋长；而夏桀当政，更追逐四方珍奇之品，开了筵宴奢靡之风的先河。殷商时期，因为"殷人尊神，率民以事神，先鬼而后礼"（《礼记·表记》），筵宴随着祭祀活动的兴盛而进一步发展。殷人嗜好饮酒，酒品和菜点都比以前丰富。值得注意的是，当时一些餐具如盘、豆、盆、钵的圈足与器座高度，正好同席地而坐者的位置相适应，有利于进餐者使用。到周朝，由于生产发展，食物原料逐渐丰富，周王室和诸侯国除了继承殷商以来的祭祀宴会外，还把筵宴发展到国家政事及生活的各个方面，如朝会、朝聘、游猎、出兵、班师等要举行宴会，民间互相往来也要举行宴会，筵宴的名目已经非常多。但是，由于周人对鬼神之事敬而远之，并且吸取夏、商灭亡的教训，其筵宴的祭祀色彩逐渐淡化，在礼仪和内容上作出了详细而严格的规定。因为各种宴会大多需要按照相应的制度举行，所以又将它们通称为"礼"。如《仪礼》中载有士冠礼、士昏礼、士相见礼、乡饮酒礼、乡射礼、燕礼、大射礼、聘礼、公食大夫礼等，这些不同的"礼"中对宴会的礼仪、内容的规定非常详细，甚至复杂而烦琐。仅举行一次乡饮酒礼，从谋宾、戒宾、陈设、速宾、迎宾、拜至到最后的拜赐、拜辱、息司正等，共有24项程序，参与者必须熟知才能无过。此外，周朝以后筵宴的规格、档次也较为齐全，饮食品种及其在筵席上的陈列方式也因礼的不同而不同。虽然这些对于筵宴的各种规定没有被当时人完全实行，但也说明筵宴在当时备受人们重视，并且已有了极大的发展。

（三）筵宴的蓬勃发展时期

从秦汉到唐宋时期，在经济飞速发展、筵宴之风日益盛行等因素的影响下，中国筵宴发生了许多新的变化，得到了蓬勃发展。

从秦汉至南北朝，筵宴之风日益盛行，无论宫廷还是民间都有大摆筵席的习俗，筵宴的规模和品种等继续增加。汉朝桓宽《盐铁论·散不足》载汉朝的景象是："富者祈名岳，望山川，椎牛击鼓，戏倡舞像。中者南居当路，水上云台，屠羊杀狗，鼓瑟吹笙。贫者鸡豕五芳，卫保散腊，倾盖社场。"《华阳国志·蜀志》载，当时四川的富豪们"嫁娶设太牢之厨膳"，是"染秦化故也"。太牢即指牛、羊、猪三牲。四川德阳出土的"宴客画像砖"，成都出土的"宴饮使乐画像砖"，广汉出土的"市井酒楼画像砖"与"庖厨俑"等，都反映出汉代筵宴的众多。而扬雄的《蜀都赋》末尾更描绘了当时豪门筵宴的规模和盛况："若其吉日嘉会……置酒荥川之闲宅，设坐于华都之高堂，延帷扬幕，接帐连冈。众器雕琢，早刻将皇"，与此同时，"厥女作歌"，"舞曲转节"。可见，汉代筵宴很讲究陈设和器具，并常以优美的音乐、歌舞助兴。魏晋南北朝时，不仅有豪宴，也出现了典雅的宴会。《梁书》卷三十八描述了当时豪华宴会的情景："今之燕喜，相竞夸豪，积累如山岳，列肴同绮绣。露台之产，不周一燕之资，而宾主之间裁取满腹，未及下堂，已同臭腐。"但是，这时的宴会也出现了"文酒之风"日益兴盛的新气象。曹操在铜雀台上设宴，曹植在平乐观的宴会，张华的"园林会"，竹林七贤的林中宴饮，以及文人的"曲水流觞"等，虽然举行宴会的目的不同，但都追求典雅的环境、情趣，影响深远。

到隋唐两宋时期，筵宴有了很大发展，其名目繁多，形式多样，规模庞大，菜点精美。就名称而言，唐朝有烧尾宴、闻喜宴、鹿鸣宴、大相识、小相识等；宋朝有春秋大宴、饮福大宴、皇寿宴、琼林宴等，不胜枚举。就形式而言，最具特色的是出现了将饮食与游乐有机结合的游宴、船宴。如长安曲江边的各种游宴、四川成都的船宴与游宴等都非常著名。《太平广记》卷三〇三"崔圆"条载：天宝末，剑南节度使崔圆在成都，乘船游锦江，"初宴作乐，忽闻下流十数里，丝竹竞奏，笑语喧然，风水薄送如咫尺。须臾渐进，楼船百艘，塞江而至，皆以锦绣为帆，金玉饰舟，旄纛盖伴，旌旗戈戟，缤纷照耀。中有朱紫十余人，绮罗妓女凡百许，饮酒奏乐方酣。他舟则列从官武士五六千人，持兵戒严"。这样的船宴锦绣蔽日，金玉满眼，戈戟耸立，鼓乐声声，佳肴杂陈，的确气派非凡。仲殊的《望江南》词对宋朝成都药市时的游宴有形象的描述："成都好，药市宴游闲。步出五门鸣剑佩，别登三岛看神仙。缥缈结灵烟。云影里，歌吹暖霜天。何用菊花浮玉醴，愿求朱草化金丹。一粒定长年。"而以筵宴的规模来说，最盛大且有代表性的是宋朝的皇寿宴。据《东京梦华录》和《梦粱录》载，这种为皇帝祝寿的宴会规模庞大、礼仪隆重、陈设华丽，赴宴者多为皇亲国戚、文武百官和外国使节，所上菜点共分 9 次约 50 道，演出节目包括歌舞、杂剧、足球、摔跤、杂技等，演出人数近 2000，宴会服务人员不计其数。此外，唐宋时期，筵宴引人注目的还有两点：一是出现并使用高桌、交椅、桌帷等，开始使用细瓷餐具，陈设更加雅致，这从《韩熙载夜宴图》中可以看出。二是较普遍地使用酒令，筵宴的气氛更加热烈、欢乐。酒令原本孕育于春秋时期，在汉魏之际有一定的演化与发展，直到唐宋时才被人们普遍用来佐酒助兴。

（四）筵宴的成熟兴盛时期

元明清时期，随着社会经济的繁荣以及各民族的大融合，中国筵宴日趋成熟，并且逐渐走向鼎盛。

元朝是蒙古族统治的朝代，受其影响，这一时期的筵宴突出之处是饮食品更多地拥有少数民族乃至异国情调。在当时的宴会上，几乎少不了羊肉菜肴和奶制品，而且所占比重较大，烈酒的用量也颇为惊人。一些官吏赴宴，常常用特制的可容纳数石的玉质或瓷质"酒海"盛酒，不分昼夜，不醉不休，有时连续欢宴 3~7 天甚至数十天。

到了明清两朝，中国筵宴进入成熟兴盛时期，主要表现在三个方面：一是筵宴设计有了较为固定的格局。当时的筵宴主要分为酒水冷碟、热炒大菜、饭点茶果等三个层次，依序上席。其中，常常由热炒大菜中的"头菜"决定宴会的档次和规格。二是筵宴用具和环境舒适、考究。自明朝红木家具问世以后，筵宴也开始使用八仙桌、大圆桌、太师椅、鼓形凳等，有利于人们舒适地合餐与交谈。在筵宴环境上，讲究桌披椅套和餐具搭配、字画台面的装饰以及进餐地点的选择。当时比较隆重的筵宴已经是"看席"与"吃席"并列，并配有成套的餐具。设宴地点则常常根据不同季节进行选择，最佳之处是春天的柳台花榭、夏天的水边林间、秋天的晴窗高阁、冬天的温暖之室，目的是追求"开琼筵以坐花，飞羽觞而醉月"的情趣。三是筵宴品类、礼仪等更加繁多甚至烦琐。仅以清朝宫廷筵宴为例，改元建号时有定鼎宴，过新年时有元日宴，庆祝胜利有凯旋宴，皇帝大婚有大婚宴，皇帝过生日有万寿宴，太后生日有圣寿宴，此外还有冬至宴、宗室宴、乡试宴、恩荣宴、千叟宴等，而最具影响力的是满汉全席。据《清史稿》载，雍正四年（公元 1726 年）正式规定了元日宴的礼仪、陈设、席次、宴会上演奏的音乐和表演的舞蹈，赴宴者行三跪九拜之礼达十余次。满汉全席是由满族和汉族饮食品共同组成的，清朝中叶时只有 110 种菜点，而到清朝末年最多时已经达到 200 多种，对后世影响很大。

（五）筵宴的繁荣创新时期

20 世纪以来，特别是改革开放以后，随着社会经济的高速发展、时代浪潮的冲击和中西交流日益频繁，中国人的生活条件和消费观念发生了很大变化，在饮食上更加追求新、奇、特和营养、卫生，促进了筵宴向更高境界发展，从而进入繁荣创新时期。

这一时期，中国筵宴具有三方面的特点：其一，传统筵宴不断改良。由于时代的变革和人们消费观念等的变化，中国传统的筵宴越来越显示出它的不足，如菜点过多、时间过长、过分讲究排场、营养比例失调、忽视卫生等问题，造成人财物和时间的严重浪费，损害了身体健康，因此从20世纪80年代以来就开始了针对传统筵宴的改革。全国许多城市的宾馆、饭店、酒楼等都做了大量的尝试，力求在保持其独有饮食文化特色的同时更加体现营养、卫生、科学、合理。北京人民大会堂的国宴率先进行改革，北京五洲大酒店第一个将营养要求明确地注入筵宴改革之中，同时在就餐形式上也多样化，既有了圆桌上的分食，也有用公筷的随意取食等。其二，创新筵宴大量涌现。为了满足人们新的饮食需求，饮食制作者在继承传统的基础上不断创新，设计制作出大量别具风味的特色筵宴，如姑苏茶肴宴、青春健美宴、西安饺子宴、杜甫诗意宴、秦淮景点宴等，或以原料开发、食疗养生见长，或以人文典故、地方风情见长，不一而足。《中国筵席宴会大典》载，姑苏茶肴宴是20世纪90年代全国旅游交易会上推出的创新筵宴。它将菜点与茶结合，开席后先上淡红色似茶又似酒的茶酒，接着上芙蓉银毫、铁观音炖鸡、鱼香鳗球、龙井筋页汤、银针蛤蜊汤等用名茶烹饪的佳肴，再上用茶汁、茶叶作配料的点心如玉兰茶糕、茶元宝等，让人品味后身心俱爽、飘然欲仙。其三，引进西方宴会形式，中西结合。随着西方饮食文化的大量进入，受其影响，中国筵宴上出现了中西结合的冷餐酒会、鸡尾酒会等宴会形式。

❖拓展知识

　　冷餐酒会，又称冷餐会，是20世纪初由欧美国家传入中国的一种西餐宴会形式。它的饮食品以冷菜为主、热菜为辅，配以点心、小吃、酒水、冷饮与瓜果。在桌椅的设置上，除设公用菜台外，无固定席位，客人可以随意选用饮食品。通常有两种情形，一是设主宾席和不定座次的小方桌，坐椅散置，以便让客人自由落座；二是只设小桌，不配置座椅，客人站立就餐。冷餐酒会因其自在随意、不受拘束、适宜广泛交际等特点，受到许多中国人的喜爱，并被用于中国宴会中，只是在菜点选择上使用中式菜点，可以说是中西结合。

二、筵宴的种类与名品

　　自筵宴产生至今，中国出现了难以计数的筵席与宴会，种类和名品繁多，并且始终处于变化之中，几乎没有统一、固定的划分方式与标准。这里，仅从比较科学合理的角度并结合饮食业的习惯，对筵席与宴会的主要种类做粗略的划分，同时介绍部分著名品种。

（一）筵席的主要种类与名品

1. 筵席的主要种类

中国筵席可以按照所使用的原料和风味特色进行不同的分类。

就筵席所使用的原料而言，有以整个筵席所用主料为标准划分的筵席，也有以筵席中"头菜"所用主料为标准划分的筵席。前者又可以分为两类：一是以一种原料为主制成的筵席，如全羊席、全猪席、全牛席、全鸭席、全鸡席、豆腐席、刀鱼席等；二是以一大类原料为主制成的筵席，如海鲜席、花果席、素席等。这类筵席都以一种或一类原料为主，不同的是配料、烹饪技法与风味，工艺难度较大，特色突出，极能展示烹饪技术与艺术水平。后者有海参席、鱼翅席、燕窝席、鲍鱼席、鱼肚席等。这类筵席中的头菜是其主菜，大多用料贵重、烹制精细，而头菜又决定着其他菜肴、点心的搭配规格，在质量上要求和谐统一、衬托得体，因此所构成的筵席品质较高、烹饪较精。

以筵席呈现的风味特色而言，有展示地方风味特色的筵席，也有展示民族风味特色的筵席。前者有川菜席、鲁菜席、粤菜席、苏菜席等，它们具有浓郁的地方特色和鲜明的个性。后者有汉席、满席、满汉席、维吾尔族风味筵席、朝鲜族风味筵席，以及蒙古族、回族、壮族、藏族、苗族、白族等民族风味筵席，都具有各自独特的民族风情。

此外，还有以地方饮食习俗为标准划分的筵席，如四川田席、河南洛阳的水席等；有以菜品数量为标准划分的筵席，如四六席、八八席、六六大顺席、九九上寿席等；有以季节为标准划分的筵席，如春季筵席、夏季筵席、秋季筵席、冬季筵席等。

2. 筵席的著名品种

中国筵席名品众多，这里主要介绍其中特色突出、最有代表性的全羊席、满汉全席和田席三种。

（1）全羊席。它是以羊的全部身体为主要原料烹制而成的筵席，最早出现在东北、西北地区的满族、蒙古族、回族之中。而汉族在继承唐朝"浑羊殁忽"的基础上吸收少数民族烹饪羊肉的技法，也制作出了全羊席。

全羊席有多种格局和不同的菜点数量，但都表现出两个主要特点：第一，烹饪技艺高超。袁枚在《随园食单》中说全羊席的烹饪技法是"屠龙之技，家厨难学"，所制作的菜肴"一盘一碗虽全是羊肉，而味各不同"。清末徐珂《清稗类钞》中《饮食类·全羊类》记载："清江庵人善治羊，如设盛筵，可用羊之全体为之，蒸之、烹之、炮之、炒之、爆之、烤之、熏之、炸之。汤也、羹也、膏也、甜也、咸也、辣也、椒盐也。所盛之器，或以碗，或以盘，或以碟，无往而不见羊也。"如今，以羊头为主料，可以制作20余种菜肴；以羊尾为主料，可以制作十余种菜肴；以羊肉为主料，可以制作上百种菜肴，其中仿制的燕窝、鱼肚、鱼翅等菜肴制作难度非常大。第二，菜名风雅有趣。用羊的各个部位制作的菜肴，在名称上却不见一个"羊"字，非常典雅有趣。如用羊眼制作的菜肴，名为"明开夜合"，羊舌制成的叫"迎草香"，羊脑制成的叫"烩白云"，羊鼻尖肉制成的叫"采灵芝",还有扣麒麟顶、扒金冠、芙蓉顺风、龙门角、饮涧台、千层梯等。《筵款丰馐依样调鼎新录》记载的全羊席菜点名称有云顶盖、顺风耳、千里眼、闻草香、鼻脊管、上天梯、巧舌根、白云花、玲珑心、白云条、十景菜等,非常形象,趣味横生。

（2）满汉全席。它是清朝中叶兴起的一种规模盛大、程序繁杂、满汉饮食精粹合璧的筵席,又称满汉席、满汉大席、满汉燕翅烧烤席等。它最初出现在乾隆年间的江南官府中。江苏仪征人李斗在《扬州画舫录》中记载,乾隆时扬州所办的满汉席共计110道菜点,以江浙名菜为主,满族烧烤为辅,汇集全国各地美食。发展到清末,满汉全席日益奢侈豪华,风靡一时。随着官吏的频繁调动,满汉全席在各地广为流传,并不断融合一些当地的风味菜肴而出现新的面貌。

满汉全席有通行的基本格局,但没有全国统一的席单和菜点数量。尽管如此,大多数的满汉全席仍然具有相同的三个主要特点:一是规格高、礼仪重。满汉全席被视为"筵席中之无上上品",用料广博、档次高,集山珍海味于一席,燕窝、鱼翅、鱼肚、驼峰、鹿尾、乌鱼蛋等高档原料常常出现在席中;环境装饰则经常要用椅披、桌裙、插屏、香案等。二是程序繁、菜品多。清末徐珂的《清稗类钞》记载其进食烤乳猪的程序说,"酒三巡,则进烧猪,膳夫、仆人皆衣礼服而入。膳夫奉以待,仆人解所佩之小刀脔割之,盛于器,屈一膝,献首座之专客。专客起箸,筵座者始从而尝之,典至隆也"。菜点类别、品种众多,如四川小巧精致的满汉全席,也包括手碟、四冷碟、四朝摆、四糖碗、四蜜饯、四热碟、八中碗、八大菜、四红、四白、到堂点、中点、席点、茶点、随饭菜、饭食、甜小菜等,总共65种菜点,十分丰富。三是排场大、席套席。满汉全席通常是按大席套小席的模式设计,即所有菜点分门别类组成若干个前后相连的小席,依次推出,从而构成整个大席;每个小席中常常以一道名菜领衔,配搭相应菜品,使筵席既有主次之分,又有统一的风格。

（3）田席。它是清代中叶开始在四川农村流行的一种筵席,因常设在田间院坝而得名。最初的田席是秋收后农民为庆祝丰收宴请乡邻亲友而举办的,后来有所发展,逐渐扩大成为城乡居民各种喜庆之日的主要筵席之一,凡是嫁娶丧葬、迎春、祝寿,甚至栽秧打谷等活动都要举办类似的酒席。傅崇矩在《成都通览》"成都之民情风俗"附录中记载,接亲、送亲时的"下马宴"与"上马宴"都是采用田席。

田席最突出的特色是就地取材、朴素实惠、蒸扣为主、肥腴香美。所用原料以猪肉为主,兼及其他家畜、家禽如鸡、鸭、鱼等。其烹制方法多为蒸、扣,较为简便,成菜具有肥腴、香美的特点,其中最典型的品种是蒸肘子。肘子,旧称"大姨妈",意在形容其又肥又嫩、秀色可餐的形象。经蒸制的肘子形整丰腴,肥而不腻,软糯适口,极为诱人,常用来做压轴菜,以便让人过足吃肉之瘾并产生回味无穷的感受。而烧白亦堪称极佳之品。它排列整齐、形圆饱满,肥而不腻、熟软而不烂,令人垂涎。当客人酒足饭饱时，主人还将一些食物打包请客人带回家，让没有到席者分享。客人因享受到实惠、味美的佳肴而满足，主人因客人的满意和称赞而满足和自豪。可以说，田席在特色上几乎与满汉全席正好相反。但是，在规模上，田席却可以与满汉全席媲美，甚至超过它。通常来说，一轮田席就有十几桌甚至几十桌，有时则有几轮席，甚至是"长流水席"，连续几天几夜地进行，客满一桌开一桌，快捷利落，热闹非凡，场面壮观。

❖特别提示

全羊席的格局多样、菜点数量不一，而满汉全席的格局基本一致、菜点数量不等。

全羊席是满族、蒙古族、回族和汉族等多个民族都拥有的一种筵席，各民族在创制自己的全羊席时便形成了不同的格局。宋朝洪皓《松漠纪闻》载："金人旧俗，凡宰羊但食肉，贵人享重客间，兼皮以进，曰全羊。"民国时，《奉天通志》则载，当时东北的一些少数民族"富人享客，或食全羊，即筵席间不设杂肴，惟羊是需，除精肉外，如头、蹄、腑以及尾、舌兼篚并进，尽量而止"。至于全羊席的菜点数量则更没有统一的标准。袁枚在《随园食单》中说"全羊法有七十二种"，而如今，全羊席的入席品种已超过300种。其中，比较有特色的是当今东北地区的全羊席，常用菜品有108个，分成三组，每组36个，分别由6个冷菜、6个大菜、24个熘炒菜组成，用料从羊头到羊尾，风味各不相同。

满汉全席是江南官府中为了适应满族与汉族官吏更好地沟通、联谊的需要而产生的一种筵席，后来随着官吏的频繁调动而在各地广为流传，并不断融合当地的风味菜肴而出现新的面貌。正是由于满汉全席产生与发展的特殊性，使得它具有基本格局，包括由红白烧烤构成的"四红""四白"，各类冷热菜肴、点心、蜜饯、瓜果以及茶酒等。但其具体品种和其他菜点、小吃、茶酒饮料等在不同时期、不同地区、不同场合都有所不同，数量最多的可达200余种，最少的仅有30多种。即使是"四红""四白"，各地的品种也不一样。如在北京，"四红"是烤整乳猪、烤果子狸、烤填鸭、烤排子，"四白"是烤哈儿巴、烤花篮鲑鱼、烤肥油鸡、烤鹿尾（吴正格《五景春与仿膳菜》文）；在山东，"四红"是烤乳猪、烤填鸭、双烤肉、烤雏鸡，"四白"是哈儿巴、肥油鸡、白片肉、扒鹿尾（济南燕喜堂饭庄）；在山西，"四红"是烤鸭子、烤乳猪、烤酥方、烤火腿，"四白"是烤驼峰、烤项圈、烤哈儿巴、烤鱼（李进《太原的满汉全席》）；在四川，"四红"是叉烧奶猪、叉烧火腿、叉烧大鱼、烤大填鸭，"四白"是佛座子、箭头鸡、哈儿巴、项圈肉。

（二）宴会的主要种类与名品

1. 宴会的主要种类

中国宴会主要采用三种方式进行分类。

第一，以宴会的性质及举办者为依据进行分类，主要有国宴、家宴、公宴等。国宴是指国家元首、政府首脑以国家和政府的名义为国家庆典或款待国宾及其他贵宾而举行的正式宴会，它是所有宴会中规格和档次最高、礼仪最隆重的。家宴是指人们在家中以个人的名义款待亲友及其他宾客而举行的宴会，它追求轻松愉快、自在随意的气氛，不太拘于严格的礼仪，菜点的烹制主要根据进餐者的意愿、口味爱好进行，品种和数量没有统一的模式，丰俭由人。而公宴则介于这二者之间。它是地方政府及社会各机构、团体等以相应的名义为各种各样的公事款待相关宾客而举行的宴会，其规格、礼仪基本上都低于国宴，但仍然注重规格、仪式，讲究菜点的丰盛。

第二，以宴会的形式及举办地为依据进行分类，主要有游宴、船宴、猎宴和普通宴会等。游宴是指人们游览玩赏时在风景名胜地举行的宴会。船宴是指人们在游船上举办的宴会。它们都是游乐与饮食结合的宴饮形式，没有繁缛的礼仪，饮与食都比较随意，追求的是食与游的和谐交融之乐。此外，猎宴是指打猎时在野外举行的宴会，是劳动收获与宴饮结合的一种形式。它常常选用刚刚获得的猎物为主料烹食，最大的乐趣在于及时享受劳动所得。而普通宴会是指人们平时在室内举行的宴会，是最普遍、最常见的一种宴会形式。它通常都有高低不同的规格、礼仪，与游宴、船宴和猎宴相比，则更注重菜点的丰盛与美味。

第三，以宴会的目的，主要是习俗为依据进行分类。大致有三种：一是为人生礼仪需要而举行的宴会，有百日宴、婚宴、寿宴、丧宴等；二是为节日习俗需要而举行的宴会，有元日宴、中秋宴、冬至宴、除夕宴等；三是为社交习俗需要而举行的宴会，有接风宴、饯别宴、庆贺宴、酬谢宴等。它们的共同特点是各种民俗贯穿其中，充满浓厚的情谊。

❖拓展知识

国宴重在隆重、盛大的礼仪，而家宴重在轻松、快乐的气氛。唐朝的闻喜宴、宋朝的春秋大宴以及清朝的定鼎宴、千叟宴等都是国宴，都有隆重的礼仪。当今的国宴也非常注重礼仪的隆重、陈设的庄严、菜点和服务的高水平。宴会场所通常要悬挂国旗、国徽，设主宾席，按宾主身份排列席次和座次，请柬、菜单、座席卡都标有国徽；开宴前，主宾要致辞、祝酒、奏国歌；宴会菜单根据宴请对象的具体情况精心制定，并且用精湛的烹饪技艺制作成菜，处处体现高规格与高档次。对于家宴，清朝李渔在《闲情偶寄·颐养部》中形象地描述道："若夫家庭小饮与燕闲独酌，其为乐也，全在天机逗露之中，形迹消忘之内。有饮宴之实事，无酬酢之虚文。睹儿女啼笑，认作斑斓之舞；听妻孥劝诫，若闻金缕之歌。"

　　游宴是人们游览玩赏时在风景名胜地举行的宴会，充满乐趣和美感。无论是达官显贵还是文人学士，大多喜欢这种宴会，并留下了许多诗文等作品。五代的花蕊夫人在《宫词》中就描绘了当时成都游宴的情形，其十九首言："梨园子弟簇池头，小乐携来候宴游。试炙银笙先按拍，海棠花下合梁州。"其八十六首言："海棠花发盛春天，游赏无时列御筵。绕岸结成红锦帐，暖枝低指画楼船。"在这里，花美景美，肴酒香美，舞乐优美，带给人们充分的美感享受。船宴是指人们在游船上举办的宴会。人们在品味船宴上的美食时，一般都在饱览湖光山色，或者观赏龙舟竞渡，因此，船宴也是一种游乐与饮食相结合的宴会形式，就广义而言，也是一种游宴，但由于在历史上船宴有着突出的地位、很高的知名度，人们习惯将船宴从游宴中分离出来，把它看作一种独立的与游宴并列的宴会形式。即在水中船上举办的宴会为船宴，在陆地风景名胜处举办的宴会为游宴。花蕊夫人《宫词》描绘了后蜀主孟昶举办船宴的情形，其一言："春日龙池小宴开，岸边亭子号流杯。沈檀刻作神仙女，对捧金尊水上来。"其二言："厨船进食簇时新，侍坐无非列近臣。日午殿头宣索鲙，隔花催唤打鱼人。"其三言："半夜摇船载内家，水门红蜡一行斜。圣人正在宫中饮，宣使池头旋折花。"从诗中可见，孟昶常不分昼夜地在御池中举办船宴，由专门的厨船制作菜点，所用原料则是新捕捞的鲜活鱼类，佐餐助兴的是梨园弟子悠扬的乐曲和令人倾倒的动人舞姿。

2. 宴会的著名品种

　　中国历史上有数量众多的著名宴会，这里仅介绍几个特色突出、最有代表性的名品。

　　其一，烧尾宴。它是唐朝著名的宴会之一，专指士子新登第或官吏升迁时举行的庆贺宴。唐朝封演《封氏闻见录》指出："士子初登荣进及迁除，朋僚慰贺，必盛置酒馔音乐，以展欢宴，谓之烧尾。"而关于"烧尾"的来历，据史料记载大致有三种说法：一是虎变为人时只有尾巴不能变，必须把尾巴烧掉，才能真正成为人；二是新来的羊初入羊群，因受群羊触犯而不安，必须烧掉尾巴，才能安定；三是鱼跃龙门，凡是幸运地跃上龙门的鱼，还必须有天火（即雷电）烧掉它的尾巴，才能真正成为龙。这三种说法虽然说的是不同动物，但其中所含的意义是一样的，都指从原来的身份发生质变，必须经过"烧尾"的洗礼，可见烧尾宴是唐朝的人们在身份发生变化后举行的重要仪式。这个宴会非常奢华。韦巨源在拜尚书令左仆射时曾举办烧尾宴献给唐中宗，在他所留下的食单中"仅择其奇异者"就有 58 道，其他非奇异的一般菜点则不计其数。

　　其二，曲江宴。它也是唐朝著名的宴会之一，因在京城长安的曲江园林举行而得名。曲江园林位于今西安市东南 6 公里处，古有泉池，岸头曲折多姿，自然景色秀美，唐朝时又引水入池，在池边广植奇花异树、大修亭台楼阁，使曲江成为长安风景优美的半开放式游赏、宴饮胜地，当时把在这里举行的各种宴会通称为"曲江宴"。在这众多的宴会中，最具规模和风韵的有三种：一是上巳节时皇帝的赐宴。此宴规模最大，有上万人参加，尤其以唐玄宗开元、天宝年间最盛，皇帝或者赏赐群臣百官宴饮，或者特许百姓及宗教人士到此地设宴、游赏，并且让皇家的乐工舞女与民间的乐舞团体前来演出助兴，使上巳节时的曲江成为宴会、歌舞的海洋。二是为新科进士举行的宴会。这个宴会沿袭的时间最长。唐朝初年，朝廷就有特赐上京应试落榜的举子饮宴曲江的制度，以示安慰和鼓励，后来则改为赐新进士曲江宴，这个制度一直延续至唐末，历时 200 年。三是京城士女春日游曲江时举行的宴会。此宴最具风韵，常常选花间草地插竹竿、挂红裙作宴幄，菜点味美形佳，人人兴致盎然。

其三，春秋大宴。它是宋朝著名的宴会之一，是国家在春秋季仲时举行的宴会。据《宋史》载，此宴是从咸平三年（公元 1000 年）二月开始举办的，最大的特点是排场大、等级严、礼仪繁。宋朝的制度规定，"凡大宴，有司预于殿庭设山楼排场，为群仙对仗、六番进贡、九龙五凤之状"，而在殿上则陈锦绣帷席、垂香毯等，布置考究、气派非凡。宴会上等级森严、尊卑分明，就座次而言，宰相、使相、三师、三公、仆射、尚书丞郎、学士、御史大夫、皇帝的宗室坐在殿上，四品以上的官员坐于朵殿，其余的参加者分坐于两庑，各个等级的坐具、餐具都不一样。参加宴会的人在皇帝到达前必须"诣殿庭，东西相向立"，当皇帝入座后才由人分别引入"横行北向"，在按要求向皇帝多次磕头、跪拜后才能就座，宴会进行中还有无数次的磕头、跪拜，其仪式十分烦琐。

其四，诈马宴。它是元朝著名的宴会之一，是宫廷或亲王在重大政治活动时举行的宴会。诈马，是波斯语"外衣"的音译，又译为簸马。因赴宴的王公大臣必须穿戴皇帝赏赐的同一颜色的质孙服，也叫质孙宴、衣宴等。质孙服是用穆斯林工匠织造的织金锦缎制成，由皇帝按照其权位、功劳等加以赏赐，有严格的等级区别。据史料记载，凡是新皇即位、皇帝寿诞、册立皇后或太子、元旦、祭祀、诸王朝会等都要举行这种大宴，时间一般是 3 天。它规模庞大，菜点极具蒙古族特色。宴会地点常常是可以容纳 6000余人的大殿内外，菜肴以烤全羊为主，还有醍醐、野驼蹄、鹿唇、驼乳糜等"迤北八珍"和各种奶制品，酒是烈性酒且用特大型酒海盛装。周伯琦在《诈马行》诗序中记载了它的盛况：赴宴者身穿质孙服，盛饰名马，"各持彩仗，列队驰入禁中，于是上盛服御殿临视，乃张大宴为乐。惟宗王、戚里、宿卫大臣前列行酒，余各以所职叙坐合欢，诸坊奏大乐，陈百戏，如是者凡三日而罢"。

其五，千叟宴。它是清朝著名的宴会之一，指清朝宫廷专为老臣和贤达老人举行的宴会，因赴宴者超过千人而得名。它开始于康熙五十二年（公元 1713 年），后来又分别在康熙六十一年（公元 1722 年）、乾隆五十年（公元 1785 年）和嘉庆元年（公元 1796 年）举行过，一共四次。据《御茶膳房簿册》及有关史料载，千叟宴的特点主要有两个方面：一是规模庞大。每次宴会都宴请 65 岁以上的上千名老人，最多时达 5000 人，其中一次宴会就摆了 800 桌筵席。二是等级严格、礼仪繁杂。整个宴会分为两个等级，宴请对象、设宴地点、菜点品种与数量等均有明显的区别。一等席面用于宴请王公、一二品大员和外国使节，地点在大殿内和廊下两旁，菜肴有银火锅、锡火锅、猪肉片、煺羊肉片各 1 个，还有鹿尾烧鹿肉、蒸食寿意等菜肴各 1 盘。二等席面用于招待三至九品官员及其他人，地点在丹墀、甬路和丹墀以下，菜点则是铜火锅 2 个，猪肉片、煺羊肉片、烧狍肉等各 1 盘。千叟宴的礼仪也与当时的其他国宴一样，十分繁杂，从静候皇帝升座、就位、进茶、奉觞上寿到皇帝赐酒、起驾回宫等，程序琐碎，赴宴者要行无数三跪九拜之礼。

第二节　中国筵宴艺术与技术

艺术，是通过塑造形象具体地反映社会生活、表现作者思想感情的一种社会意识形态。技术，在狭义上是指根据生产实践经验和自然科学原理而发展成的各种工艺操作方法与技能，即操作技能；而在广义上，还包括相应的生产工具和其他设备，以及生产的工艺过程或作业程序、方法。技术是艺术的基础、实现方法与手段，而艺术是技术的升华，高于技术，二者有着紧密的联系、不可分割。筵宴艺术是烹饪艺术乃至整个人类艺术的重要组成部分，必然是以筵宴技术为基础，并把它作为实现的方法与手段，二者密不可分。因此，这里将筵宴艺术与技术结合起来进行阐述。

一、筵宴的相关环节与主要特征

（一）筵宴的相关环节
筵宴是一种特殊的饮食活动，与日常饮膳有明显的不同，常常集中地反映一个时代、一个地区、一个餐馆或家庭的烹饪技术水平与烹饪艺术水平。它不是静止的，更不允许单调和无序，因此筵宴存在着设计、制作与服务等环节。

1. 筵宴设计
筵宴设计是筵宴成败的基础和前提，涉及面很广，主要有菜单设计、环境设计、台面设计、进餐程序与礼仪设计等。其中，菜单设计是十分重要的。一份设计精良、色彩丰富得体、漂亮而又实惠的菜单，既是餐台的一种必要点缀，更是最好的"推销员"和重要标记，因此，菜单设计不仅要注重内容美，也要注重形式美。在内容方面，必须根据举办者的需要，按照一定的格局与原则，将菜肴、点心、饭粥、果品和酒水组合搭配成丰富多彩的筵宴菜点；在形式方面，必须把成龙配套的筵宴菜点通过某种载体呈现出来，让人能够看了就爱不释手，而菜单的材质、形状、色彩、图案、文字编排等至关重要。环境设计包括场地布置、餐室美化、桌椅摆放等，必须符合筵宴主题与气氛，新颖别致、特色突出且便于进餐。台面设计包括餐台装饰与餐具摆放等，方式多种多样，如花坛式、花盘式、花篮式、插花式、盆景式、雕塑式、镶图式、剪纸式等，要求台面寓意与筵宴主题相一致、高雅大方、简洁明快且有利于进餐。程序与礼仪设计主要包括筵宴总体进程、上菜顺序与节奏、服务程序与礼仪等，要求时间恰当、节奏明快、合乎规范。

2. 菜点制作与筵宴服务

这两个环节都直接关系到筵宴的成败。菜点制作主要包括原料的选用、烹调加工、餐具配搭等，必须按菜单设计要求，保质、保量、按时将所需的菜点制作并送出。筵宴服务涉及的内容很多，贯穿整个筵宴的始终，也必须按照设计及要求，在筵宴开始前做好场地布置、餐室美化、桌椅摆放、餐台装饰、餐具摆放、迎宾等工作，在筵宴开始后做好上菜、斟酒及其他服务工作。

（二）筵宴的主要特征

从总体来说，中国筵宴在形式、内容和功能作用上主要有三大特征，即聚餐式、规格程式化和社交娱乐性。

1. 聚餐式

聚餐式是中国筵宴在形式上的重要特征。筵宴是隆重的餐饮聚会，当然是重在聚而餐。中国传统的筵宴讲究多人围坐在一起、边吃边谈，在高桌大椅尤其是八仙桌、大圆桌出现以后，最普遍、最习惯采用的进餐方式是合餐，因为这种进餐方式对聚餐有很好的促进和强化作用。此外，筵宴的就餐者有主有宾，主人是办宴的东道主，负责对筵宴的安排、调度，而宾客则包括主宾和一般宾客，其中，主宾是筵宴的中心人物，常常处于最显要的位置，筵宴的一切活动大多是围绕他进行的，换句话说，筵宴是围绕主宾进行的一种隆重的聚餐活动，因此它的一个重要特征必然是聚餐式。

2. 规格程式化

规格程式化是中国筵宴在内容上的重要特征，主要指筵宴上的饮食品、服务与礼仪等都有一定的规范与程序。

筵宴的饮食品包括菜肴点心及茶酒饮料等，它们在组合上并不是随心所欲地进行，而是要求品种丰富、营养合理、制作精细、形态多样、味道多变等，常常有一定的格局，同时按照一定原则成龙配套。以四川筵宴为例，清朝末年，受满汉全席的影响，四川筵宴的格局较为复杂；辛亥革命以后，其格局在继承传统的基础上删繁就简，努力接近经济实惠，尤其是蓝光鉴更进行了实质性的革新。其子蓝云鹄在《成都荣乐园》一文中说：蓝光鉴"为了适应当时顾客的需要，决定把传统形式的台面实行大的改革，将全席上的什么瓜子手碟、四冷碟、四热碟、四对镶、中心、席点、糖碗及八大菜通通予以改变，就是入席前废除中点，就座后先上四个碟子（冬天用热碟，夏天用冷碟）作为筵席的开始，随即上八个大菜，最后上一个汤吃饭"。这种格局短小精悍、经济实惠，为顾客节省了开支，深受顾客的喜爱和称赞，一时轰动全行业。后来，四川筵宴在此基础上不断地加以调整和完善，形成了三段式的基本格局，即冷菜与酒水，热菜与小吃、点心，饭菜与水果。筵宴采用三段式的基本格局确实简洁、实惠，却很容易显得单调、乏味，因此人们又对三段式的基本格局作了补充，在冷菜上常常采用不同的形式，或用5~13 个不等的单碟，或用中盘带 6~10 个围碟，或用 5~13 格的攒盒，或用拼盘、对镶碟等；在热菜上也常常有 5~12 道菜肴，即头菜、酥香菜、二汤、行菜、鱼肴、素菜、甜菜、座汤等，如此一来，四川筵宴既简洁又不简单，虽实惠却不乏味，做到了简与丰的和谐统一。

筵宴的各种服务与礼仪包括环境装饰、台面布置、座位安排与迎宾、安坐、祝酒、奏乐、上菜、送客等方面，都有相应的规范和程序。如在台面布置上，餐具和布件的选择与摆放大多讲究一物多用，追求意趣美。其中，筷子是一物多用的典范。最初，它与形似今日羹匙的匕同时使用，以匕食用饭粥和羹汤，以筷子夹食羹汤中的菜肴。后来，匕的名称逐渐消失而统一称"匙"，其用途也逐渐缩小，多用来食羹汤，而筷子的用途则逐渐扩大，几乎能够取食餐桌上所有的菜肴和饭粥、面点，即使在有上百个菜点的满汉全席上，也常常是摆一双筷子来完成进餐的全部任务。而餐巾的摆放、使用则体现出中国人对意趣美的追求，如在迎宾的筵宴上，常把餐巾折叠成迎宾花篮、孔雀开屏的花形，表达欢迎、友好之情；在结婚与祝寿的筵宴上，又把餐巾折叠成鸳鸯、仙鹤等形状，表达美好的祝愿等。此外，在筵宴进行过程中，先上什么菜肴、后上什么菜肴，有比较固定的规范和顺序；什么时候饮酒、什么时候吃饭、什么时候吃水果，也有一定的程序和节奏。

❖ 拓展知识

餐巾在中国古代称作巾，主要是用来遮盖食物的，但不同的场合、不同的人有不同的选择。《周礼·天官》载："幂人：掌共巾幂。祭祀，以疏布巾幂八尊，以画布巾幂六彝。凡王巾皆黼。"唐代贾公彦的疏解释说，周朝时期，周天子在日常筵宴上使用绣有黼的巾，这是因为黼是一种黑白相间如斧行的花纹，有"断割之义"，而周朝以武力得天下、尚武。可以说，餐巾在中国一开始使用就有独特的意蕴。到清代时，餐巾又称作"怀挡"，主要是就餐时使用，它的一角有扣襻，便于套在衣扣上，但是仍然具有独特的表情达意功能，只有皇帝才能使用明黄色绸缎、绣有龙和福寿图案的餐巾。时至今日，餐巾很少绣花，却较多地根据筵宴的主题和目的相应地折叠成生动、有意蕴的形象。

3. 社交娱乐性

社交娱乐性是中国筵宴在功能作用上的重要特征，常常通过筵宴上的语言、行为以及各种娱乐活动表现出来。

筵宴上的语言、行为较多地体现出它的社交性。《礼记》言："酒食所以合欢也。"所谓合欢，是指亲合、欢乐。中国的筵宴从开始到结束，基本上是欢声笑语贯穿其中，人们不仅通过相互交谈而且通过夹菜敬酒等言行，结交朋友、疏通关系、增进了解、表达情意以及获取帮助、解决问题等，具有很强的亲和力与社交性。在筵宴上，主人常常率先殷勤地给宾客夹菜，接着宾主之间、宾客之间都开始夹菜，一派其乐融融的景象，虽然有时一个"好菜"被几双甚至十几双筷子传递，出现卫生问题，但人们却从中得到了情感的交流与满足。敬酒以及劝酒，在中国古今筵宴上似乎比夹菜更不可缺少。主人常常采用各种方式千方百计地给宾客尤其是主宾敬酒、劝酒，宾客则频频回敬、劝让，在觥筹交错之中各种感情得到表现和加深，以至于一些地方、一些人把饮酒的多少与感情的深浅联系在一起，出现了"感情深，一口闷；感情浅，舔一舔"的说法，这虽然不够正确、全面，却也表明敬酒、劝酒是筵宴体现社交性的重要手段。

筵宴上的各种娱乐活动更多地体现了它的娱乐性。其中，历史最悠久的娱乐活动是"以乐侑食"。人们通过观赏音乐和歌舞表演，或自歌自舞、自娱自乐，来营造欢乐的气氛，激发进餐者的情绪，从而增加进餐者的食欲。此外，中国人还在筵宴上加入了其他游戏娱乐活动，如武士的射箭、舞刀、舞剑，文人的曲水流觞、吟诗作赋，大众化的投壶、划拳、猜谜语、讲笑话、行酒令等。林语堂先生在《生活的艺术》中详细叙述了划拳、行酒令的方法和类别，同时指出，"宴集的目的，不是专在吃喝，而是在欢笑作乐"，"因为中国人只有在这个时候，方露出他的天生性格和完备的道德。中国人如若不在饮食之时找些乐趣，则其他尚有什么时候可以找寻乐趣呢？"为此，他甚至认为中国人的食酒方式中，可以赞美的部分就在声音的喧哗；在一家中国菜馆吃饭，就好像是置身于一次足球比赛中，划拳声如同足球比赛时助威呐喊一般，韵节美妙。其实，不只是划拳、行令，筵宴上的任何一种娱乐活动都是为了把快乐推向更高潮。

❖拓展知识

所谓以乐侑食，简单地说，就是通过音乐、歌舞助兴，用来营造气氛，激发进餐者的情绪，从而增加进餐者的食欲。这种筵宴上的娱乐活动早在商周时期就已经出现，一直延续至今。《周礼·天官》记载，"以乐侑食，膳夫授祭，品尝食，王乃食。卒食，以乐彻于造"，即君王在宴会上，用音乐相伴进餐，剩下的菜点还要在乐曲声中撤下。《诗经》的《宾之初筵》更描绘了人们在筵宴上翩翩起舞、热闹而快乐的情形。周代以后，观赏音乐和歌舞表演，或自歌自舞、自娱自乐，成为宴会上一种经久不衰的风俗。唐代是筵宴上"以乐侑食"的鼎盛时期。从太宗开始，宫廷大宴上就推出了《九部乐》，包括汉族传统的乐曲和天竺、高丽、西域的外来歌舞。唐玄宗时，除了著名的《霓裳羽衣曲》，还有拓枝舞、健舞、软舞、字舞、花舞、马舞等，让人目不暇接。皇帝大臣们在宴会上常常情不自禁地离席起舞。在民间宴会上，也处处飞扬着音乐之声。王维的诗歌《送元二使安西》被配上曲子，成为《阳关三叠》，在宴会上尤其是送别的宴会上广为传唱。唐代以后，宴会上的歌舞大多由技艺精湛的专业人员表演，而且以歌曲为主、舞蹈为辅，但是进餐者在情绪大受感染时也会唱和。明朝张岱的《陶庵梦忆》卷七记载了一次气势恢宏的宴会："在席七百余人，能歌者百余人，同声唱《澄湖万顷》，声如潮涌，山为雷动。"百人同唱一首歌，除了自娱自乐，更有一股撼人心魄的力量。如今，这种场景在彝族、藏族、蒙古族等众多少数民族的筵宴上仍然随处可见。可以说，中国人在筵宴上把音乐、歌舞发挥到极致，不仅用心观赏，还积极参与、一展才华，参与性、娱乐性都非常强。

二、筵宴的艺术风格及其实现方法

（一）筵宴的艺术风格

中国人崇尚饮食，更热情好客，若逢喜庆之日，必邀亲友，备办筵席共享欢乐；若有朋自远方来，欢乐之中亦备筵席，共叙情谊。因此，中国筵宴绝非简单的菜点组合，也不是只以吃喝为目的，而是具有祥和、佳美、新颖等艺术风格。

1. 祥和

它主要指气氛热闹、喜庆。从汉魏六朝时期，中国的大部分筵宴就出现于吉日良辰或特别值得纪念的日子，在拥有美味佳肴的同时，以祥和的气氛表达人们各种美好的情感或愿望。如一年之中，几乎每个节日都有筵宴。正月里的迎春宴，喜庆、热烈，表达人们对春天万物复苏的欣喜之情；八月十五的中秋赏月宴，除了能够使人们欣赏自然美景外，更饱含着人们庆祝丰收的喜悦之情和希望亲人团聚的善良心愿；九月初九的重阳宴，因重阳节的九九之数含有长久之意而表达人们企求长寿的愿望；除夕的团圆宴，辞旧迎新，喜庆、热烈的气氛达到顶点，更表达了人们对新年吉祥如意的渴望之情。又如人的一生之中，几乎在每个重要的阶段都要设宴纪念或庆祝。新生命诞生之初有三朝酒、满月酒、周岁宴，充满了祥和的气氛，寄托着亲友对小生命健康成长的希望与祝福；成年后的婚宴着力突出热闹、喜庆和欢乐的气氛，寄托着人们对新人新生活和谐美满、白头偕老的祝愿；中老年时期的寿宴常常将宴饮与拜寿相结合，表达着人们对中老年人健康长寿、尽享天伦之乐的企盼。

2. 佳美

它主要指菜点之美。中国筵宴虽然有档次之分、豪华气派与经济实惠之分，但在菜点设计、制作上都精益求精，因而许多筵宴具有菜点佳美的艺术风格。其中，最具典型意义的是各种全席。

全席主要是指由一种或一类原料为主制作的各种菜点所组成的筵席。四川的全席大多采用常见的普通原料，如猪、牛、鸭和鱼、豆腐等，再加上一物多用、废物利用等，自然显得经济实惠；但用这些原料为主料制作出的全席却十分巧妙，其菜点丰富、味美。如自贡全牛席是以牛为主料制成的筵席。自贡是盐都，早期生产井盐时便用牛作动力拉辘轳车以提取深井中的盐卤。每过一段时间，就有许多超龄服役的牛被淘汰。人们把淘汰下来的老牛宰杀食用，逐渐形成了颇具特色的烹饪技术，不仅创制了川味名菜"水煮牛肉"，还创制了全牛席。至今，自贡人仍保留着传统的全牛席席单。其中，冷菜有灯影牛肉、拌嫩牛肝、陈皮牛肉、红油千层、冻牛糕、五香口条、金钩芹黄、芥末萝粉；热菜有一品牛掌、锅烧牛脯、葱烧牛筋、干烧牛唇、火爆牛肚梁、水煮牛肉、牛馅全鱼、枸杞牛尾汤等；小吃有牛肉小包、牛肉丝饼、牛肉抄手。（备注：全席是指由一种或一类原料为主制作的筵席，全牛席不是每一道菜点都必须有牛的相关部位食用，为避免歧义，仅保留食材有牛的品种）所用原料极其常见、经济实惠，但菜点却绝不单调乏味，而是独具特色。此外，长江中下游尤其是江南，自古以来有"鱼米之乡"的美誉，故常常用特产的河鲜制作全席，如武汉的武昌鱼席、岳阳的巴陵全鱼席、九江的浔阳鱼席，以及江苏南通的刀鱼席等，虽然都以一种或一类原料为主料，但各自的辅料、形状、质地、烹调方法及味道等又有很大差异，给人以变化万千、无比美妙之感。

3. 新颖

它主要指筵宴品种的新颖和组成筵宴的菜点品种的新颖。

筵宴品种的创新在改革开放以后最为突出。这一时期，随着新的筵宴格局和进餐方式一同产生的新的筵宴品种和形式就有小吃席、火锅席、冷餐酒会、鸡尾酒会等；挖掘古代饮食文化遗产精心仿制的筵宴有红楼宴、三国宴、金瓶梅宴、太白宴、东坡宴等；根据各地民风民俗、特产原料创制的筵宴有东海渔家宴、川西风情宴、深圳荔枝宴、姑苏茶肴宴等。此外，许多餐厅还根据自己的特色菜点创制新的筵宴品种，如开封第一楼包子馆创制出新的什锦风味包子宴，西安德发长饺子馆创制出饺子宴，四川耗子洞张鸭子餐厅创制出新的全鸭席等。可以说，筵宴品种层出不穷，并且许多为人们喜爱。

菜点品种的创新也突出表现在改革开放以后，尤其是 20 世纪 90 年代以来，菜品的创新速度越来越快，新菜点如风起云涌，源源不断。许多餐饮企业最初要求厨师每月设计、制作出一个或几个新菜品，后来则要求每周创制出一两个新菜品。数量众多的创新菜为筵宴品种的创新奠定了坚实的基础。因此，若将 20 世纪初、20 世纪 80 年代与 21 世纪初的筵宴相比就会发现，许多筵宴即使名称相同，如名称同为豆腐席、全鸭席、全牛席、鱼翅席、海参席等，但各自的内容即菜点组成已大不一样，发展成了新的筵宴品种。

（二）筵宴艺术风格的实现方法

中国筵宴的艺术风格主要通过筵宴的设计、制作来实现。它的各种实现方法也不是孤立、截然分开的，同样相互联系、相互依存，存在于筵席设计、制作的各个环节之中。为了更好、更清晰地分析和阐述，在此只能根据各种风格的主要实现方法进行区分、阐述。

1. 祥和的实现方法

营造热闹、喜庆等气氛的方法很多，而在筵宴的设计上最主要的方法是以酒和特殊菜点为媒介来营造。

酒能使人兴奋，是最好的合欢之物，有"欢伯"之称。俗语言："一醉解千愁，三杯万事和。"酒虽然不能完全排解万千愁绪，却能使无数的人与事和乐、融洽起来。于是，酒成为追求欢乐、祥和气氛的筵席上不可缺少之物，厨师们在设计筵席时常常以酒为中心安排菜点，形成了"无酒不成席"的传统。在由冷菜、热菜、饭菜、小吃饭点、水果等组成的筵席中，先用冷菜来劝酒，次用热菜来佐酒，再用饭菜来解酒，中间穿插小吃饭点以压酒，最后用水果来醒酒，目的是尽量使宾客最大限度地品尝美酒佳肴，在飘飘欲仙中充分享受欢乐与和谐。正因为筵宴离不开酒，使得民间常把举行筵宴称作"办酒席"，如举办婚庆之席称"办喜酒"，举办祝寿宴称"办寿酒"，为婴孩满月举办筵席则称"办满月酒"；而把参加这些筵宴分别称为"吃喜酒""吃寿酒""吃满月酒"。欢乐、祥和气氛尽在其中。

营造和烘托祥和气氛的另一种主要方法是设计、制作有特殊寓意的菜点。如在团年宴上，菜肴的数量通常为双数，以八个菜象征发财、十个菜寓意十全十美、十二个菜寓意月月红；菜肴的品种少不了鸡、鱼，以象征吉祥如意、年年有余。在婚庆宴上，一些菜肴呈现出各种红色，如酱红、棕红、橘红、胭脂红等，另一些菜肴则常常是色、味、料成双成对并且以鸳鸯命名，如鸳鸯鸡淖、鸳鸯鱼片、鸳鸯豆腐、鸳鸯酥等，热闹、吉庆的气氛"跃然席面"，寄托着人们对新人新生活和谐美满的祝福。此外，在寿宴上通常有寿桃、寿面和松鹤延年等菜点，有时甚至设计、制作"寿比南山、福如东海"等大型拼盘或食品雕刻等。

❖ 特别提示

除了酒和特殊的菜点，选择恰当的筵宴形式也可营造和烘托欢乐、喜庆、热闹的气氛。

以一年四季而言，可以根据不同季节和气候等自然条件，选择不同的宴饮形式。当春暖花开、万物复苏之时，人们常常想走进大自然，欣赏自然之美，感受万物的勃勃生机，这时就可选用游宴或船宴，将饮食与游乐紧密结合在一起，使人们获得物质与精神的双重享受。而在严冬时节，寒风凛冽，草木凋落，这时最好选择室内宴，尤其是室内的火锅宴，让众人围坐在火炉边，在翻滚的汤卤中涮烫自己喜爱的食物，锅中升腾的香气、炉火散发的热气和人们心中的暖意，早已抵消了严冬的寒冷，人们开怀畅饮、倾心交谈，其乐融融。

2. 佳美的实现方法

要实现筵宴菜点的佳美，首先必须选择恰当的筵宴格局，其次必须使菜点的排列与组合合理与多样。其中，筵宴的格局是菜点排列组合的基础，在一个时代或一个时期内变化较小、有一定的模式，通常根据筵宴的形式、类别、主题、目的等选择恰当的模式即可；而菜点排列组合是对筵宴格局的充实、完善，是实现筵宴菜点佳美的关键。在确定了恰当的筵宴格局及其相应的菜点形式与顺序后，就必须根据东道主的需要、宾客和承办者各自的实际情况来合理地组合菜点，使筵宴上的菜点具有制作工艺的丰富性和成品特色的多样性，只有这样，才能真正实现佳美的艺术风格。

（1）菜点排列与组合的合理，主要是指在设计菜点时，必须以东道主的需要和宾客、承办者的实际情况为依据，重点做到因人配菜、因时配菜、因价配菜和因艺配菜等。

因人配菜主要是指根据宾客情况和东道主需要组合配搭菜点。宾客情况包括国籍、民族、宗教信仰、职业、习俗、年龄、营养需求及个人爱好等因素。如以年龄而论，一般情况下，老年人喜食软糯、清淡、滋补的菜肴，竹荪肝膏汤、虫草鸭子等可以作为首选；中青年人喜酥脆、味浓厚的菜肴，锅巴海参、水煮肉片、麻辣兔丁正对胃口；少年儿童喜香甜菜肴，糖醋排骨令其"爱不释口"。另外，东道主常常是为一定目的或需要而设宴的，只要在条件许可的范围内都应该尽力满足其对菜点组合的要求。

因时配菜主要是指按照不同季节组合菜点，基本含义有二：一是季节不同，筵宴菜点的总体口味应有所不同，如夏季气候炎热，人们易烦躁、食欲低，应较多地选用海鲜或蔬菜等味道清淡的菜点，少用油腻食品；冬季气候寒冷，人们心情平和、食欲旺盛，则可配味道浓厚的菜点，可配砂锅菜、滋补菜或火锅等。二是季节不同，菜点的原料选择也有所不同。通常应选择正当时令的优质鲜嫩原料，避免出现无货或质量差等问题。

因价配菜是指根据筵宴价格来组合配搭菜点。各种筵宴通常是根据价格来确定等级与规格，并且分为高、中、低三个档次，而筵宴的价格又直接受原料成本、工艺难度等因素的制约，原料越珍贵奇特，价格越高，而且制作加工越精细，则筵宴的价格以及档次就越高，相反则筵宴的价格以及档次就越低。可以说，不同档次、不同价格的筵宴必然导致菜点的品种、质量、数量的截然不同，因此，在设计筵宴时，必须进行原料与工艺等方面的成本核算，并根据筵宴的价格来组合菜点的品种、质量、数量等，力求质价相称、公平合理。

因艺配菜主要是指根据承办者的烹饪技艺水平来组合配搭菜点。承办者所拥有的技术力量和设备、所擅长的菜点及制作方法，直接影响到筵宴的成败。因此，一方面，承办者不能为了追求轰动效应而好高骛远，仅凭个人主观愿望而不考虑自身烹饪技艺水平，否则将会因达不到质量要求而影响筵宴的整体效果，甚至砸了招牌。另一方面，承办者应极力发挥优势，结合地区、餐馆自身的技术特长组合菜点，突出独特的风格或民族、地方特色，使宾主品尝到与众不同的菜点，达到耳目一新、心满意足的效果。

（2）菜点排列与组合的多样，主要是指在设计、组合菜点时除了要遵循上述原则和依据外，还必须注重菜点制作工艺的丰富和成品特色的多样。

菜点制作工艺的丰富，主要包括用料、刀工、烹饪方法、装盘等方面的丰富。俗话说，事不过三。一桌筵席常有十几道或几十道菜，若用料单一，即使原料都十分名贵、烹饪技艺异常精湛，人们在经历了惊奇赞叹后也会逐渐感到单调、呆板，索然无味。袁枚指出："古语云：美食不如美器。斯语是也……惟是宜碗者碗，宜盘者盘，宜大者大，宜小者小，参差其间，方觉生色。若板板于十碗八盘之说，便嫌笨俗。"（《随园食单》）因此，筵席菜点的组合必须追求各个工艺环节的多种变化，以达到整个工艺的丰富。具体而言，用料上讲究鸡、鸭、鱼、肉、蔬、果等的配合；刀工上讲究切、片、砍、剁、刳等的使用；烹饪方法上应该有炒、烩、蒸、炸、烤等的区别；装盘应注重有盘、碗、碟、盅、钵等的参差。

菜点成品特色的多样，包括菜点的色、味、形、质、养等方面的多样组合。原料本身拥有自然天成的颜色、味道、形状、质地与营养价值，但经过烹饪工艺加工处理后会发生一些变化，形成成品特色。设计单一菜点时不必过分拘泥成品特色，而设计一桌筵席菜点时就必须根据各个菜点的成品特色合理组配，使整个筵席菜点丰富多样。具体而言，在颜色上要有赤、橙、黄、绿、青、蓝、紫的变换；味道上有咸、甜、酸、麻、辣、苦、鲜、香的穿插；形状上有丝、丁、片、条、块、节、整的配合；质地上有酥、脆、软、嫩、绵、糯、韧的交替；营养上则需蛋白质、脂肪、碳水化合物、无机盐、纤维素和水的平衡。与此同时，菜点的组合不能杂乱无章、烦琐堆砌，而应按照美的原则协调配合、互相穿插，使整桌筵席色泽和谐、香飘四方、滋味美妙、形态美观、质地多变、营养丰富，从而形成高低起伏、多姿多彩的变化态势，让人心旷神怡，充分领略到筵宴之美。

3. 新颖的实现方法

中国筵宴艺术风格的品种新颖，主要包括筵宴品种之新以及组成筵宴的菜点品种之新。其中，菜点品种的创新是筵宴品种创新的重要基础，两者的实现方法各不相同。

（1）筵宴品种的创新。要实现筵宴品种的创新，不仅要在筵宴格局与菜点组合、排列方式上进行创新，而且要在单个菜点的设计、制作上进行创新。

在筵宴格局以及菜点组合、排列方式的创新上，改革开放以后取得了显著成果。一方面，人们继续使用三段式的筵席格局，以菜肴为主、点心小吃为辅，采取先上冷菜、次上热菜、中间穿插点心小吃、最后上饭菜和水果的菜点组合、排列方式；另一方面，人们打破常规，不用三段式，或将主次颠倒，创造出新的筵宴格局以及菜点组合、排列方式。如风行一时的火锅宴，是以小型火锅为主，配以少量菜肴和小吃、点心，基本不使用三段式的格局。火锅中的主料有排骨、仔鸡、仔鸭、鲜鱼、虾蟹、肥肠、毛肚、黄喉等，有的须预先煮熟后上桌，有的则以鲜活品上桌；配料有各种时鲜蔬菜、菌类、豆腐、粉丝等，味型有麻辣、鲜香等。与火锅同上的配菜和小吃、点心数量不一，常常视具体情况灵活搭配。此外，"小吃席"是以各种小吃为主、少量菜肴为辅；冷餐酒会则以冷菜为主、热菜为辅，并且将冷菜、热菜与小吃、点心、水果等同时摆在桌上，供人们自行选用。这些新的筵宴格局以及菜点组合、排列方式成为新的筵宴品种的重要组成部分，也是筵宴品种进一步创新的重要方法。

然而，菜点是构成筵宴的基础，在筵宴品种的创新中，筵宴格局以及菜点组合、排列方式的创新常常是有限的，但菜点的创新相对来说是无限的，况且在筵席格局和菜肴组合、排列方式创新的同时，如不对菜肴品种进行创新，翻来覆去都是老面孔，也会渐渐失去顾客。因此，菜点的创新是筵宴品种创新的重要基础，也是其重要和常见的方法之一，新颖、不同的菜点品种将会产生不同的筵席。据侯汉初先生《川菜筵席大全》载，在雅安地区的全鱼席中，冷菜有金鱼戏水、茄汁鱼柳、陈皮鱼丁、五香熏鱼、软炸凤菇、珊瑚雪莲、家常岷笋，热菜有孔雀开屏、空心鱼丸、砂锅鱼头、姜醋雅鱼、干煸高笋、金毛雅鱼、鱼茸珍珠、菠萝羹、芙蓉鱼片等；在重庆的传统全鱼席中，冷菜有五香熏鱼、葱烧鲫鱼、麻辣鳝鱼、椒盐炸带鱼、茄汁鱼卷、鱼松，热菜有原汤鲍鱼、叉烧大鱼、清蒸江团、干烧岩鲤、糖醋脆皮鱼、大蒜烧鲇鱼、三色鱼丸汤等。它们虽同为全鱼席，但由于所组成的菜肴各有创新、大不相同，形成两个创新的筵席品种。

（2）菜点品种的创新。关于菜点创新，人们摸索出了很多方法，这里仅介绍熊四智先生归纳、总结的菜点创新十二法，即挖掘法、仿制法、借鉴法、采集法、翻新法、立异法、移植法、变料法、变味法、摹状法、寓意法、偶然法等。

所谓挖掘法，主要是指从古代文化典籍中寻找已失传的菜肴进行深入研究，并重新烹制出来的方法。如五色豆腐，在当今菜肴中已没有踪迹，但明代方以智的《物理小识》中仍有其用料、制法的记载，可以以此为依据进行研究，参考其他资料和技术重新制作出菜肴，让人们品尝。所谓仿制法，是指模仿一定的菜肴式样或烹调法制作菜肴的方法，常常以挖掘为前提。如东坡菜，就是根据苏轼诗文对菜肴式样、烹饪方法的描写、记述来模仿制成的。借鉴法，是指取他人烹饪之长以补己之短或吸取他人经验制作菜肴的方法。如江南名菜叫化鸡是用泥裹后烤制而成，别具风味，四川便借鉴此烹制法，制作出叫花鱼，深受喜爱。采集法，主要是指收集民间菜肴品种或烹调法进行加工、改造制作出新的菜肴的方法。餐馆中的大多数乡土菜皆是收集民间烹饪佳品改进而成的。如"满山红翠"一菜来自民间的凉拌侧耳根。翻新法，是指对旧有的菜肴进行改造、变化制作出新菜肴的方法。如四川传统名菜竹荪鸽蛋，质朴、味美，厨师将其造型加以改变，制作出的"推纱望月"达到了味道鲜美、造型优美的新境界。立异法，是指用新奇的、不同于一般菜肴式样或烹调法制作菜肴的方法。如饺子，一般用面粉为皮制成，但鱼皮饺子、豆腐饺子则分别用鱼皮、豆腐为皮制成，与众不同。又如在造型上，可以放弃通常形态，以大或小出奇。移植法，是指移入其他地区或国家的菜肴式样或烹调法制成新菜肴的方法。如铁板烧菜，曾经是日本最有名、最擅长的烹调法，如今已被中国厨师移植过来，制作出了铁板鳝鱼、铁板海鲜串等新菜肴。变料法和变味法，是通过改变原料和味道创制菜肴的两种方法。如鱼香肉丝已家喻户晓，改变原料而制成的鱼香茄子也成为新的名菜。烧白以咸鲜、香美取胜，而水煮烧白更增麻辣之味，别具一格。摹状法，是指描摹自然万物的形状制作菜肴的方法。如传统名菜熊猫戏竹，就是模仿大熊猫在竹林中生活、嬉戏的场面创制而成的。寓意法，是指通过形象寄托思想、情趣来制作菜肴的方法。用此方法创制的菜肴常常具备盘中有画、画中有诗、诗中有意的特点。如拼盘"春江水暖"，盘中是一幅鸭子在绿柳飘拂的江面游水的图画，缘于诗句"春江水暖鸭先知"，表现的是浓浓春意。偶然法，是指在不经意间创制菜肴的方法。如凤尾酥，相传就是由一个在炉灶边打杂的妇女因好动而制成的，后经厨师改进成为名品。

可以说，正是由于厨师们自觉与不自觉地运用上述方法创新菜肴，才使中国筵宴处于常新之中，也才使其具有了"新颖"的艺术风格。

❖特别提示

筵宴，是筵席与宴会的合称。中国筵宴不仅历史悠久、品种丰富，而且有很高的艺术性，是中国饮食文化与烹饪艺术的集中表现。它起源于原始聚餐和祭祀等活动，经历了新石器时代的孕育萌芽时期、夏商周的初步形成时期、秦汉到唐宋的蓬勃发展时期，在明清成熟、持续兴盛，然后进入近现代繁荣创新时期。在漫长的历史发展中出现了许多著名的品种，最具代表性的有全羊席、满汉全席、千叟宴等。中国筵宴艺术是烹饪艺术乃至整个人类艺术的重要组成部分，具有祥和、佳美、新颖的风格，这种艺术风格主要是通过筵宴的设计、制作来实现的，其方法存在于筵宴设计、制作的各个环节。

❖案例分享

经典、佳美的传统鱼翅席

设计、策划一桌佳美的筵宴，首先必须选择恰当的筵宴格局，其次必须使菜点的组合合理多样。其中，筵宴的格局是菜点排列组合的基础，而菜点排列组合是对筵宴格局的充实、完善，是实现筵宴菜点佳美的关键。这里的鱼翅席是因热菜中的头菜以鱼翅为主料而得名的高级筵席，选择了传统的筵宴格局，在此基础上通过菜点的合理与巧妙的排列组合，使整桌菜点不仅在用料、刀工、烹饪方法、装盘等制作工艺方面显得十分丰富，而且在成品的色、味、形、质、养等方面显得非常多样，从而使筵宴呈现出佳美的风格。下面仅列出该鱼翅席的相关内容，以期形象地说明中国筵宴的佳美及其实现方法。需要指出的有两点：第一，以下仅仅对每个菜品的主料、烹饪法、色泽、味道、形状、质地等方面进行大体的统计分析，没有、也不可能对其中菜品进行极为详尽、全面而准确的分析判断；第二，鱼翅是名贵珍稀食材，如今根据国家相关规定，已不得在公务接待中提供鱼翅等保护动物制作的菜肴。

鱼翅席

类别	菜名	主料	烹饪法	色泽	味道	形状	质地
冷菜	孔雀开屏	鸡、火腿等	雕刻	多样	咸鲜	象形	多样
	灯影牛肉	牛肉	腌烘蒸等	红亮	麻辣	方片	酥软化渣
	红油鸡片	鸡肉	煮、拌	白中透红	微辣	长片	细嫩
	葱油鱼条	鱼肉	炸、㸆	棕红	鲜香	条	细嫩
	椒麻肚丝	猪肚	煮、拌	白中有青	麻香	丝	软嫩
	糖醋菜卷	莲白	腌、拌	白中泛绿	甜酸	卷	鲜嫩
	鱼香凤尾	笋尖	焯、拌	绿	咸甜酸辣香	条	脆嫩
热菜	红烧鱼翅	鱼翅	红烧	琥珀	醇鲜	自然形	软糯
	叉烧酥方	猪肉	烧烤	金黄	浓香	方形	酥软
	推纱望月	竹荪、鸽蛋	汆	黄白相间	清鲜	象形	柔软
	干烧岩鲤	岩鲤	干烧	红亮	醇鲜	整形	细嫩
	鲜熘鸡丝	鸡肉	熘	玉白	清鲜	丝	鲜嫩
	奶汤菜头	青菜头	烩	白绿相衬	清鲜	条	鲜嫩
	冰汁银耳	银耳	蒸	玉白	纯甜	花朵形	脆爽
饭菜	素炒豆尖	豌豆尖	炒	碧绿	清香	自然形	鲜嫩
	鱼香紫菜	油菜头	炒	紫红	咸甜酸辣香	条	鲜嫩
	跳水豆芽	绿豆芽	泡	玉白	咸鲜	针形	脆嫩
	胭脂萝卜	红皮萝卜	泡	红白相间	咸鲜	块	脆嫩

设计、策划筵宴时需注意的问题

筵宴所展示的烹饪技术与某一种或某一类菜点所表现的烹饪技术有明显区别。菜点表现的烹饪技术是个别的、单独的，而筵宴展示的应是整体的、全面的，是一个时代、地区、餐馆或家庭整体的技术水平，所以在设计、策划筵宴时，一方面必须注意选择恰当的筵宴格局，并且必须根据东道主的需要、宾客和承办者各自的实际情况来合理地组合菜点，重点做到因人配菜、因时配菜、因价配菜和因艺配菜，另一方面还必须注重菜点制作工艺的丰富和成品特色的多样。只有这样，设计、策划的筵宴才能既很好地满足消费者的需要，又全面地展示一个时代、地区、餐馆或家庭整体的烹饪技术水平，从而体现出中国筵宴的艺术风格。

思考与练习

一、思考题

1. 什么是筵席？什么是宴会？二者有何关系？

2. 简述中国筵宴的起源和发展。

3. 中国筵席主要有哪些种类和著名品种？

4. 中国宴会主要有哪些种类和著名品种？

5. 中国筵宴有哪些相关环节？它的重要特征是什么？

6. 中国筵宴有何艺术风格？常通过哪些方法去实现？

二、实训题

学生以个人或小组为单位，运用中国筵宴艺术风格的实现方法，围绕一个主题设计、策划出相应的一桌筵宴菜单。

第六章　中国茶文化

引　言

　　茶与大多数中国人日日相伴，不能割舍。茶到底起源于什么时候、经历了哪些发展阶段、中国有哪些名茶等问题都将在本章中得到解决。千百年的饮茶历史，形成了中国人的一些特殊而有趣的饮茶方法，甚至上升到了艺术的层次；对茶具的讲究，又使得各种类别和质地的茶具成为好茶者欣赏的艺术品；而风格各异的茶馆，则成为体现中国文化的独特风景。

❖学习目标

1. 了解中国茶的历史发展和名茶品种。
2. 了解中国茶的饮用方法和独具特色的茶文化。

第一节　中国茶的历史与名品

　　茶与咖啡、可可被誉为世界三大饮料。世界上有 50 余个国家种植茶叶，饮茶嗜好遍及全球。寻根溯源，世界各国最初所饮的茶叶、引种的茶树，以及饮茶方法、栽培技术、加工工艺、茶事礼俗等，都是直接或间接地来自中国。中国是茶的发祥地，是世界上最早发现茶树和利用茶树的国家，被誉为"茶的祖国"。大量文字记载表明，中国大约在 3000 多年前就已经开始栽培和利用茶树。然而，同任何物种的起源一样，茶的起源和存在，必然是在人类发现、利用茶树之前的很长一段时间。人类的用茶经验，也是经过代代相传、逐渐扩大，才见诸文字记载的。

一、茶的起源

　　据植物学家考证，茶树的起源至今已有 6000 万年至 7000 万年历史。茶树的原产地在中国，也被世界所公认。中国发现的野生大茶树时间之早、树体之大、数量之多、分布之广、性状之异，堪称世界之最。早在公元 200 年左右，《尔雅》中就提到野生大茶树。如今，全国有 10 个省区共发现 198 处野生大茶树。其中，云南有一株茶树的树龄已达 1700 年左右，云南省境内树干直径在一米以上的茶树就有 10 多株，一些地区的野生茶树群落甚至大到数千公顷。虽然印度也曾发现野生茶树，但经考证，它们与从中国引入印度的茶树同属中国茶树之变种。只有中国才是茶树的原产地。

❖拓展知识

近年来，学术界从树种及地质变迁、气候变化等不同角度，对茶树原产地作了更加细致深入的分析和论证，进一步证明中国西南地区是茶树原产地。主要论据有三个方面：

第一，从茶树的自然分布来看，目前所发现的山茶科植物共有 23 属 380 余种，而我国就有 15 属 260 余种，且大部分分布在云南、贵州和四川一带。已发现的山茶属有 100 多种，云贵高原就有 60 多种，其中茶树种占最重要的地位。而植物学的理论认为，许多属的起源中心在某一个地区集中，即表明该地区是这一植物区系的发源中心。山茶科、山茶属植物在中国西南地区的高度集中，说明这一地区就是山茶属植物的发源中心，当属茶的发源地。

第二，从地质变迁来看，西南地区群山起伏，河谷纵横交错，地形变化多端，形成了许多小地貌区和小气候区，在低纬度和海拔高低悬殊的情况下，气候差异大，使原来生长在这里的茶树，慢慢分布在热带、亚热带和温带等不同的气候中，从而导致茶树种内变异，发展成了热带型和亚热带型的大叶种和中叶种茶树，以及温带的中叶种及小叶种茶树。植物学家认为，某种物种变异最多的地方就是该物种起源的中心地。中国西南三省，是茶树变异最多、资源最丰富的地方，当是茶树起源的中心地。

第三，从茶树的进化类型来看，茶树在其系统发育的历史长河中，总是趋于不断进化之中。因此，凡是原始型茶树比较集中的地区，当属茶树的原产地。中国西南三省及其毗邻地区的野生大茶树，具有原始茶树的形态特征和生化特性，也证明西南地区是茶树原产地的中心地带。

二、茶的发展

在漫漫的历史长河中，中国茶的发展经历了以下重要的历史时期。

（一）上古至汉魏南北朝时期

茶的利用始于药用。成书于西汉年间的《神农本草经》载："神农尝百草，日遇七十二毒，得茶而解之。"茶指的就是茶。这段文字的大意是说，远在上古时代，传说中的神农氏亲口尝百草，以便发现有利于人类生存的植物，竟然在一天之内多次中毒，却都因为服用了茶叶而得救。这个传说虽带有明显的夸张成分，却可以从中得知，人类对茶叶的利用可能是从药用开始的，时间大约是公元前两千年。将茶叶作为饮料使用，应该是在春秋战国时期的巴蜀地区。清朝学者顾炎武在《日知录》中考证后指出："自秦人取蜀而后，始有茗饮之事。"这个观点至今仍然为绝大多数学者所认同，因此人们常说"巴蜀是中国茶业或茶叶文化的摇篮"。

到秦汉以后，茶叶在巴蜀颇为兴盛，并且逐渐向东扩展，走向全国。西汉时期，王褒在《僮约》中写有"烹茶尽具"和"武阳买茶"等字句，说明当时的蜀中饮茶已成风尚，而且出现了茶叶市场。不仅如此，茶的饮用和生产也在这一时期由巴蜀传到了湘、鄂、赣等毗邻地区。如湖南茶陵的命名，就很能说明问题。茶陵是在西汉时设置的县，唐以前写作"荼陵"。《路史》引《衡州图经》载："茶陵者，所谓山谷生茶茗也。"即是以其地出茶而名县的。魏晋南北朝时期，荆楚和江南的茶叶生产有了较大发展。《广雅》言："荆巴间采茶作饼。"这里将"荆、巴"并提，表明三国时，荆楚一带的茶叶生产制作技术已基本与巴蜀相当。《桐君录》言："西阳、武昌、晋陵皆出好茗。"晋陵是今常州的古名，其茶出宜兴，表明东晋和南朝时，长江下游宜兴一带的茶叶也开始著名起来。

（二）唐宋时期

唐朝时期，中国茶业有了迅猛的发展，主要表现在三个方面：一是茶叶产地遍布全国。陆羽在《茶经》中就列举了许多产茶的州县，所谓"八道四十三州"，划分了我国八大茶叶产区。从地域分布看，产茶区覆盖了今四川、陕西、湖北、云南、广西、贵州、湖南、广东、福建、江西、浙江、江苏、安徽、河南等14个省区；而其北边一直伸展到了河南道的海州（今江苏连云港），也就是说，唐代的茶叶产地达到了与中国近代茶区几乎相当的局面。二是茶叶生产和贸易蓬勃发展。《膳夫经手录》载："今关西、山东，间阎村落皆吃之，累日不食犹得，不得一日无茶。"中原和西北少数民族地区都已嗜茶成俗，于是南方茶的生产和全国茶叶贸易便随之蓬勃发展起来。仅以当时的浮梁为例，《元和郡县图志》上说："浮梁每岁出茶七百万驮，税十五万贯。"而中国一些少数民族习惯饮茶后，先通过使者，后来直接通过商人，开创了中国历史上长期存在的以茶易马的茶马交易。三是茶政、茶学和茶文化逐渐产生与发展。唐朝中期以后，由于茶叶生产、贸易发展成为大宗生产和大宗贸易，加上安史之乱以后国库拮据，征收茶叶赋税逐渐成为一种定制。同时，茶学和茶文化逐渐产生，出现了一大批有关茶的专著，如陆羽的《茶经》、皎然的《茶诀》、温庭筠的《采茶录》等；许多人开始享用茶叶，茶宴、茶集和茶会从一般的待客礼仪，演化为以茶会集同人朋友、迎来送往、商讨议事等有目的、有主题的处事联谊活动。

到宋朝，中国的茶业出现了较大的变革与发展，主要集中在两个方面：第一，随着气候的由暖变寒，中国茶区北限南移，南国茶业获得了明显发展。宋朝的常年气温一度较唐代暖期要低2℃~3℃，北部特别是临界地区茶园的茶树大批冻死或推迟萌芽、结果，直接导致了宋朝贡焙南移建瓯。而贡焙承担着专门生产御茶的任务，无论是选用的原料还是制作工艺都要求最好和最讲究。因此，有力地推动和促进了闽南以至中国整个南方茶叶生产的发展，《太平寰宇记》所记述的南方茶叶产地就比《茶经》多出许多。第二，为适应大众饮茶的需要，茶叶生产开始由团饼向散茶逐渐转变。这一时期，大众加入到饮茶者的行列，且需要价格低廉、煮饮方便的茶叶，于是，在过去团、饼工艺的基础上，蒸而不碎，碎而不拍，蒸青和蒸青末茶便逐步发展起来，从传统的生产团饼为主改变为生产散茶为主。当然，这种转变，主要还在汉族地区，西北少数民族地区仍然保留了生产、消费团饼的习惯。此外，由于各地饮茶习俗的普及，城镇茶馆林立，茶馆文化得到了较大的发展。

（三）明清时期

在这一时期，中国茶叶全面发展，首先，表现在各地名茶品种的繁多上。黄一正在《事物绀珠》（1591 年）中辑录的"今茶名"就有（雅州）雷鸣茶、仙人掌茶、虎丘茶、天池茶、罗岕茶、阳羡茶、六安茶、日铸茶、含膏茶（邕湖）等 97 种之多。其次，还表现在制茶技术的革新上。在制茶上，普遍改蒸青为炒青，这为芽茶和叶茶的普遍推广提供了一个极为有利的条件，同时，也使炒青等一类制茶工艺达到了炉火纯青的程度。最后，表现在促进和推动各种茶类的发展上。除绿茶外，明清两朝在黑茶、花茶、青茶和红茶等方面也有了很大发展。如黑茶，据文献记载，四川在洪武初年便有生产，后来随茶马交易的不断扩大，至万历年间，湖南许多地区也开始改产黑茶，至清朝后期，黑茶更形成、发展为湖南安化的一种特产。清代以后，随茶叶外贸发展的需要，红茶由福建很快传到江西、浙江、安徽、湖南、湖北、云南和四川等省，在福建还形成工夫、小种、白毫、紫毫、选芽、漳芽、兰香和清香等许多名品。

❖特别提示

这一时期，中国茶叶已经走出国门，尤其是大量传到西方国家。1559 年，威尼斯作家拉马席所著的《中国茶》和《航海旅行记》中都有关于中国茶叶传播的记载。后来，到过中国和日本的传教士和旅行家不断地把中国这种"药草汁液"的饮俗、效用著之于书报杂志，使西方世界对茶产生了钦美之感。经过近半个世纪的宣传，当 1610 年荷兰东印度公司的船队首先把少量茶叶运回欧洲后，饮茶便很快在欧洲乃至世界范围内风靡开来，茶叶最终成为中国与西方贸易的主要产品。

（四）近现代时期

20 世纪初，中国处于半殖民地、半封建的社会，政府的腐败无能导致中国茶叶科学技术和经验得不到总结、发扬和利用，茶叶生产在帝国主义排挤和操纵下日趋衰败。直到新中国成立后，中国茶叶生产进入了恢复和繁荣时期。从 1950 年至 1970 年，茶园面积平均年增加 7.3%，茶叶产量平均年增加 5.9%，还因地制宜、综合治理了大批低产茶园，实行科学种茶，培训茶叶科技人员，推动了茶叶生产的发展。

改革开放以后至今，中国茶不仅在生产上得到迅猛发展，茶文化也不断繁荣发展。程启坤《中国茶文化发展 40 年》一文归纳总结出改革开放 40 年来茶文化在 12 个方面的发展：①各种形式的茶文化活动广泛开展。如 1982 年，杭州成立了第一个以弘扬茶文化为宗旨的社会团体——"茶人之家"，经常举办茶会。1994 年以来，上海每年举办一届国际茶文化节，此后，全国各地都纷纷举办各种形式的茶文化活动。②茶文化的研讨与交流顺利开展。自 1983 年浙江"茶叶与健康、文化学术研讨会"以后，全国各地举办了各种类型的茶文化研讨会。③茶文化著作等出版物不断涌现。自 20 世纪 80 年代末开始，编撰出版的茶文著作有《中国茶经》《中国茶文化经典》《中国名茶志》《中国茶文化大辞典》《中国古代茶书集成》等，数量前所未有。④茶文化社团纷纷建立。从1985 年开始，先后在杭州、厦门、福州、上海、成都、济南等地纷纷建立了"茶人之家"之类的茶文化团体。1991 年杭州"中国茶叶博物馆"正式开馆，这在当时是中国唯一的茶叶专题博物馆。此后，全国大小茶叶博物馆已有几十个。1993 年杭州成立"中国国际茶文化研究会"，随后全国各地也纷纷建立了茶文化社团。⑤茶馆业蓬勃兴起。随着经济的发展、时代的进步，文化休闲气息浓郁的现代茶馆约有十余万家，已成为现代城市一道亮丽的风景线和茶文化的重要窗口。⑥茶文化历史文物、古迹不断被发现与保护。近几十年来，许多地方调查发现、挖掘出土的有关茶的文物、古迹。如云南的古茶树、茶马古道，贵州的茶籽化石，陕西法门寺的唐代宫廷御用金银茶具、汉景帝墓随葬品中的茶叶。⑦历史名茶基本恢复，非物质文化遗产得到保护。西湖龙井、黄山毛峰、太平猴魁、六安瓜片、祁门红茶、安溪铁观音、大红袍、福鼎白茶、普洱贡茶、大益普洱茶、茯砖茶、南路边茶等制作工艺已列入国家级非物质文化遗产项目名录。还有很多名茶制作技艺进入省级、市级等非遗保护名录。⑧艺术茶得到了创新与发展，茶文化艺术品不断涌现。紫砂茶具、瓷器茶具的造型和艺术装饰不断创新，随着各种茶的茶艺、茶道的发展需求，多种成套茶具也创造出来。⑨茶文化人才培养得到重视。全国已有十多所高等院校设立了茶文化专业，各地纷纷开办茶艺师培训班。⑩茶旅游事业开始兴起。中国不少旅游胜地也是名茶产地，有些历史名茶产地就有着茶文化的历史遗存。如浙江长兴顾渚山的唐代贡茶院遗址、四川蒙山的汉代仙茶园等已开展与茶相结合的旅游活动，受到游客的普遍欢迎。⑪茶文化促进了茶产业的发展。如福建省安溪县曾是贫困县，通过广泛开展茶文化活动，使该县特产乌龙茶"铁观音"身价大大提高，茶叶市场越来越繁荣，安溪县也成了福建省的经济强县。⑫现代茶文化促进了社会的和谐进步。如在国际交往中，以茶为礼、以茶为媒，造就和谐气氛，使茶成为国际交往的桥梁和纽带。

2021 年是中国"十四五规划"开局之年，也是经历新冠疫情我国经济重回发展正轨的关键之年。中国茶叶流通协会发布了《中国茶产业"十四五"发展规划建议》，提出了"十四五"时期中国茶产业经济发展指导思想、基本原则与发展目标以及茶业经济发展的重点任务，并且围绕夯实基础、提质增效、促进消费、品牌打造、企业建设、规范引领、科技创新、产业协同、文化发展、国际拓展等十个重点领域提出工作建议。

三、茶的种类与名品

（一）茶的种类

在中国历史上，唐朝以前的茶叶主要有散茶和团饼茶两类。人们或者将新鲜的散茶煮成羹后饮用，或者将茶叶晒干后捣碎制成饼茶、蒸后捣碎制成团茶。唐朝之初，蒸青团茶已成为主要茶类，也有晒干的叶茶（类似现代的白茶）。唐朝陆羽所著《茶经·六之饮》中称："饮有觕（粗）茶、散茶、末茶、饼茶者。"说明当时已出现四种茶叶，但按现代的制茶科学来看，这四种茶均属蒸青绿茶。宋朝开始，除保留传统的蒸青团茶以外，已有相当数量的蒸青散茶。《宋史·食货志》称："茶有两类，曰片茶，曰散茶。"片茶即团饼茶，是将茶叶蒸后捣碎压成饼片状，烘干后以片计数；散茶是蒸青后直接烘干，呈松散状。元朝时，团茶逐渐被淘汰，散茶得到较快发展。当时制造的散茶，因新鲜茶叶的老嫩程度不同分为两类，即芽茶和叶茶。芽茶为幼嫩芽叶制成，如当时的探春、先春、次春、紫笋、拣芽等均属芽茶；叶茶为较大的芽叶制成，如名叫雨前的茶即是。到了明朝，除蒸青散茶以外，出现了炒青绿茶以及红茶、黄茶、黑茶，直接晒干或烘干的白茶也存在。因此，可以说，明朝时期，绿茶、黄茶、黑茶、白茶、红茶五大茶类均已出现。到了清朝，除五大茶类外，又出现了乌龙茶。至此，茶叶有了六个大茶类。

到如今，中国茶叶品种繁多，其分类方法也多种多样，概括起来主要有三种分类：一是根据制造方法的不同和品质上的差异，将茶叶分为绿茶、红茶、乌龙茶（即青茶）、白茶、黄茶和黑茶六大类。二是根据茶叶出口需要，将茶叶分为绿茶、红茶、乌龙茶、白茶、花茶、紧压茶和速溶茶七大类。三是根据中国茶叶加工分为初、精制两个阶段的实际情况，将茶叶分为毛茶和成品茶两大部分，毛茶又分绿茶、红茶、乌龙茶、白茶和黑茶五大类，将黄茶归入绿茶一类；成品茶包括精制加工的绿茶、红茶、乌龙茶、白茶和再加工而成的花茶、紧压茶、速溶茶共七大类。

❖拓展知识

茶叶的品质好坏，一般可以通过色、香、味、形四个方面来评价，通常采用看、闻、摸、品等方法来进行鉴别。一是看色泽和外形。从色泽上看，绿茶以翠绿、油绿为优，枯黄者次；红茶以乌润为优，暗红者次；花茶以纯绿无光者为优，灰绿光亮者次；

乌龙茶则以色泽青褐光润为好。从外形上看，绿茶以眉叶紧秀为好，珠茶以颗粒圆结为好，龙井等扁茶以形状光滑平削匀净为好。总的说，不论哪种茶，条索紧结、重实、圆浑、粗细长短均匀者为好，松泡、轻飘、短碎者为次。二是闻香气。各类茶叶本身都有香味，有香味者，是好茶，无香味或者有异味的，就不是好茶。一般来说，绿茶以清香味为好，青涩为次；红茶以浓香纯正甜香为好，酸馊为次；乌龙茶以馥郁幽香为好；花茶既要有绿茶之清香，又要有鲜花之芬芳。除闻茶叶的香气外，还可闻茶汤。好的茶叶沏成茶，会释放出各种香气，如兰花香、板栗香、玫瑰香、清香、浓香、鲜香，等等。三是品茶味。通过味觉鉴别茶叶的滋味。茶叶冲泡成茶后，不同的茶叶水会有不同的味道，如苦、涩、酸、淡、鲜、浓、甘、醇等滋味，通过这些滋味可以区别出茶叶质量的高低。一般地说，绿茶以鲜爽醇永为好，红茶以甘醇浓厚为好，乌龙茶以甘洌为优，花茶以鲜美可口为上。不论哪种茶，凡平淡无味者或有粗涩怪味、异味者均为劣品。

（二）中国名茶

中国茶叶历史悠久，名茶众多。尽管现在人们对名茶的确认标准尚不统一，但大多认为必须具备以下三个基本特点：其一，必须具有独特的风格。名茶之所以有名，关键在于有独特的风格，这主要表现在茶叶的色、香、味、形四个方面。杭州的西湖龙井茶向来以"色绿、香郁、味醇、形美"四绝著称于世。也有一些名茶往往以其一两个特色而闻名，如岳阳的君山银针，芽头肥实，茸毫披露，色泽鲜亮，冲泡时芽尖直挺竖立，雀舌含珠，数起数落，堪为奇观。其二，必须具有商品的属性。名茶作为一种商品，要有一定产量和良好的质量，并且在流通领域享有很高的声誉。其三，必须被社会承认。名茶不是由哪个人封的，而是通过人们多年的品评得到社会承认的。即使现代恢复生产的历史名茶或现代创制的名茶，也应当得到社会的承认或国家的认定，才称得上真正的名茶。由于我国名茶种类繁多，在此不能逐一介绍，仅对不同种类且有代表性的少量名茶作一概述。

1. 绿茶类名品

西湖龙井，是中国著名绿茶，产于浙江省杭州市郊西湖乡龙井村一带。龙井产茶，在唐朝就有记载，宋朝已经闻名。苏东坡品茗诗中"白云山下雨旗新"形容的就是这种茶形如彩旗的特点。到了清朝，龙井茶为乾隆皇帝所称赞，有"黄金芽""无双品"的美誉。龙井茶因出产于狮峰、龙井、五云山和虎跑山四个不同地方而有"狮、龙、云、虎"的品种区别，而以狮峰、龙井的品质最佳。龙井茶色翠、香郁、味醇、形美，被称为"四绝"。其叶扁，形如雀舌，光滑、色翠、整齐。特别是清明前采摘的"明前茶"、谷雨前采摘的"雨前茶"，叶芽更为细嫩，冲泡以后嫩匀成朵，叶似彩旗，芽形若枪，交相辉映，所以又叫"旗枪"。其汤色明亮，滋味甘美。

洞庭碧螺春，是中国著名绿茶，产于太湖洞庭东山和西山。因其形状卷曲如螺，初采地在碧螺峰，采制时间又在春天而得名，相传已有1300多年的历史。其品质特点是色泽碧绿，外形紧细、卷曲、白毫多；香气浓郁，滋味醇和。其茶汤碧绿清澈，叶底嫩绿明亮，饮时爽口，饮后有回甜感觉。不管用滚水或温水冲泡，叶片皆能迅速沉底，即使杯中先冲了水后再放茶叶，茶叶也照样会全部下沉，展叶吐翠。炒制工艺要求高，需要做到"干而不焦，脆而不碎，青而不腥，细而不断"。

黄山毛峰，是中国著名绿茶，产于安徽黄山，主要分布在桃花峰的云谷寺、松谷庵、吊桥庵、慈光阁及半寺周围。这里山高林密，日照短，云雾多，自然条件十分优越，茶树得云雾之滋润，无寒暑之侵袭，蕴成良好的品质。黄山毛峰在300年前就已著名，是绿茶中的珍品。其外形美观，每片长约1.7厘米，尖芽紧偎在嫩叶之中，状若雀舌。尖芽上布满绒细的白毫，色泽油润光亮，绿中泛出微黄。其茶汤清澈微黄，香气持久，犹若兰蕙，醇厚爽口，回味甘甜。茶凉之后，香味犹存，故人称"幸有冷香"。一芽一叶地泡开以后，变成"一枪一旗"，光亮鲜活，有"轻如蝉翼，嫩似莲须"之说。

六安瓜片，是中国著名绿茶。因其形若瓜子，又主要产于安徽西部大别山区的六安、金寨、霍山三县，故名"六安瓜片"。片茶即全由叶片制成，不带嫩芽和嫩茎。它最先源于金寨县的齐云山，而且也以齐云山所产瓜片茶品质最佳，沏茶时雾气蒸腾，清香四溢，所以也有"齐山云雾瓜片"之称。早在唐朝，六安瓜片就已闻名，宋朝时更有茶中"精品"之誉，后来成为贡茶。六安瓜片色泽翠绿、香气清高、滋味鲜甘，并且十分耐泡。六安瓜片中以齐云山蝙蝠洞所产品质最佳，是瓜片茶中的珍贵品种。

庐山云雾，是中国著名绿茶，产于江西省庐山。庐山，自古就有"匡庐奇秀甲天下"之称，常年白云绕山，庐山云雾茶因此而得名。据史料载，庐山种茶始于晋朝。唐朝时，文人雅士曾云集庐山，相传著名诗人白居易就在庐山香炉峰下结茅为屋，开辟园圃种茶种药。宋朝时，庐山茶被列为"贡茶"。庐山云雾茶不仅需要理想的生长环境以及优良的茶树品种，还要有精湛的采制技术。在清明前后，随海拔增高，鲜叶采摘时间相应延后，以一芽一叶为标准。采回茶叶片后薄摊于阴凉通风处，保持鲜叶纯净，再经过杀青、抖散、揉捻等九道工序才制作而成。其成品外形条索紧结重实，饱满秀丽，色泽碧绿光滑，香气芬芳。将云雾茶冲泡后叶底嫩绿微黄、柔软舒展，汤色绿而透明，滋味爽快、浓醇甘鲜。

2. 红茶类名品

祁门红茶，是中国著名的红茶，产于安徽祁门县的山区，简称"祁红"，曾于1915年在巴拿马万国博览会上获得金质奖。祁门茶叶，在唐朝就已出名，但是据史料记载，这里在清代光绪以前，并不生产红茶，而是盛产绿茶，其制法与六安茶相仿，故曾有"安绿"之称。光绪元年（公元1875年），黟县人余干臣从福建罢官回籍经商，创设茶庄，祁门遂改制红茶，并成为后起之秀，至今已有100多年历史。祁门红茶条索紧细秀长，汤色红艳明亮，香气既酷似果香又带兰花香，清鲜而且持久。不仅可以单独泡饮，也可加入牛奶调饮。祁门茶区的江西"浮梁工夫红茶"是"祁红"中的佼佼者，以"香高、味醇、形美、色艳"四绝驰名于世。

3. 乌龙茶（即青茶）类名品

武夷岩茶，是中国乌龙茶中之极品，产于闽北"秀甲东南"的武夷山上岩缝之中。早在唐朝，它就已成为民间相互馈赠的佳品，宋、元时期被列为"贡品"，元朝时还在武夷山设立了"焙局""御茶园"，到了清康熙年间，武夷岩茶开始远销西欧、北美和南洋诸国，当时的欧洲人曾把它作为中国茶叶的总称。武夷岩茶条形壮结、匀整，色泽绿褐鲜润，茶性和而不寒，久藏不坏，香久益清，味久益醇。泡饮时常用小壶小杯，其茶汤呈深橙黄色，清澈艳丽；叶底软亮，叶缘朱红，叶心淡绿带黄；兼有红茶的甘醇、绿茶的清香，且香味浓郁，即使冲泡五六次后仍然余韵犹存。主要品种有武夷水仙、武夷奇种、大红袍等，多随茶树产地、生态、形状或色香味特征取名。

❖拓展知识

大红袍是武夷岩茶中品质最优异的珍品，产于福建崇安东南部的武夷山，是历代皇室贡品。大红袍的来历有一个传说，说是明朝有一上京赴考的举人路过武夷山时突然得病，腹痛难忍，巧遇一和尚取所藏名茶冲泡后给他喝，病痛即止。他考中状元之后，前来致谢，问得茶叶出处，便脱下大红袍绕茶丛三圈，将其披在茶树上，于是有了"大红袍"之名。

大红袍属于半发酵茶，生长在九龙窠内的一座陡峭的岩壁上。茶树所处的峭壁上，有一条狭长的岩蟑，岩顶终年有泉水自蟑滴落。泉水中附有苔藓之类的有机物，因而土壤较他处润泽肥沃。茶树两旁岩壁直立，日照短，气温变化不大，再加上平时茶农精心管理，采制加工时，一定要挑技术最好的茶师来主持，使用的也是特制的器具，因而大红袍的成茶具有独到的品质和特殊的药效。大红袍的品质特征是：外形条索紧结，色泽绿褐鲜润，冲泡后汤色橙黄明亮，叶片红绿相间，典型的叶片有绿叶红镶边之美感。大红袍品质最突出之处是香气馥郁，有兰花香，香高而持久，"岩韵"明显。大红袍很耐冲泡，冲泡七八次仍有香味。品饮"大红袍"茶，必须按小壶小杯细品慢饮的程式，才能真正品尝到岩茶之巅的韵味。

铁观音，是中国乌龙茶之上品，产于福建省安溪县内。铁观音的制作工艺十分复杂，通常要经过采青、晒青、晾青、做青、炒青、揉捻、初焙、复焙、复包揉、文火慢烤、拣簸等工序才能制成。其成品茶条索紧结，外形头似蜻蜓，尾似蝌蚪，色泽乌润砂绿。将它泡于杯中，常常呈现出"绿叶红镶边"的景象，有天然的兰花香，滋味纯浓。用小巧的工夫茶具品饮，先闻香，后尝味，顿觉满口生香，回味无穷。近年来，人们发现乌龙茶有健身美容的功效后，铁观音更加风靡日本和东南亚。

台湾乌龙，是中国乌龙茶类中发酵程度最重的一种。据 1918 年连横所著《台湾通史》记载，台湾乌龙茶的生产制作技术及茶树品种均来自武夷山。优质乌龙茶的制造，鲜叶原料标准为一芽二叶，著名的膨风茶则选用一芽一叶为原料制成。乌龙茶成品茶芽肥壮，白毫显，茶条较短。将它冲泡后叶底淡褐有红边，叶基部呈淡绿色，叶片完整，芽叶连枝，茶汤呈琥珀般的橙红色，在国际上被誉为"香槟乌龙""东方美人"。

4. 黄茶类名品

君山银针，是中国黄茶珍品。它产于洞庭湖中的青螺岛上，因其茶芽外形很像一根根银针而得名。君山茶在唐朝就已生产、出名，文成公主出嫁西藏时就曾选带了君山茶。五代时已列为贡茶，以后历代相袭。它的特点是全由芽头制成，茶芽头苗壮、长短大小均匀，茶芽内面呈金黄色，外层满布白毫且显露完整，色泽鲜亮，香气高爽。冲泡时可从明亮的杏黄色茶汤中看到根根银针直立向上，几番飞舞之后团聚一起立于杯底，其汤色橙黄、滋味甘醇，虽久置而味不变。君山银针的采制要求很高，采摘茶叶的时间只能在清明节前后 7~10 天内，还规定了 9 种情况下不能采摘，即雨天、风霜天、虫伤、细瘦、弯曲、空心、茶芽开口、茶芽发紫、不合尺寸等。

5. 黑茶类名品

普洱茶，是黑茶的代表，产于云南省普洱县一带。普洱茶历史悠久，南宋李石的《续博物志》记载，唐朝时，西藏等地已饮用普洱茶。清朝时，普洱府即现今普洱县周围所产茶叶通常都运至普洱府集中加工后再运销康藏各地。普洱茶是用优良的云南大叶种新鲜茶叶经杀青后揉捻、晒干的晒青茶为原料，再进行泼水堆积发酵（即沤堆）等特殊工艺加工制成。其成品条索粗壮肥大，色泽乌润或褐红，滋味醇厚回甘，并具独特陈香。经现代医学证明，普洱茶具有降低血脂、减肥、抑菌、助消化、暖胃、生津、止渴、醒酒、解毒等功效，是一种具有多重保健功能的饮料。

6. 花茶类名品

苏州茉莉花茶，是中国茉莉花茶中的佳品，产于江苏省苏州。据史料记载，苏州在宋代时已栽种茉莉花，并以它作为制茶的原料。1860 年时，苏州茉莉花茶已盛销于东北、华北一带。苏州茉莉花茶以所用茶胚、配花量、窨次、产花季节的不同而有浓淡之别，其头花所窨者香气较淡，"优花"窨者香气最浓。其主要茶胚为烘青，也有杀茶、尖茶、大方，甚至还有以龙井、碧螺春、毛峰为茶胚窨制的高级花茶。与同类花茶相比，苏州茉莉花茶属清香型，香气清芬鲜灵，茶味醇和含香，汤色黄绿澄明。

❖特别提示

茶叶中的一些成分不稳定，在一定的物理、化学诱因下，易产生化学变化，即通常所说的茶变，如茶叶的保存条件不好则会加速茶叶的自身氧化及霉变。茶叶应该在室温、避光、无异味的环境中保存，要求是干燥和低温（一般0℃~5℃较合适）。保存茶叶的容器，以锡瓶、瓷坛、有色玻璃瓶为最佳，其次宜用铁罐、木盒、竹盒等，塑料袋、纸盒最次。保存茶叶的容器要干燥、洁净、无异味。不同种类、不同级别的茶叶不能混在一起保存。在保存红茶、花茶时不能使用生石灰作吸湿剂。

第二节　中国饮茶艺术

一、饮茶方法

自从茶叶被作为饮料以来，茶的烹饮方法不断发展变化，大致形成了二大类四小类：二大类是煮茶法和泡茶法。自汉至唐，饮茶以煮茶法为主；自五代以后，饮茶以泡茶法为主。四小类则是从煮茶法中分解出煎茶法，从泡茶法中分解出点茶法，不同的时代崇尚不同的方法。煮、煎、点、泡四类饮茶法各擅风流，汉魏六朝尚煮茶法，隋唐尚煎茶法，五代两宋尚点茶法，元朝以后尚泡茶法。

（一）古代饮茶方法

1. 煮茶法

所谓煮茶法，是指茶入水烹煮后饮用的方法，也是我国唐朝最普遍的饮茶法。对于煮茶法，陆羽在《茶经》中有著名的"三沸"说：先将饼茶研碎，然后开始煮水。待锅中之水泛起鱼眼似的水泡时，加入茶末，煮至二沸时出现沫饽（沫为细小茶花，饽为大花，皆为茶之精华），则将沫饽舀出，继续烧煮茶与水至三沸，再将二沸时盛出之沫饽浇入锅中，称为"救沸""育华"。待煮至均匀，茶汤便好了。烹茶的水与茶，视人数多寡而定。茶汤煮好，均匀地斟入每人的碗中，有雨露均施、同分甘苦之意。到了唐朝，饮茶以陆羽式煎茶为主，但煮茶旧习依然难改，而且常常加入盐、葱、姜、桂等作料。陆羽《茶经·六之饮》载："或用葱、姜、枣、橘皮、茱萸、薄荷之等，煮之百沸，或扬令滑，或煮去沫，斯沟渠间弃水耳，而习俗不已。"

2. 煎茶法

煎茶法是指陆羽在《茶经》里所创造、记载的一种烹饮方法，在唐朝中晚期很流行。其茶主要用饼茶，经炙烤、碾罗成末，待锅中水初沸时则投茶末，搅匀后沸腾则止。煎茶法的主要程序有备器、选水、取火、候汤、炙茶、碾茶、罗茶、煎茶（投茶、搅拌）、酌茶等，煎制的时间比煮熬时间要短一些。

3. 点茶法

点茶法是宋元时期盛行的一种烹饮方法，是将茶碾成细末，置茶盏中，以沸水点冲，先注少量沸水调膏，然后量茶注汤，边注边用茶笼击拂。从蔡襄《茶录》、宋徽宗《大观茶论》等书看来，点茶法的主要程序有备器、洗茶、炙茶、碾茶、磨茶、罗茶、择水、取火、候汤、盏、点茶（调膏、击拂）。宋朝陶谷《清异录·荈茗录》"生成盏"条记："沙门福全生于金乡，长于茶海，能注汤幻茶，成一句诗。并点四瓯，共一绝句，泛乎汤表。"其"茶百戏"条记："近世有下汤运匕，别施妙诀，使汤纹水脉成物象者，禽兽虫鱼花草之属，纤巧如画。"注汤幻茶成诗成画，称为茶白戏、水丹青，宋朝时又称"分茶"。点茶是分茶的基础，所以点茶法的起始当不晚于五代。

4. 泡茶法

泡茶法是明清时期盛行的一种烹饮方法，是将茶置茶壶或茶盏中，以沸水冲泡的简便方法。明朝朱元璋罢贡团饼茶，遂使散茶（叶茶、草茶）独盛，茶风也为之一变。陈师《茶考》载："杭俗烹茶，用细茗置茶瓯，以沸汤点之，名为撮泡。"但当时更普遍的还是壶泡，即置茶于茶壶中，以沸水冲泡，再分酾到茶盏（瓯、杯）中饮用。据张源《茶录》、许次纾《茶疏》等书记载，壶泡的主要程序有备器、择水、取火、候汤、投茶、冲泡、酾茶等。现今流行于闽、粤、台地区的工夫茶则是典型的壶泡法。

（二）现代饮茶方法

在现代的日常生活中，人们的饮茶方法往往是随意的。但事实上，根据不同的茶类，使用不同的饮用方法，就会得到不同的妙趣。

1. 绿茶的饮用方法

自明清以来，绿茶便是我国消费的主要茶类，并大规模地出口外销，故而中外驰名。在中国，由于喜爱饮用绿茶的人众多，其品饮方法也就丰富多彩，这里主要介绍三种。

（1）玻璃杯泡饮法。

玻璃杯泡饮法，适于品饮细嫩的名贵绿茶，以便充分欣赏名茶的外形、内质。根据茶条的松紧程度不同，可以采用两种不同的冲泡法：

一是对于外形紧结重实的名茶如龙井、碧螺春等，可用"上投法"。即先将85℃~90℃开水冲入干净的茶杯中，然后取茶投入，一般不需要加盖。此时，茶叶会自动徐徐下沉，但有先有后，有的直线下沉，有的则徘徊缓下，有的上下沉浮后降至杯底；干茶一旦吸收水分，便逐渐展开叶片，一芽一叶似枪如旗，茶香缕缕，茶汤或黄绿碧清或乳白微绿。待茶汤凉至适口则开始品尝，品尝茶汤时宜小口品啜、缓慢吞咽，让茶汤与舌头味蕾充分接触，细细领略名茶的风韵。此谓一开茶，着重品尝茶的头开鲜味与茶香。待饮至杯中茶汤尚余三分之一水量时再续加开水，谓之二开茶。如若泡饮茶叶肥壮的名茶，二开茶汤正浓，饮后舌本回甘，余味无穷，齿颊留香，身心舒畅。饮至三开，常常茶味已淡，续水再饮就显得淡薄无味了。

二是对于茶条松展的名茶如六安瓜片、黄山毛峰等，如用"上投法"，茶叶浮于汤面不易下沉，则可用"中投法"，即先取茶入杯，再冲入90℃开水至杯容量的三分之一，稍停两分钟，待干茶吸水伸展后再冲水至满。此时，茶叶或徘徊飘舞下沉，或游移于沉浮之间，观其茶形动态，别具茶趣。

（2）瓷杯泡饮法。

它适于泡饮中高档绿茶，如一二级炒青、珠茶、烘青、晒青之类，重在适口、品味或解渴，可取"中投法"或"下投法"。即茶置杯中，用95℃~100℃初开沸水冲泡，盖上杯盖，不仅防止香气散失，而且保持水温，以利茶身展开，加速下沉杯底，待3~5分钟后开盖，嗅茶香，尝茶味，视茶汤浓淡程度，饮至三开即可。这种泡饮法用于客来敬茶和办公时间饮茶，较为方便。

（3）茶壶泡饮法。

壶泡法一般不宜泡饮细嫩名茶，因水多，不易降温，却易闷熟茶叶，使之失去清鲜香味，最适于冲泡中低档绿茶，因为这类茶叶中多纤维素，耐冲泡，茶味也浓。泡茶时，先取茶入壶，用100℃初开沸水冲泡至满，3~5分钟后即可酌入杯中品饮。饮茶人多时，用壶泡法较好，因为这时最重要的不在欣赏茶趣，而在解渴，或饮茶谈心，或佐食点心，畅叙茶谊。

2. 红茶饮用方法

红茶色泽黑褐油润，香气浓郁带甜，滋味醇厚鲜甜，汤色红艳透黄，叶底嫩匀红亮，深受人们喜爱。其饮用方法众多，依据不同的标准，主要可以分为四种不同的类型：一是根据红茶的花色品种，有功夫饮法和快速饮法两种。功夫饮法重在品，通过缓缓斟饮、细细品啜，领略茶的清香、醇味和真趣。快速饮法重在既方便又清洁卫生。二是按使用的茶具不同，分为杯饮法和壶饮法。三是按茶汤浸出方式的不同，可分为冲泡法和煮饮法。四是根据茶汤的调味与否，分为清饮法和调饮法两种。这里仅介绍清饮法和调饮法。

（1）清饮法是中国大多数地方饮用红茶的方法，功夫饮法就属于清饮。它是在茶汤中不加任何调味品，使茶叶发挥固有的香味。清饮时，一杯好茶在手，静品默赏，细评慢饮，能使人进入一种忘我的精神境界，产生欢愉、轻快、激动、舒畅之情，欣然欲仙的饮茶乐趣油然而生。所以，中国人多喜欢清饮，特别是名特优茶，一定要通过清饮才能领略其独特风味，享受到饮茶奇趣。

（2）调饮法是指在茶汤中加入调料以佐汤味的一种方法。所加调料的种类和数量，随饮用者的口味而异。现在的调饮法，比较常见的是在红茶茶汤中加入糖、牛奶、柠檬片、咖啡、蜂蜜或香槟酒等。有的在茶汤中同时加入糖和柠檬、蜂蜜和酒后饮用，也有的还放置于冰箱中制作不同滋味的清凉饮料，各具风味。另外，还值得一提的是茶酒，即在茶汤中加入各种美酒，形成茶酒饮料。这种饮料酒精度低，不伤脾胃，茶味酒香，酬宾宴客，颇为相宜，已成为当代颇受人们喜爱的新饮法。

3. 乌龙茶饮用方法

乌龙茶的品种很多，不同品种的乌龙茶冲泡后各有特色。如武夷岩茶冲泡后香气浓郁悠长，滋味醇厚回甘，茶水橙黄清澈；铁观音茶冲泡后，香气高雅如兰花，滋味浓厚而微带蜂蜜的甜香，且十分耐泡。品饮乌龙茶，除了要选用高中档乌龙茶如铁观音、黄金桂外，还必须备好一套专门茶具。饮乌龙茶最精致的茶具称为"四宝"：玉书碨，一般是扁形的薄瓷壶，能容水四两；潮汕烘炉，用白铁制成，小巧玲珑；孟臣罐，多出自宜兴，以紫砂壶最为名贵，造型独特，吸水力甚好，能使香味持久不散；若琛瓯，是白色小瓷杯，容水不过三四毫升，多用景德镇等地产品。

冲泡乌龙茶有一套传统的方法：首先，在泡茶前用沸水把茶壶、茶盘、茶杯等淋洗一遍，在泡饮过程中还要不断淋洗，使茶具保持清洁、有相当的热度。然后，把茶叶按粗细分开，先放碎末填壶底，再盖上粗条，把中小叶排在最上面，以免碎末堵塞壶内口，阻碍茶汤顺畅流出。接着，用开水冲茶，循边缘粗粗冲入，形成圈子，以免冲破"茶胆"。冲水时要使壶内茶叶打滚。当水刚漫过茶叶时立即倒掉，称为"茶洗"，即把茶叶表面尘污洗去，使茶之真味得以充分体现。茶洗过后，立即冲进第二次水，水量约九成即可。盖上壶盖，再用沸水淋壶身，使茶盘中的积水涨到壶的中部，叫"内外夹攻"。只有如此，茶叶的精美真味才能浸泡出来。泡茶的时间也很重要，一般需2~3分钟。泡的时间太短，茶叶香味出不来，泡的时间太长，又怕泡老了，影响茶的鲜味。

斟茶的方法也很讲究，传统的方法是：用拇、食、中三指操作。食指轻压壶顶盖珠，中、拇二指紧夹壶后把手。开始斟茶时，茶汤轮流注入每只杯中，每杯先倒入一半，周而复始，逐渐加至八成，使每杯茶汤气味均匀，叫作"关公巡城"。如壶中茶水斟完，就是恰到好处。行茶时应先斟边缘，而后集中于杯子中间，并将罐底最浓部分均匀地斟入各杯中，最后点点滴下，此谓"韩信点兵"。在整个冲茶、斟茶过程中讲究"高冲低行"，即开水冲入罐时应自高处冲下，促使茶叶散香；而斟茶时应低行，以免失香散味。茶水一经冲入杯内，即应趁热啜饮，此谓"喝烧茶"，稍停则色味大逊。

品饮乌龙茶也别具一格。首先，拿着茶杯从鼻端慢慢移到嘴边，趁热闻香，再尝其味。尤其品饮武夷岩茶和铁观音，皆有浓郁花香。闻香时不必把茶杯久置鼻端，而是慢慢地由远及近，又由近及远，来回往返三四遍，顿觉阵阵茶香扑鼻而来。

4. 花茶饮用方法

花茶是诗一般的茶叶，融茶味之美、鲜花之香为一体。其中，茶叶滋味为茶汤的味本，花香为茶汤滋味之精神，二者巧妙地融合，相得益彰。花茶泡饮方法，以能维护香气和显示茶胚特质美为原则。对于冲泡茶胚特别细嫩的花茶，如茉莉毛峰、茉莉银毫等特高级名茶，因茶胚本身具有艺术欣赏价值，宜用透明玻璃茶杯。冲泡时置杯于茶盘内，取花茶2~3克入杯，用初沸开水稍凉至90℃左右冲泡，随即加上杯盖，以防香气散失。然后，手托茶盘，透过玻璃杯壁观察茶在水中上下飘舞、沉浮，以及茶叶徐徐开展、复原叶形、渗出茶汁汤色的变幻过程，"一杯小世界，山川花木情"，堪称艺术享受，称为"目品"。冲泡3分钟后，揭开杯盖一侧，闻汤中氤氲上升的香气，顿觉芬芳扑鼻而来，精神为之一振，有兴趣者还可凑着香气做深呼吸，充分领略愉悦香气，称为"鼻品"。茶汤稍凉适口时，小口喝入，在口中略微停留，以口吸气、鼻呼气相配合的动作，使茶汤在舌面上往返流动一两次，充分与味蕾接触，品尝茶味和汤中香气后再咽下，综合欣赏花茶特有的茶味、香韵，谓之"口品"。民间有"一口为喝，三口为品"之说，细细品啜，才能出味。对于中低档花茶，或花茶末，一般采用白瓷茶壶冲泡，因壶中水多，保温较杯好，有利于充分溶出茶味。视茶壶大小和饮茶人数、口味浓淡，取适量茶叶入壶，用100℃初沸水冲入壶中，加壶盖5分钟后即可斟入茶杯饮用。这种共泡分饮法，一则方便、卫生，二则易于融洽气氛、增添情谊。

四川茶馆泡饮花茶很有地方特色，茶具采用盖碗茶，一套三件头包括茶碗、茶盖、茶托，敞口式茶碗口大，便于注水和观察碗中茶景；反碟式的茶碗盖，既可掩盖茶汤香气，又可用以拨动碗中浮面茶叶、花梗，不使饮入口中；茶托（又叫茶船）用于托放茶碗，使饮茶时不致烫手。边呷饮花茶，边摆"龙门阵"，悠然自得。

5. 紧压茶饮用方法

紧压茶的饮用方法，与其他饮用方法相比，至少有三点不同：一是饮用时，先要将紧压成块的茶叶捣碎；二是不宜冲泡，而要用烹煮的方法，才能使茶汁浸出；三是烹煮时，大多加有作料，采用调饮方式喝茶。中国生产的紧压茶大多为砖茶。由于砖茶与散茶不同，甚为坚实，用开水冲泡难以浸出茶汁，所以必须先将砖茶捣碎，放在铁锅或铝壶内烹煮，有时还要不断搅拌，才能使茶汁充分浸出。

❖特别提示

茶在国外有"安全饮料""保健饮料""健康长寿饮料"等各种各样的赞誉之词，这是因为茶叶对人体有多种有益的作用。茶叶中含有众多化学成分，如蛋白质、脂肪、氨基酸、碳水化合物、维生素和茶多酚、茶素、芳香油、脂多糖，等等，这些都是人体不可缺少和各具功效的重要营养及药用物质。我国古书中就有很多关于茶具有防病和治病作用的记载，现代医学也认为茶叶对于防治痢疾、肠胃炎、肾炎、肝炎、糖尿病、高血压、动脉硬化、冠心病、癌症、白细胞减少和辐射损伤，等等，都具有不同程度的功效。茶叶中的儿茶素和维生素C、维生素E等物质还有一定的抗癌作用。茶叶作为一种有益身心健康的良好饮料，副作用极少。但是现代科学告诉我们，长期过量饮茶，对身体健康是不利的，所以饮茶一定要适量。胃寒的人，不宜过多饮茶，特别是绿茶，否则等于"雪上加霜"，越发引起肠胃不适；神经衰弱者和患失眠症的人，睡觉以前不宜饮茶，更不能饮浓茶，不然会加重失眠症；一般不应该用茶水服药，以免降低药效；正在哺乳的妇女也要少饮茶，因为茶对乳汁有收敛作用。

（三）茶的冲泡关键与欣赏

1. 茶的冲泡

茶的冲泡大有学问，其关键因素除了茶叶的品质外，还包括用水、器具和冲泡技术。同样质量的茶叶，如用水不同或技术不一，泡出来的茶汤就会有不同的效果。

（1）泡茶用水。

"龙井茶，虎跑水"，"蒙顶山上茶，扬子江心水"，这些都表达了一个意思：好茶须用好水。水质的好坏直接影响茶汤之色、香、味，尤其对茶汤滋味影响更大。古人十分注重泡茶用水的选择，归纳起来有三点：一是水要甘而洁，二是水要活而清鲜，三是贮水要得法。泡茶用水究竟用何种水好，茶圣陆羽早就在《茶经》中明确说过："其水，用山水上，江水中，井水下。"陆羽的说法有一定的道理：一般说来，天然水中，泉水是比较清净的，杂质、污染少，透明度高，水质最好。如中国五大名泉的镇江中冷泉、无锡惠山泉、苏州观音泉、杭州虎跑泉和济南趵突泉的水，当属好水。但是，由于水源和流经途径不同，其溶解物、含盐量与硬度等均有很大差异，所以并不是所有泉水都是优质的。泡茶用水，有泉水固然佳，但溪水、河水与江水等流动的水也不逊色。从如今的现实情况看，人们泡茶用水，主要是自来水。自来水其实也是经过人工净化、处理过的天然水。一般说来，凡是达到了国家饮用水卫生标准的自来水，都适合泡茶。

（2）泡茶器具。

泡茶，除了好茶、好水，还要有好的器具。冲泡不同的茶叶，需要选用不同质地的器具。总的说来，冲泡花茶，常用较大的瓷壶泡茶，然后斟入瓷杯饮用。炒青或烘青绿茶，多用有盖瓷杯泡茶。西湖龙井、君山银针、洞庭碧螺春则选用无色透明玻璃杯最为理想。冲泡乌龙茶，宜用紫砂茶具。而如今常用的保温杯，只适合泡乌龙茶或红茶，不宜泡绿茶。

（3）泡茶技术。

好的泡茶技术主要表现在三个方面：一是准确掌握茶叶用量。要泡出好喝的茶，必须准确掌握茶叶用量。每次用量多少，并无统一标准，主要根据茶叶种类、茶具大小、茶与水的比例、消费者饮用习惯而定。二是准确控制水温。泡茶烧水，要大火急沸，不要文火慢煮，以刚煮沸起泡为宜，如水沸腾过久，即古人所称之"水老"，则溶于水中的二氧化碳挥发殆尽，茶叶之鲜味将丧失。泡茶水温的掌握，主要依茶叶的种类而定。如绿茶，一般不能用100℃的沸水冲泡，而应用80℃~90℃为宜（水要沸点后，再冷却至所要的温度）。茶叶越嫩绿，冲泡水温越低，茶汤才会鲜活明亮、滋味爽口，维生素C也较少破坏。三是准确把握时间和次数。茶叶冲泡时间和次数，与茶叶种类、水温、茶叶用量、饮茶习惯等都有关系，差异很大。据测试，茶叶冲泡第一次时，可溶性物质能浸出 50%~55%；第二次能浸出 30% 左右；第三次能浸出 10%；第四次则所剩无几。所以，泡茶一般以冲泡三次为宜。此外，水温的高低和茶用量的多寡，也影响冲泡时间之长短。水温高，用茶多，冲泡时间要短；反之，则冲泡时间要长。但是，最重要的是以适合饮用者之口味为主。

2. 茶的欣赏

中国的品茶艺术，常常包含对茶叶、茶具、茶汤的观赏，茶味的品评沉醉，以及对茶境茶俗的追求流连。鲁迅说："有好的茶喝，会喝好茶，是一种清福。不过要享这清福，首先必须有功夫，其次是练习出来的特别感觉。"这"特别感觉"就是指品茶的文化修养。一般而言，茶的欣赏主要有三个方面的内容。

一是审议名称。中国茶常以茶的产地、特点、典故或纪念先人古事等来命名。许多名茶，其名充满诗情画意，让人浮想联翩。如"瘦眉绿茶"，会让人联想到古代仕女的弯弯娥眉；"庐山云雾"，让人联想到庐山白云缭绕、云山雾罩的美丽景致。

二是观察形色。茶的形状是千姿百态的，有扁形的、针形的、卷曲的，有颗粒形的、方形的、圆形的。而不同形状的茶，有相同的色泽，也有相异的色泽，黄、黑、红、绿等都有。茶的形状，在茶的冲泡过程中会发生变化。一些名茶，嫩度高，加工考究，芽形成朵，在茶汤中亭亭玉立、婀娜多姿；更有因其芽头肥壮，芽叶在茶水中上下沉浮，犹如刀枪林立。茶叶的颜色，在茶的冲泡过程中也千变万化。对这些变化产生影响的因素很多，包括茶叶的质地、产地，冲泡时间长短，水质和茶具的不同等，而这些都是赏茶的魅力之所在。

三是闻香品味。品汤味和闻茶香是赏茶的精华。嗅茶香是赏茶中最难的一环，没有一点经验和技术是难以得到这种享受的。它主要包括三个方面：首先是干嗅，即先嗅干茶。各类茶叶干香不一，有甜香、焦香、清香等香型；其次是热嗅，开汤后有栗子香、果味香、清香等扑鼻而来；最后是冷嗅，茶汤较凉时仔细去闻，可以嗅到被芳香物掩盖着的其他气味。正确运用鼻子和喉部，能够帮助人们去欣赏、鉴别茶叶和香气。茶汤滋味的好坏，主要取决于茶叶品质的高低，不同品种和品质的茶叶，其滋味是不一样的。毛峰、云雾茶，其茶汤滋味鲜醇爽口，味醇而不淡，回味甘甜；碧螺春、毛尖等滋味鲜甜爽口，味清和，回味清爽生津；大叶种所制红茶，滋味浓烈，刺激性强；而粗老茶叶则茶汤滋味平淡，甚至带青涩。欣赏茶汤滋味主要靠舌头，所以，要欣赏好茶汤滋味，应充分运用舌头上的感觉器官，尤其是利用舌中最敏感的舌尖部位来享受茶的自然本性。

❖拓展知识

千利休与日本茶道

千利休（公元1522—1591年）是日本历史上真正把茶道和喝茶提高到艺术水平的一代宗师。他通过简化日本茶道的烦琐程序和茶室装饰，使茶道的精神世界最大限度地摆脱了物质因素的束缚，让茶道更易于为一般大众所接受，从此结束了日本中世茶道界百家争鸣的局面。同时，千利休还将茶道从禅茶一体的宗教文化还原为淡泊寻常的本来面目。他提出的"和、敬、清、寂"成为日本茶道的精髓。所谓"和"就是和睦，表现为主客之间的和睦；"敬"就是尊敬，表现为上下关系分明，有礼仪；"清"就是纯洁、清静，表现在茶室茶具的清洁、人心的清净；"寂"就是凝神、摒弃欲望，表现为茶室中的气氛恬静，茶人们表情庄重、凝神静气。

茶道是日本传统文化中的奇葩，是最具日本特色的文化形式，它是禅宗日本化以后孕育出的一种具有独特审美价值的文化式样。茶道的内容是极其丰富的，包括了宗教、艺术、哲学、修身、社交等文化，涵盖着日本人民的生活规范，是他们的心灵寄托和表现本民族审美意识的最高艺术行为。

二、茶具

（一）茶具的种类与名品

茶具，主要是指烹煮、冲泡和饮用茶的器具。我国的茶具种类繁多、造型优美，除实用价值外，也有颇高的艺术价值。仅按制作材料的不同，就有漆制茶具、陶制茶具、瓷制茶具、金属茶具、竹木茶具、搪瓷茶具、玉石茶具和玻璃茶具等。这里简要介绍其中最具特色、使用量较大的陶制茶具、瓷制茶具、金属茶具及其名品。

1.陶制茶具

陶制茶具历史悠久，以宜兴制作的紫砂陶茶具为上乘。宜兴的紫砂茶具与一般的陶器不同，其里外都不敷釉，采用当地黏力强而抗烧的紫泥、红泥、团山泥抟制焙烧而成。由于成陶火温较高，烧结密致，胎质细腻，既不渗漏，又有肉眼看不见的气孔，用来烹茶、泡茶，既不夺茶之真香，又无熟汤气，能较长时间保持茶叶的色、香、味，若经久使用，还能吸附茶汁，蕴蓄茶味。而且紫砂茶具传热不快，不致烫手，即使冷热剧变，也不会破裂，而热天盛茶，也不易酸馊。此外，紫砂茶具还具有造型简练大方、色调淳朴古雅的特点，外形有似竹节、莲藕、松段和仿商周古铜器等多种多样的形状，目前已由原来的四五十种增加到六百多种。

宜兴的紫砂茶具名品众多，而最著名的有明朝时大彬的三足圆壶、蒋伯的海棠树干壶、惠孟臣的朱泥梨壶，清朝杨彭年与陈曼生合制的半瓢壶等。时大彬，别号少山，紫砂大家。他制作紫砂壶时，喜在陶土中掺杂钢砂，或把旧壶捣成粉末重制，凡遇有不满意之作，立即击毁，不留人间。时人认为，时大彬的作品继承了前辈技艺又有所创新开拓，故而名噪海内。1984年从墓中出土的大彬三足圆壶，是其代表作之一。它通高113厘米，口径8.4厘米。壶身呈球形，素面无饰。只是在壶盖面上，环绕壶钮饰有四瓣柿蒂纹。壶的底部有三只小足，与壶身有机结合，浑然一体，无黏结之感。壶嘴外撇，与柄对称。在壶柄下方的腹面上，横排阴刻"大彬"楷书。壶的通体呈褐色，面上有浅色针状颗粒，虽不细腻，却有"银砂闪点"之誉，后人称为"砂粗质古肌理匀"。蒋伯是明朝晚期的紫砂大家之一。他制作的海棠树干壶，匠心独具，寓意深刻，堪称一绝。其壶身正好为一段海棠树干；壶嘴和把柄，也做成树枝形状，好似从海棠树干上伸向两侧的几根分枝；壶盖隐现在由树干形成的壶身之上。盖上的钮，又似一根弯曲延伸的短枝。在壶身上，还粘贴有从分枝上长出的若干海棠茎、叶作点缀，显得生机盎然。这件海棠树干壶，因整体造型酷似一段海棠树干而得名。更有意思的是，在组成壶身的树枝上有一只鹰，树下又有一只熊，以此谐音并隐喻英雄，而海棠在古时有"美人"之说，因而又有人称此壶为"英雄美人壶"。在清朝，制壶名家杨彭年与金石学家、与宜兴相邻的溧阳县知县陈曼生合作的作品，由于文化品位高，历来被认为是艺林珍品，可惜存世之作极少。现藏于上海博物馆的清彭年制、曼生铭半瓢壶，就是罕见的珍品之一。这件紫砂茶具通高为72厘米，口径58厘米，腹径10厘米。整体平滑光亮，腹底大，呈半瓢状。盖及盖钮与腹呈相似弧形。嘴短而直，近嘴处稍曲向上。柄向外回转呈倒耳状，在壶身一侧有陈曼生用刀刻的铭文："曼公督造茗壶第四千六百十四，为羼泉清玩。"壶底有"阿曼陀室"款，柄梢下有"彭年"小印一方，这是曼生壶的重要识别标志。此壶制作精巧，古朴典雅。

2. 瓷制茶具

我国的瓷器茶具产生于陶器之后，按产品又分为白瓷茶具、青瓷茶具、黑瓷茶具、青花瓷茶具等类别，而每一个类别中都有许多著名品种。

白瓷茶具以色白如玉而得名，产地甚多，有江西景德镇、湖南醴陵、四川大邑、河北唐山、安徽祁门等。青瓷茶具主要产于浙江、四川等地。其中，浙江龙泉青瓷以造型古朴挺健、釉色翠青如玉著称于世，是瓷器百花园中的一朵奇葩，被人们誉为"瓷器之花"。宋朝章生一、章生二兄弟俩的"哥窑""弟窑"产品，无论釉色或造型，都达到了极高的造诣。哥窑瓷以"胎薄质坚，釉层饱满，色泽静穆"著称，有粉青、翠青、灰青、蟹壳青等，以粉青最为名贵。釉面显现纹片，纹片形状多样，纹片大小相间的称"文武片"，形如细眼的叫"鱼子纹"，类似冰裂状的称"北极碎"，还有"蟹爪纹""鳝血纹""牛毛纹"等。这些别具风格的纹样图饰，是因釉原料的收缩系数不同而产生的，给人以"碎纹"之美感。弟窑瓷以"造型优美，胎骨厚实，釉色青翠，光润纯洁"著称，有梅子青、粉青、豆青、蟹壳青等，以粉青、梅子青为最佳。滋润的粉青酷似美玉，晶莹的梅子青宛如翡翠，其釉色之美至今几乎仍无人能敌。黑瓷茶具主产于浙江、四川、福建等地。在宋代斗茶之风盛行，斗茶者们根据经验，认为黑瓷茶盏最适宜用来斗茶。宋朝蔡襄《茶录》记载："茶色白（茶汤色），宜黑盏。建安（今福建）所造者绀黑，纹如兔毫，其坯微厚，之久热难冷，最为要用。出他处者，或薄或色紫，皆不及也。其青白盏，斗试家自不用。"黑瓷茶具中最著名的是兔毫茶盏，古朴雅致，风格独特，而且瓷质厚重，保温性较好，很受斗茶行家珍爱。此外，鸡头壶也曾十分流行，因茶壶的嘴呈鸡头状而得名，至今日本东京国立博物馆还珍藏着一件"天鸡壶"，被视作珍宝。而青花瓷茶具以江西景德镇的产品最为著名。如清朝康熙年间的山水人物六方盖罐，胎釉光润细腻，白中泛青，以青花彩绘山水、人物、松鹤、云气等。画面构图舒展，意境深远。画中人物的脸庞丰满，发髻高耸，眉似弯月，端庄稳重。山水是人物的背景，背景绘画的用笔水分和主体人物一样幽美清新，浓淡相宜。山水景色的绘画手法宗法于宋元时的传统纸本绘画技法，采用点线皴染。此盖罐的整体制作风格挺拔浑厚，造型很有特色，是康熙时景德镇民窑的产品，工艺技法上接近官窑器，但绘画却比官窑更为生动。

3. 金属茶具

金属茶具是用金、银、铜、锡制作的茶具。尤其是用锡做的贮茶的茶器，常常是小口长颈，圆筒状的盖，比较容易密封，因此防潮、防氧化、避光、防异味性能都好，具有很大的优越性。至于用金属制作茶具，一般评价都不高，但在唐朝宫廷中曾较长时间采用。在陕西省佛教寺院法门寺地宫出土的大批唐朝宫廷文物中，有一套晚唐僖宗皇帝李儇少年时使用的银质镏金烹茶用具，共计11种12件。这是迄今见到的最高级的古茶具实物，堪称国宝，它反映了唐代皇室饮茶器具十分豪华。而金银丝结条笼是唐懿宗李漼在位（公元859—873年）时供宫廷使用的茶具之一，唐懿宗咸通十五年（公元874年）封存于陕西法门寺地宫，历时1100余年。它呈椭圆筒形，通高15厘米，长14.5厘米，宽10.5厘米。笼子由盖、笼体和足组成，整体用金、银丝编织而成。盖面隆起，盖的顶端装饰塔状丝织物。盖的面与沿的棱线用金线织成小圈，连珠一周。盖沿和笼体上沿均为复层银片，成子母嵌接。笼体的下沿边有四个盘圆圈足。每个足饰成狮头形，足与笼体相接。提梁以银丝织为复层，宽0.5厘米，厚约0.2厘米，长20厘米，编织于椭圆形长径两侧的笼体外缘。盖与提梁之间，用银链相连。整个笼子，通体剔透、工艺精巧，是罕见的茶具珍品。

❖特别提示

除了以上三类之外，其他类别的茶具也有许多名品。如漆器茶具较著名的，就有北京雕漆茶具、福州脱胎茶具和江西波阳、宜春等地生产的脱胎漆器等。其中，尤以福州漆器茶具为最佳，形状多姿多彩，有"宝砂闪光"、"金丝玛瑙"、"釉变金丝"、"仿古瓷"、"雕填"、"高雕"和"嵌白银"等多个品种，特别是创造了红如宝石的"赤金砂"和"暗花"等新工艺，使漆器更加绚丽夺目，逗人喜爱。竹木茶具中有福建省武夷山等地的乌龙茶木盒，盒上绘以山水图案，制作精良，别具一格。

（二）茶具的选配

茶具材料多种多样，造型千姿百态，纹饰百花齐放。究竟如何选用？这就必须根据各地的饮茶风俗习惯和饮茶者对茶具的审美情趣，以及品饮的茶类和环境而定。茶具的选配，除了看它的使用性能外，还要看它的艺术性等。总的来说，应遵循以下三个原则。

1. 因"茶"制宜

古往今来，大凡讲究品茗情趣的人，都注重品茶韵味，崇尚意境高雅，强调"壶添品茗情趣，茶增壶艺价值"，认为好茶好壶，犹似红花绿叶，相映生辉。在历史上，有关因茶制宜选配茶具的记述是很多的。唐代陆羽通过对各地所产瓷器茶具的比较后认为："邢不如越。"这是因为唐朝人喝的是饼茶，茶须烤炙研碎后再经煎煮而成，这种茶的茶汤呈"白红"色，即"淡红"色。一旦茶汤倾入瓷茶具后，汤色就会因瓷色的不同而起变化。"邢州瓷白，茶色红；寿州瓷黄，茶色紫；洪州瓷褐，茶色黑，悉不宜茶。"而越瓷为青色，倾入"淡红"色的茶汤，呈绿色。陆氏从欣赏茶叶的角度，提出了"青则益茶"，认为以青色越瓷茶具为上品。从宋代开始，饮茶习惯逐渐由煎煮改为"点注"，团茶研碎经"点注"后茶汤色泽已近"白色"了。这样，唐时推崇的青色茶碗也就无法衬托出"白"的色泽。而此时，作为饮茶的碗已改为盏，这样，对茶盏色泽的要求也就起了变化："盏色贵黑青。"认为黑釉茶盏才能反映出茶汤的色泽。宋代蔡襄在《茶录》中写道："茶色白，宜黑盏。建安所造者绀黑，纹如兔毫，其坯微厚，之久热难冷，最为要用。"蔡氏特别推崇"绀黑"的建安兔毫盏。

明朝时，人们已由宋时的团茶改饮散茶。明朝初期饮用芽茶，其茶汤已由宋代的白色变为黄白色，这样对茶盏的要求就变化为白色。明朝的屠隆就认为茶盏"莹白如玉，可试茶色"。明代张源的《茶录》中也写道："茶瓯以白磁为上，蓝者次之。"明朝中期以后，瓷器茶壶和紫砂茶具兴起，茶汤与茶具的色泽不再有直接的对比与衬托关系。人们将饮茶的注意力转移到茶汤的韵味上来，对茶叶色、香、味、形的要求主要侧重在香和味。人们对茶具特别是对壶的色泽不再给予较多的注意，而是追求壶的雅趣。明朝冯可宾在《茶录》中写道："茶壶以小为贵，每客小壶一把，任其自斟自饮方为得趣。何也？壶小则香不涣散，味不耽搁。"强调茶具选配得体，才能尝到真正的茶香味。

清朝开始，茶具品种增多，形状多变，色彩多样，再配以诗、书、画、雕等艺术，从而把茶具制作推向新的高度。而多茶类的出现，又使人们对茶具的种类与色泽、质地与式样，以及茶具的轻重、厚薄、大小等提出了新的要求。如饮用花茶，为有利于香气的保持，可用壶泡茶，然后斟入瓷杯饮用。饮用大宗红茶和绿茶，注重茶的韵味，可选用有盖的壶、杯或碗泡茶；饮用红碎茶与功夫红茶，可用瓷壶或紫砂壶来泡茶，然后将茶汤倒入白瓷杯中饮用。饮用乌龙茶则重在"啜"，宜用紫砂茶具泡茶。如果是品饮西湖龙井、洞庭碧螺春、君山银针、黄山毛峰等名贵绿茶，则用玻璃杯直接冲泡最为理想。此外，冲泡红茶、绿茶、黄茶、白茶，使用盖碗也是可取的。在我国民间，还有"老茶壶泡，嫩茶杯冲"之说。这是因为较粗老的老叶，用壶冲泡，一则可保持热量，有利于茶叶中的水浸出物溶解于茶汤，提高茶汤中的可利用部分；二则较粗老茶叶缺乏观赏价值，用来敬客，不大雅观，这样做可避免失礼之嫌。而细嫩的茶叶，用杯冲泡，一目了然，同时可以得到物质和精神的双重享受。

2. 因地制宜

中国地域辽阔，各地的饮茶习俗不同，对茶具的要求也不一样。长江以北一带，大多喜爱选用有盖瓷杯冲泡花茶，以保持花香，或者用大瓷壶泡茶，然后将茶汤倾入茶盅中饮用。在长江三角洲沪杭宁等地的一些大中城市，人们爱好品享细嫩名优茶，既要闻其香、啜其味，还要观其色、赏其形，因此，特别喜欢用玻璃杯或白瓷杯泡茶。福建及广东潮州、汕头一带，习惯于用小杯啜乌龙茶，故选用"烹茶四宝"——潮汕烘炉、玉书碨、孟臣罐、若琛瓯泡茶，以鉴赏茶的韵味。潮汕烘炉是一只缩小了的粗陶炭炉，专作加热之用；玉书碨是一把缩小了的瓦陶壶，高柄长嘴，架在烘炉之上，专作烧水之用；孟臣罐是一把比普通茶壶小一些的紫砂壶，专作泡茶之用；若琛瓯是只有半个乒乓球大小的2~4只小茶杯，每只只能容纳4毫升茶汤，专供饮茶之用。小杯啜乌龙，与其说是解渴，还不如说是闻香玩味。这种茶具往往又被看作一种艺术品。四川人饮茶特别钟情盖碗茶，喝茶时，左手托茶托，不会烫手，右手拿茶碗盖，用以拨去浮在汤面的茶叶。加上盖，能够保香；去掉盖，又可观姿察色。至于少数民族地区，至今仍然习惯于用碗喝茶，古风犹存。

3. 因人制宜

不同的人用不同的茶具，这在很大程度上反映了人们的不同地位与身份。在陕西扶风法门寺地宫出土的茶具表明，唐朝皇宫贵族选用金银茶具、秘色瓷茶具和琉璃茶具饮茶；而陆羽在《茶经》中记述的同时代的民间饮茶却用瓷碗。清朝的慈禧太后对茶具更加挑剔，她喜用白玉作杯、黄金作托的茶杯饮茶。而历代的文人墨客，都特别强调茶具的"雅"。宋朝文豪苏轼在江苏宜兴蜀山讲学时，自己设计了一种提梁式紫砂壶，"松风竹炉，提壶相呼"，独自烹茶品赏。这种提梁壶，至今仍为茶人所推崇。在脍炙人口的名著《红楼梦》中，对品茶用具更有细致的描写：尼姑妙玉在庵中待客选择茶具时，因对象地位和与客人的亲近程度而异。她亲自手捧"海棠花式雕漆填金'云龙献寿'的小茶盘"以极其名贵的"成窑五彩小盖钟"沏茶，奉献贾母；用镌有垂珠篆字的"点犀"泡茶，捧给黛玉；用自己平时吃茶的那只"绿玉斗"，后来又换成一只"九曲十环一百二十节蟠虬整雕竹根的一个大盏"斟茶，递给宝玉。给其他众人用茶的是一色的官窑脱胎填白盖碗；而将刘姥姥吃了的茶杯"嫌腌臜"弃之不要了。至于下等人用的则是"有油膻之气"的茶碗。现代人饮茶时，对茶具的要求虽然没那么严格，但也常常要根据各自的饮茶习惯，结合自己对壶艺的要求，选择最喜欢的茶具。

另外，职业有别，年龄不一，性别不同，对茶具的要求也不一样。如老年人讲求茶的韵味，要求茶叶香高味浓，重在物质享受，因此，多用茶壶泡茶；年轻人以茶会友，要求茶叶香清味醇，重于精神品赏，因此，多用茶杯沏茶。男人习惯于用较大而素净的壶或杯斟茶；女人爱用小巧精致的壶或杯冲茶。脑力劳动者崇尚雅致的壶或杯，细品缓啜；体力劳动者常选用大杯或大碗，大口急饮。

❖拓展知识

范增平先生认为，茶艺有广义和狭义之分：广义的茶艺是，研究茶叶的生产、制造、经营、饮用的方法和探讨茶业原理、原则，以达到物质和精神全面满足的享受；狭义的茶艺是研究如何泡好一壶茶的技艺和如何享受一杯茶的艺术。

茶道是以修行得道为宗旨的饮茶艺术，包含茶艺、礼法、环境、修行四大要素。它是一种以茶为媒的生活礼仪，也被认为是修身养性的一种方式，它通过沏茶、赏茶、饮茶而增进友谊、美心修德、学习礼法，是很有益的一种和美仪式。喝茶能静心、静神，有助于陶冶情操、去除杂念，符合佛道儒的"内省修行"思想。

茶艺是茶道的基础，是茶道的必要条件，茶艺可以独立于茶道而存在。茶道以茶艺为载体，依存于茶艺。茶艺重点在"艺"，重在习茶艺术，以获得审美享受；茶道的重点在"道"，旨在通过茶艺修身养性、参悟大道。茶艺的内涵小于茶道，茶道的内涵包容茶艺。茶艺的外延大于茶道，其外延介于茶道与茶文化之间。

三、茶馆风情

世界上茶馆最多的国家，只能是中国。茶馆文化，是中华茶文化的重要组成部分。茶馆，又名茶肆、茶坊、茶店、茶铺、茶楼等，是以饮茶为中心的综合性活动场所。它随着饮茶的兴盛而出现，随着城镇经济、市民文化的发展而发展。

（一）茶馆的发展及其特点

茶馆是社会的一个窗口和缩影，能折射出一个国家或一个地区的地域文化与民族文化。茶馆发展至今已有一千六七百年历史，大体经历了这样四个发展时期。

1. 两晋至唐朝时期

从两晋至唐朝时期，是中国茶馆的形成时期。据已有的资料看，茶馆的前身应是茶摊。据《广陵耆老传》中记载："晋元帝时有老姥，每日独提一器茗，往市鬻之，市人竞买。"也就是说，中国最早的茶摊出现于晋代。

唐玄宗开元年间，出现了茶馆的雏形。唐玄宗天宝末年进士封演的《封氏闻见记》卷六"饮茶"载："开元中，泰山灵岩寺有降魔师，大兴禅教。学禅，务于不寐，又不夕食，皆许其饮茶。人自怀夹，到处煮饮，从此转相仿效，遂成风俗。自邹、齐、沧、棣，渐至京邑城市，多开店铺，煎茶卖之。不问道俗，投钱取饮。"这种在乡镇、集市、道边"煎茶卖之"的店铺，当是茶馆的雏形。到了唐文宗大和年间已有正式的茶馆。唐朝中期政治稳定，社会经济空前繁荣，加之陆羽《茶经》的问世，使得"天下益知饮茶矣"，因而茶馆不仅在产茶的江南地区迅速普及，也流传到了北方城市。此时，茶馆主要经营业务是卖茶、饮茶，除了让人解渴外，还兼有给人提供休息、进食场所的功能，浓郁的文化氛围尚未出现。

2. 宋元明清时期

从宋朝到清朝，中国茶馆进入了逐渐兴盛时期。张择端的名画《清明上河图》生动地描绘了宋朝繁盛的市井景象，其中便有很多的茶馆。南宋时，小朝廷偏安江南一隅，统治阶级的骄奢、享乐生活使杭州这个产茶地的茶馆业更加兴旺发达起来，当时的杭州不仅"处处有茶坊"，且"今之茶肆，刻花架，安顿奇松异桧等物于其上，装饰店面，敲打响盏歌卖"。《都城纪胜》中记载："大茶坊张挂名人书画……多有都人子弟占此会聚，习学乐器或唱叫之类，谓之挂牌儿。"

宋元明清时期，茶馆主要有四个特点：一是茶馆的社会功能逐渐扩大。由原来只卖茶、饮茶而渐渐成为一个社会场所，多方面满足不同层次的需求：高档茶馆乃是文人雅士聚会、叙谈、会友、吟诗作画、品茗赏景之地，也是富商巨贾洽谈生意之场所；较低一层的茶馆是行帮头目聚集碰头所在；最底层的茶馆则是三教九流之辈活动的地方。清朝的茶馆已集政治、经济、文化等于一身。社会上各种新闻在此传播，犹如一个信息交流站；大量民间交易也在茶馆进行，仿佛是个经济交易所。不仅如此，邻里纠纷、商场冲突等也往往拿到茶馆调解。二是注重茶馆的文化环境。中高档茶馆在做好选址同时，都配以精美雅致的家具、茶具，挂以名人字画，茶叶和茶水日趋讲究，各种名贵茶叶应有尽有，各种名水如玉泉、惠泉、虎跑、天然雪水等也随客挑选。即使是低档茶馆，也以营造一个整洁、舒适、宁静的环境来吸引大众茶客。三是民间艺术进入茶馆。宋代时茶馆已有艺人、艺伎的吹拉弹唱，地方戏曲也常在此表演。清朝中期开始，说唱艺术几乎成了茶馆一项主营业务，《三国》《隋唐演义》《西汉》《西游记》等是江南评弹艺人、北方评书与大鼓艺人在茶馆表演的主要曲目。许多茶客把饮茶当作媒介，把听书当作主要内容。茶馆成了评弹、评书、京韵大鼓、梅花大鼓、清音、粤曲、木偶戏表演的主要场所，民间文化在这里得到了充分展示。四是点心佐茶逐渐流行。《茶经》《古今茶事》等都有关于茶馆供应茶点的记载。茶点有瓜子、蜜饯以及糕饼、春卷、水饺、烧卖等各种小吃。据《清稗类钞》记载，当时的茶馆有两种，江南茶馆以清茶为主，也出售南果；另一种是荤铺式茶馆，即茶、点心、饭菜同时供应，既让客人多了一份乐趣和享受，又增添了茶馆的吸引力。

3. 民国时期

20世纪上半叶的民国时期，是中国茶馆的稳步发展时期。这一时期，由于社会动荡、战乱不断，各种矛盾尖锐，茶馆成为人们了解时局、预测形势发展和获取各种信息的主要场所，茶馆的数量陡增。四川有句谚语，"头上晴天少，眼前茶馆多"。以成都为例，当时40万人口的城市，茶馆多达1000多家。在绍兴，仅沿河桥头就有上百家茶馆。随着数量的增加，经营上也呈现出多样性、复杂性的特点。

这一时期，茶馆有了三个特点：一是茶馆的社会功能进一步扩大，政治、经济色彩更为浓厚。一些地方，茶馆成为行业交易的主要场所、人才招聘的自由市场，如农民粮种、牲畜等买卖都在茶馆做成，教师求聘、某人应职也往往在茶馆商定。由于时势动荡混乱，茶馆还成为政界人士或党派人物活动的场所。如战争年代，地下工作者常到茶馆接头、布置任务，《沙家浜》中的阿庆嫂就是利用茶馆作掩护进行工作的。二是茶馆的装饰、布置更趋讲究，西方文化与中国古老的茶馆文化逐渐交融。随着国门被打开，西方的思想文化逐渐进入中国，反映在茶馆业方面，即一些茶馆陈设、布置出现欧化倾向，摆西式家具，挂西洋油画，播爵士音乐等，有的茶馆在布置上中西合璧，满足不同口味客人需要。三是文化内涵与意蕴不断加深。此时，茶馆的文化色彩更趋鲜明，不仅与文化人士结下深缘，而且让大众百姓在此得到文化熏陶和享受，茶馆几乎成为人们精神生活的一块乐土，许多社会名流、文人雅士在茶馆留下了一幅幅生机盎然、雅趣横生的茶事图。在北京，茶馆、茶园成了戏园的代名词，如著名的广和茶园曾邀请许多名伶在此献艺，东顺和茶社不仅有京剧票友常到此聚会活动，连四大名旦之一的程砚秋也经常光顾这里品茗听唱。鲁迅、老舍更是茶馆常客，据说鲁迅的《小约翰》一书还是在北海公园的茶室里翻译成的。在上海，茅盾、夏衍等作家都常去茶馆喝茶、聊天、写作。上海老城南面的亦是园、点春堂、徐园，城西北的露香园，城西南的董园，城中的西园，更是名人雅士流连忘返之地。茶馆还是一些曲艺大师的艺术发祥地，如四川名艺师李德才、李月秋、贾树三，著名评弹演员徐凤仙姐妹等，他们的艺术生涯都是从茶楼、茶馆开始的，大众百姓也从这里欣赏到了名师名家的精湛技艺，丰富和愉悦了精神文化生活。那时，一些茶馆还举办棋赛、鸟鸣等活动，吸引了一大批棋迷、鸟迷。

4. 新中国时期

新中国成立以后，政府对茶馆进行了整顿、改造，取缔了过去一些消极的、不正常的活动，使其成为人民大众健康向上的文化活动场所。改革开放以后，不仅老茶馆、茶楼重放光彩，新型、新潮茶园和茶艺馆也如雨后春笋般涌现。新时期的茶馆无论形式、内容、经营理念还是文化内涵都发生了很大变化，更符合社会发展需要，也更具活力。

这主要体现在四个方面：一是茶馆成为精神文明建设的一个重要组成部分。如今，各种各样的茶楼、茶馆、茶园、茶坊、茶庄、茶座、茶室、茶亭遍布城市的大街小巷和乡镇村落，茶馆文化已与社区文化、村镇文化、校园文化等紧密结合在一起，成为人们精神文化生活不可缺少的组成部分。二是茶馆日益注重内在文化韵味。从茶馆的外表装潢、内部陈设、柔美音乐到服务员的服饰礼仪、沏茶技艺等，无处不透出沁人心脾的文化气息。不同风格的茶馆比比皆是，有的古朴典雅，有的豪华时尚。三是茶道、茶礼、茶艺成为茶馆文化的重要内容。中国土地辽阔，民族众多，各地、各民族的茶馆及其茶道、茶礼、茶艺都有自己的特色。上海都市茶馆、江南茶馆、北京茶馆、巴蜀茶馆等，都有自身独特的吸引力。四是茶馆成为文化交流的中心。许多茶馆常常定期或不定期举办书画展，有的组织品茶、评茶、观茶艺、听丝竹、吟诗词等活动，有的还举办中外专家学者的茶道、茶艺讲座与交流。

（二）茶馆的社会文化功能

从古到今，茶馆经历了上千年的演变，不仅具有各个时代的烙印，也有明显的地域特征，使得茶馆由单纯经营茶水的功能衍生出了诸多其他的功能，概括起来主要有五个方面。

1. 休闲功能

休闲的本意是于"玩"中求得身心的放松，以达到生命保健和体能恢复的目的。品茶是休闲的一种方式。现代人要调养自己的性情，提高自己的素养，品茶是一种很好的休闲之道。品茶讲究茶、水、茶具和环境、心境的统一，其中的神奇之处，只有通过长期的细品才能逐渐体会。

2. 信息功能

所谓"信息"，其本义是指"音信"和"消息"，这里引申为"信息传递"。茶馆历来是信息的集散地，常常为茶客们提供着最有价值的信息；茶馆也是时代风貌的缩影，不少新闻记者曾在茶馆捕捉到许多新闻线索，有的作家还曾从茶馆里搜集到有价值的创作素材。由此可见，茶馆也是被社会各界所关注的"信息源"之一。茶馆的信息功能也是社会发展不可或缺的。

3. 审美功能

审美欣赏是人们一种高层次的精神需求。饮茶之所以被看作是一种文化，主要是因为它在满足人们解渴的生理需要的同时，还能满足人们审美欣赏、社交联谊、养身保健等高层次的精神需要。茶馆提供的审美对象是多方面的：在风景名胜地品茗，可以欣赏自然之美；在建筑特色和装潢风格鲜明的茶馆中品茶，可以领略建筑之美；在富有文化特色的茶馆中品茶，可以享受格调之美；在精彩的茶艺表演中，可以欣赏到茶艺之美；而从茶叶本身和茶具上，可以享受到茶的色、香、味、形之美和茶具的色泽与造型之美。

4. 教化功能

教化功能，即"教育感化功能"。社会学家认为，处于特定文化氛围中的人不可避免地要受到该文化的熏陶和感染，其价值观念和行为准则也就必然会带有该文化的烙印。茶馆是"以茶会友，以茶传情"的重要场所，科学地饮茶，艺术地品茶，有助于美好心灵的塑造。人的心灵美不是抽象的，它包括人的思想、品德、情感、志趣、学识和性格等方面，而所有这些方面又必须外化为具体的行动，才是一种心灵美。茶馆文化中的教化功能，其实是一种"愉快教育"，人们的美好心灵、高尚情操可以在这里以潜移默化的方式塑造和陶冶而成。

5. 餐饮功能

许多茶馆不仅能为人们营造品茗的文化氛围，而且能提供各种精美的菜食、茶点、茶肴，既可满足人们的"口福之娱"，又可使人饱腹。茶馆把饮食文化与茶文化交融在一起，它的这种经营方式称得上是两全其美。

❖特别提示

中国是茶树的原产地。茶在中国经历了药用、食用到饮用的过程。中国古代有煮茶、煎茶、点茶和泡茶等饮茶方法，现代的饮茶方法更是多种多样。品茶的过程其实是审美的过程，从茶叶的冲泡到茶具、茶叶的欣赏都有着不同的方法。由于饮茶者众多，就有了各种类型的茶馆，增添了饮茶的情趣。

❖案例分享

茶文化旅游与茶业经济的关系[①]

一、茶文化旅游，提高茶产业附加值

茶文化旅游是以茶叶生产为依托开发的具有旅游价值的茶业资源、茶叶产品和田园风光观赏，通过茶业与旅游的有机结合，突破了传统茶业生产模式，建立起茶业带动旅游、以旅游促进茶业的互动机制。茶文化旅游让游客不仅能踏青郊游，了解及观赏采茶、制茶的过程，还有机会亲自参与采茶、制茶、品茶，获得无穷的乐趣，因而深受人们喜爱。茶文化旅游的开展，把与茶相关的景点、景观、购物、餐饮、娱乐等串联起来，带动了以茶文化旅游为核心的茶消费，提高了茶的附加值，其中之一就是增加了旅游收入。桂林茶叶科技园作为全新的桂林特色旅游产品、涉外旅游定点单位，在国内外享有一定的知名度，自1999年5月至2007年4月，共接待国内外游客80多万人次，其中国外游客10万多人次。

---

① 林朝赐，张文文，刘玉芳，等.茶文化旅游与茶业经济发展.中国农学通报，2008（2）.

二、茶文化旅游促进茶消费，推动茶业经济发展

一方面，茶文化旅游让游客不仅了解茶的生产流程、制作技术、茶的历史、茶的作用，还可亲自参与茶叶的采摘、制作和品尝，可直接向茶园经营者购买自己所需的产品，使他们在自觉不自觉中产生赏茶爱茶的心理，此外，通过游客购买品质优良的茶叶作为旅游纪念品、馈赠茶礼品，起到了无形的"广告"和促销作用，客观上起到了培育茶人、扩大茶产品的知名度和促进茶消费的作用，扩大了消费群体，拓展了销售市场。另一方面，茶生产者也可根据游客的实际需要及时调整产品结构，从而提高茶业效益，推动茶业经济的发展。桂林茶叶科技园自开放以来至 2006 年年底，旅游者购买茶叶、茶制品、茶具等销售额共 4800 多万元。

三、茶文化旅游促进茶产品质量提高

随着茶文化旅游的日益繁荣，茶叶作为旅游纪念品或馈赠亲友的礼品，也必将得到发展。旅游者希望购买到包装精美、品质优良的茶产品，因此在茶文化旅游中，必须提高茶产品质量，促进茶产品结构的多元发展，从而也提高了茶叶的价值和经济效益。

桂林茶叶科技园中所设置的茶树品种园及高产优质示范茶园等同时也获得较好的经济效益，品种园育苗基地每年培育和推广良种茶苗 6000 多万株，促进了广西无性系良种茶园产业的发展。

茶文化旅游以科普形式，向广大游客宣传、普及中华茶文化和茶知识，对提倡茶饮、促进中国茶事业的发展将有积极的推动作用。

思考与练习

一、思考题

1. 中国茶的发展经历了哪几个时期？

2. 中国茶叶是怎样分类的？各有什么著名品种？

3. 中国古代主要有哪些饮茶法？

4. 绿茶的饮用有哪些方法？

5. 试举例说明中国茶具之美。

6. 如何选配茶具？

7. 中国茶馆具有哪些功能？

二、实训题

学生以小组为单位，设计一个特色浓郁的茶馆，并根据不同的茶叶品种选配恰当的茶具，以充分体现中国的茶文化。

第七章　中国酒文化

引　言

中国是酒的王国，酒的历史悠久，享誉世界。关于酒的起源有多种传说，而中国酒的品种更是成千上万。本章比较详细地介绍了中国酒的分类、著名品种和中国酒的饮用方法，品种繁多、极具观赏价值的中国酒具，以及妙趣无穷的酒道、酒令、酒联、酒诗、酒事等内容。

❖学习目标

1. 了解中国酒的历史发展和中国名酒。
2. 了解各类酒的饮用方法。

第一节　中国酒的历史与名品

中国是世界上酿酒历史最悠久的国家之一，早在《诗经》中就记有"十月获稻，为此春酒"和"为此春酒，以介眉寿"的诗句，表明中国酒之兴起，至今已有 5000 年的历史。在这数千年的历史发展过程中，我国酿造出许多誉满天下的名酒，形成了内涵十分丰富的酒文化，充分反映出中国古代科学技术、社会风俗、文学艺术的发展水平。

❖特别提示

"酒文化"一词，是由我国著名经济学家于光远教授提出来的。关于酒文化这一概念的内涵和外延，1993 年 10 月航空工业出版社出版的《当代中国词库》中解释说："酒文化是一种以酿酒、饮酒、品酒为主要内容的中国传统文化现象。它的产生与酒的产地历史、风俗、地理环境以及酒的制作工艺特点有着紧密的联系。"1994 年，萧家成提出："酒文化就是指围绕着酒这个中心所产生的一系列物质的、技艺的、精神的、习俗的、心理的、行为的现象的总和。"

概括起来，酒文化的内容包括两方面：一是围绕酒的制造所形成的一系列内容，如酿酒技术、酒具制造等；二是围绕酒的使用所形成的一系列内容，如酒的饮用和他用、酒令、酒俗等。中国是酒的王国，历经数千年的沧桑巨变，中国酒仍以其精湛的工艺、独特的风格和最大的产销量驰名世界；中国酒文化更以其悠久的历史、博大精深的蕴涵而屹立于世界酒文化之林。

一、酒的起源

（一）有关酿酒起源的传说

关于酒的起源，历来传说众多，影响最大、最深入人心的是以下四种。

1. 上天造酒说

自古以来，中国人的祖先就有酒是天上"酒旗星"所造的说法。酒旗星最早见《周礼》一书，《晋书》更记载："轩辕右角南三星曰酒旗，酒官之旗也，主宴飨饮食。"轩辕，中国古称星名，共17颗星，其中的酒旗三星，呈"一"字形排列。在当时科学仪器极其简陋的情况下，中国先民能在浩渺的星汉中观察到这几颗并不怎么明亮的"酒旗星"，这不能不说是一个奇迹。但是，认为酒是上天所造，则是缺乏科学依据的。

2. 猿猴造酒说

关于猿猴造酒的说法，在许多典籍中都有记载。清朝李调元在他的著作中记叙道：在海南时，"尝于石岩深处得猿酒，盖猿以稻米杂百花所造，一石六辄有五六升许，味最辣，然极难得"。清朝彭贻孙《粤西偶记》也说："粤西平乐等府，山中多猿，善采百花酿酒。"这些证明是猿猴发现了类似"酒"的东西。其实，当成熟的野果坠落下来后，由于受到果皮上或空气中酵母菌的作用而生成酒，是一种自然现象。

3. 仪狄造酒说

据《世本》《吕氏春秋》《战国策》等典籍记载，仪狄是夏禹时代的人，是他发明了酿酒。《战国策》中说："昔者，帝女令仪狄作酒而美，进之禹，禹饮而甘之，遂疏仪狄，绝旨酒，曰：'后世必有以酒亡其国者。'"但是，也有人认为，酒不会是仪狄所造，因为早在夏禹之前的黄帝、尧、舜时期，就已经有酒可饮了。所以，郭沫若说："相传禹臣仪狄开始造酒，这是指比原始社会时代的酒更甘美浓烈的旨酒。"

4. 杜康造酒说

晋朝江统在《酒诰》中言："有饭不尽，委之空桑，郁结成味，久蓄气芳，本出于此，不由奇方。"这是说杜康将未吃完的剩饭放置在桑园的树洞里，剩饭在洞中发酵后，有芳香的气味传出，这便是酒的原始做法。另一种说法是，杜康是黄帝部落里一个掌管粮食的官员，因其手下渎职造成粮食发霉变质，被贬职还乡，便把这些发霉变质的粮食运回家乡，遍访民间造酒高手，总结经验，反复实验，终于酿造出美酒。

（二）酿酒起源的时间

在史前时期，酒就已经出现，但这个时期的酒是自然发酵产生的。其中，既有天然酒，也有"猴采百花酿酒，土人得之石穴中"的"猿酒"。而人工酿酒的起源时间、确切地点，目前尚无权威资料能够说明，但在新石器时期已经开始则是可以证明的。仰韶文化遗址出土的陶器六孔大瓮，证明7000年前的中国人已经懂得酿酒技术。大汶口文化遗址出土的陶制酒器，河姆渡文化遗址第二层出土的供调酒用的陶器盉，还有大溪文化居民村落和墓葬中出土的供酿酒与贮酒用的较大型器具等，都足以说明在新石器时期已开始了人工酿酒。

二、酒的发展

中国酒在几千年漫长的历史过程中，大致经历了四个重要发展时期。

（一）新石器时代至商周时期

从新石器时代到西周及春秋战国时期，是中国传统酒的启蒙与形成时期。是中国传统酒的启蒙与形成时期。由于有了火，出现了五谷六畜，加之酒曲的发明，使我国成为世界上最早用曲酿酒的国家，发展到夏商周时期已拥有了比较高超的酿酒技术。这主要表现在三个方面：一是用曲酿酒。当时的酿酒方式主要有两种：即用酒曲酿酒和用蘖酿制醴，或用曲蘖同时酿制酒精饮料。曲法酿酒是中国酿酒的主要方式之一。二是总结出酿酒的原则。《礼记·月令》中记载："仲冬之月，乃命大酋，秫稻必齐，曲蘖必时，湛炽必洁，水泉必香，陶器必良，火齐必得。兼用六物，大酋监之，毋有差贷。"这概括了古代酿酒技术的精华，是酿酒时应掌握的六大原则。三是酒的品种较多，有"五齐""三酒"之分。"三酒"包括事酒、昔酒、清酒，根据酿造时间的长短区分；而"五齐"之说见于《周礼》，是五种用来祭祀的不同规格的酒，它们是：泛齐，酒刚熟，有酒滓浮于酒面，酒味淡薄；醴齐，一种汁滓相混合的有甜味的浊酒；盎齐，一种熟透的白色浊酒；缇齐，赤黄色的浊酒；沈齐，酒滓下沉而得到的清酒。

在夏商周时期，酿酒业受到重视，得到较大发展，官府还设置了专门酿酒的机构，控制酒的酿造与销售。酒成为帝王及诸侯的享乐品，"肉林酒池"成为奴隶主生活的写照。在这个阶段，酒虽有所兴，但并未大兴，因为饮用范围主要还局限于社会的上层，而且常常对酒存有戒心，认为它是乱政、亡国、灭室的重要因素。

（二）秦汉至唐宋时期

从秦王朝统一中国开始到唐宋时期，是中国传统酒的成熟期，这主要表现在拥有了比较系统而完整的酿造技术与理论。在北魏贾思勰的《齐民要术》中，有许多关于制曲和酿酒方法的记载，如用曲的方法、酸浆的使用、固态及半固态发酵法、九酝春酒法与"曲势"、温度的控制、酿酒的后道处理技术等，是中国历史上第一次对酿酒技术的系统总结。到唐宋时期，传统的酿酒经验总结、升华成酿造理论，传统的黄酒酿酒工艺流程、技术措施及主要的工艺设备基本定型，黄酒酿造进入辉煌时期。

在这一时期，酒业开始兴旺发达。因为自东汉以来，在长达两个多世纪的时间内战乱纷争不断，统治阶级内部产生了不少失意者，文人墨客崇尚空谈，不问政事，借酒浇愁，狂饮无度，促进了酒业大兴。魏晋之时，饮酒不但盛行于上层，而且早已普及民间的普通人家。到唐宋时期，黄酒、果酒、药酒及葡萄酒等各种类别的酒都有了很大发展，各种名优酒品大量涌现，如出现了新丰酒、兰陵美酒、重碧酒、鹅黄酒等品质优良的著名酒品和我国现存的第一本关于酿酒工艺的专著《北山酒经》，与此同时，喜欢饮酒的人越来越多，其中李白、杜甫、白居易、苏轼、陆游等著名诗人还留下了无数赞美酒的诗篇和众多饮酒逸事，为中国创造了丰富的酒文化。

❖拓展知识

《北山酒经》是我国现存的第一本关于酿酒工艺的专著，作者朱肱。书成于北宋政和年间（约公元 1115 年）前后，曾在京师、东都、福建、两浙等处刊刻流行。

朱肱，字翼中，自号大隐翁，浙江吴兴人。其父朱临，官至大理寺丞，其兄朱服，也官拜礼部侍郎。朱肱自小发愤读书，博览群书。当时朝廷大兴医术，他以工医学而为朝廷起用，官至奉议郎直秘阁。后因手书苏轼诗而被贬达州。他个性倔强，难以适应官场，虽朝廷后又召还，他还是回到家乡，从此隐居西湖，潜心研究医学，著书酿酒以自乐。为了能喝到满意的酒，他深入研究了酿酒技艺，渊博的知识特别是医药学的知识，使他不仅酿出美酒，还酿制了多种药酒、健身酒，并积累了丰富的酿酒经验。正是在对这些经验进行总结的基础上，朱肱著成了此书。《北山酒经》不仅系统总结和阐述了历代酿酒的重要理论，而且指出了宋代酿酒的显著特点和技术进步之处，如酸浆的普遍使用，"酴米""合酵"与微生物的扩大培养技术，投料方法和压榨技术的新发展等，最能完整体现中国黄酒酿造科技精华，在酿酒实践中也最有指导价值。

（三）元明清时期

元明清时期是中国传统酒的提高期。其间由于西域的蒸馏器传入我国，从而促进了举世闻名的中国白酒的发明。明代李时珍在《本草纲目》中说："烧酒非古法也，自元时起始创其法。"又有资料提出"烧酒始于金世宗大定年间（公元 1161 年）"。从此，白酒、黄酒、果酒、葡萄酒、药酒五类酒竞相发展，绚丽多彩，而中国白酒则逐渐深入生活，成为人们普遍接受的饮料佳品，到明朝时已占领了北方的大部分市场，清代时更是成为商品酒的主流。相比之下，黄酒产区日趋萎缩，产量下降。其中的主要原因是蒸馏白酒的酒度高，刺激性大，香气独特，平民百姓即使花费不多也能满足需要，因而白酒受到广泛喜爱。

在这一时期，出现了众多的涉及各类酒酿造技术的文献和大量的名酒。这些有关酿酒的文献大多分布于医书、饮食书籍、日用百科全书、笔记等史料中，主要著作有元朝的《饮膳正要》《居家必用事类全集》，明朝的《易牙遗意》《天工开物》《本草纲目》，清朝的《调鼎集》《胜饮篇》《闽小记》等。其中，《天工开物》中记载有制曲酿酒部分，较为宝贵的内容是关于红曲的制造方法和制造技术插图。《调鼎集》较为全面地记载了清朝绍兴黄酒的酿造技术等，其"酒谱"下设40多个专题，主要的内容有论水、论米、论麦、制曲、浸米、酒酿、发酵和酒的贮藏、运销、品种、用具等，还罗列了106件酿酒用具，可以说是包罗万象，几乎无一遗漏。此外，在明清的笔记和小说中还记载和描述了不少当时的名酒，如《金瓶梅词话》中提到次数最多的是"金华酒"，《红楼梦》中提到绍兴酒、惠泉酒。在《镜花缘》中，作者借酒保之口列举了70多种酒名，汾酒、绍兴酒等都名列其中。

（四）近现代时期

在近现代，由于西方科学技术的进入和利用，西方的酒类品种及生产方式开始对中国产生影响，中国酒逐渐进入变革与繁荣时期。在中华民国时期，中国酿酒技术的变革与发展主要表现在三个方面：一是机械化酿酒工厂的建立。如中国最早的葡萄酒厂于1892年在山东烟台创办，最早的啤酒厂和酒精厂也于1900年在哈尔滨建立。二是发酵科学技术研究机构的设立和人才的培养。如1931年正式开工的中央工业试验所的酿造工厂是中国最早的酿造科学研究所。该所不仅进行酿酒技术的科学研究，而且担负了培养酿酒技术人才的任务。三是酿酒科学研究的兴起。从20世纪二三十年代开始，中国开始对发酵微生物的分离进行鉴定，酿酒技术也得到了改良。

新中国成立后，尤其是改革开放以来，中国的酿酒技术有了许多突破性发展，表现在五个方面：一是黄酒生产技术的发展。如用粳米代替糯米，用机械化和自动化输送原料，对黄酒糖化发酵剂的革新，以及在黄酒的压榨及过滤工艺、灭菌设备的更新、贮藏和包装等方面取得的显著进步。二是白酒生产技术的发展。其主要特征是围绕提高出酒率、改善酒质、变高度酒为低度酒、提高机械化生产水平、降低劳动强度等方面的问题进行了一系列改革。三是啤酒工业的发展。20世纪50年代前后，中国的啤酒产量仅有1万~4万吨。改革开放后，中国的啤酒工业进入了高速发展时期。一些现代化的国外啤酒生产设备引进到国内，啤酒厂的生产规模得到前所未有的扩大。到20世纪90年代，中国啤酒的年产量已接近2000万吨。四是葡萄酒工业的发展。葡萄酒的生产、科研、设计以及对外合作等方面都取得了可喜的成绩，如今中国的葡萄酒质量已接近或达到国际先进水平。五是酒精生产技术的发展。20世纪50年代以前，中国的酒精工业发展缓慢、技术水平落后，除酒精回收采用连续蒸馏外，其他均为间歇工艺，原料不经粉碎，糖化剂采用绿麦芽，淀粉利用率仅60%左右。经过半个多世纪的发展，中国的酒精工业有了翻天覆地的变化，淀粉利用率已达到92%，与国际水平相差无几。由此，促进了中国酒业的不断发展。

2021年，在中国"十四五规划"开局之年和新冠疫情防控常态化、我国经济重回发展正轨的关键之年，中国酒业协会发布了《中国酒业"十四五"发展指导意见》，不仅系统地总结了中国酒类产业"十三五"发展的成就和面临形势，阐述了未来五年酿酒产业发展的战略目标与主要任务，而且提出了具体的保障措施和政策建议。其中，主要目标有13个，主要任务有14个，包括品质表达、人才培育、文化普及、市场培育、文化遗产保护等方面。同时，围绕产业政策则提出了八项建议，一是将中国白酒传统酿造遗址和酿造活文物，申请世界文化遗产，将白酒、露酒、黄酒酿酒技艺申请世界非物质文化遗产；二是推广白酒文化和鼓励白酒出口；三是加大政策扶持酒类知识产权保护力度；四是加强国产啤酒大麦产业发展；五是推动生物燃料乙醇健康可持续发展；六是加强工坊啤酒食品安全监管；七是完善《劳动法》及《失业保险条例》等法律、法规；八是实行制假、售假黑名单制，加大酒类假冒犯罪成本。

三、酒的种类与名品

（一）酒的种类

这里按照日常生活习惯，将中国酒分为黄酒、白酒、果酒、啤酒和药酒五类。

1. 黄酒

黄酒是中国生产历史悠久的传统酒品，因其颜色黄亮而得名。它以糯米、玉米、黍米和大米等粮谷类为原料，经酒药、麸曲发酵压榨而成。酒性醇和，适于用陶质坛装、泥土封口后长期贮存，有越陈越香的特点，属低度发酵的原汁酒。酒度一般在12%~18%（V/V）之间。黄酒的特点是酒质醇厚幽香，味感谐和鲜美，有一定的营养价值。黄酒除饮用外，还可作为中药的"药引子"。在烹饪菜肴时，它又是一种调料，对于鱼、肉等荤腥菜肴有去腥提味的作用。

根据用料、酿造工艺和风味特点的不同，黄酒可以划分成三种类型：一是江南糯米黄酒。它产于江南地区，是以糯米为原料，以酒药和麸曲为糖化发酵剂酿制而成的，以浙江绍兴黄酒为代表。其酒质醇厚，色、香、味都高于一般黄酒。酒度在13%~20%（V/V）之间。二是福建红曲黄酒。它产于福建，是以糯米、粳米为原料，以红曲为糖化发酵剂酿制而成的，以福建老酒和龙岩沉缸酒为代表，具有酒味芬芳、醇和柔润的特点。酒度在15%（V/V）左右。三是山东黍米黄酒。它是中国北方黄酒的主要品种，最早创制于山东即墨，现在北方各地已有广泛生产。它以黍米为原料，以麸曲为糖化剂酿制而成，具有酒液浓郁、清香爽口的特点。酒度在12%（V/V）左右。

黄酒的质量高低是根据其色、香、味的特点进行评定的，色泽以浅黄澄清（即墨黄酒除外）、无沉淀物者为优，香气以浓郁者为优，味道以醇厚稍甜、无酸涩味者为优。

2. 白酒

白酒是蒸馏酒的一种，是以高粱等粮谷为主要原料，以大曲、小曲或麸曲及酒母为糖化发酵剂，经蒸煮、糖化、发酵、蒸馏、陈酿、勾兑而制成的。中国白酒与白兰地、威士忌、伏特加、朗姆、金酒并列为世界六大蒸馏酒。

中国白酒的特点是无色透明，质地纯净，醇香浓郁，味感丰富，酒度在30%（V/V）以上，刺激性较强。根据其原料和生产工艺的不同，白酒形成了不同的香型与风格，大致分为五种：一是清香型。其特点是酒气清香芬芳，醇厚绵软，甘润爽口，酒味纯净。以山西杏花村的汾酒为代表，又称汾香型。二是浓香型。其特点是饮时芳香浓郁，甘绵适口，饮后尤香，回味悠长，可概括为"香、甜、浓、净"四个字。以四川泸州老窖特曲为代表，又称泸香型。三是酱香型。其特点是香而不艳，低而不淡，香气幽雅，回味绵长，杯已空而香气犹存。以贵州茅台酒为代表，又称茅香型。四是米香型。特点在于米香清柔，幽雅纯净，入口绵甜，回味怡畅。以桂林的三花酒和全州的湘山酒为代表。五是其他香型。其中，又可以分为药香型、凤香型、兼香型、豉香型、特香型、芝麻香型等。在中国白酒中，生产得最多的是浓香型白酒，清香型白酒次之，其余的生产量则较少。

白酒质量的高低是根据其色泽、香气和滋味等进行评定的。质量优良的白酒，在色泽上应是无色透明，瓶内无悬浮物、无沉淀现象；在香气上应具备本身特有的酒味和醇香，其香气又分为溢香、喷香和留香等；在滋味上，应是酒味醇正，各味协调，无强烈的刺激性。

3. 果酒

凡是用水果、浆果为原料直接发酵酿造的酒都可以称为果酒，果酒品种繁多，酒度在15%（V/V）左右。各种果酒大都以果实名称命名。果酒因选用的果实原料不同而风味各异，但都具有其原料果实的芳香，并具有令人喜爱的天然色泽和醇美滋味。果酒中含有较多的营养成分，如糖类、矿物质和维生素等。由于人们更喜欢用葡萄来酿造酒，其产量较大，而以其他果实酿造的酒在产量上较少，所以果酒又常常分成葡萄酒类和其他果酒类。

❖拓展知识

葡萄酒种类繁多，一般按照以下方法分类：一是按葡萄生长来源分为山葡萄酒（野葡萄酒）和家葡萄酒；二是按葡萄酒的颜色分为白葡萄酒、红葡萄酒和桃红葡萄酒；三是按葡萄酒中的含糖量分为干葡萄酒、半干葡萄酒、半甜葡萄酒、甜葡萄酒；四是按是否含有二氧化碳分为静止葡萄酒（不含二氧化碳的葡萄酒）和起泡葡萄酒（含有二氧化碳的葡萄酒，包括葡萄汽酒和香槟酒）；五是按饮用方式分为开胃葡萄酒、佐餐葡萄酒、餐后葡萄酒。其中，餐后葡萄酒是在餐后饮用，主要是一些加强了甜味的浓甜葡萄酒。除了以上的分类方法外，还有葡萄蒸馏酒（一般称白兰地）和加香（添加芳香性植物）葡萄酒，如"味美思"。

4. 啤酒

啤酒是以大麦为原料，啤酒花为香料，经过发芽、糖化、发酵制成的一种低酒精含量的原汁酒，通常人们把它看作一种清凉饮料。它的特点是有显著的麦芽和啤酒花的清香，味道醇正爽口。其酒精含量在2%~5%（V/V）之间，但含有大量的二氧化碳和11种维生素、17种氨基酸等成分，营养丰富，能帮助消化、促进食欲。每1升啤酒经消化后产生的热量，相当于10个鸡蛋，或500克瘦肉，或200毫升牛奶所产生的热量，故有"液体面包"之称。

啤酒的种类较多，大致有四种分类方法：一是根据啤酒是否经过灭菌处理，可分为鲜啤酒和熟啤酒两种。鲜啤酒又称生啤酒，没有经过杀菌处理，因此保存期较短，在15℃以下可以保存3~7天，但口味鲜美，目前深受消费者欢迎的"扎啤"就是鲜啤酒。熟啤酒是经过杀菌处理的啤酒，稳定性好，保存时间长，一般可保存3个月，但口感及营养不如鲜啤酒。二是根据啤酒中麦芽汁的浓度，可分为低浓度啤酒、中浓度啤酒和高浓度啤酒3种。低浓度啤酒的麦芽汁浓度在7%~8%（V/V）之间，中浓度啤酒的麦芽汁浓度在10%~12%（V/V）之间，高浓度啤酒的麦芽汁浓度在14%~20%（V/V）之间。啤酒中的酒精含量，也是随麦芽汁的浓度增加而增加的。三是根据啤酒的颜色，可分为黄色啤酒、黑色啤酒和白色啤酒3种。黄色啤酒又称淡色啤酒，口味淡雅，目前中国生产的啤酒大多属于此类。黑色啤酒又称浓色啤酒，酒液呈咖啡色，有光泽，口味浓厚，并带有焦香味，产量较少，仅在北京、青岛有生产。白色啤酒是以白色为主色的啤酒，酒精含量很低。四是根据啤酒中有无酒精含量，可分为含酒精啤酒和无酒精啤酒两种。无酒精啤酒是近年来啤酒酿造技术的一个突破，特点是保持了啤酒的原有味道，但又不含酒精，受到广泛的好评。

啤酒质量的鉴定是从透明度、色泽、泡沫、香气、滋味等方面来检验的，质量优良的啤酒应是酒液透明、有光泽，色泽深浅因品种而异，泡沫洁白细腻、持久挂杯，有强烈的麦芽香气和酒花苦而爽口的口感。

5. 药酒

药酒属配制酒，是以成品酒（大多用白酒）为酒基，配各种中药材和糖料，经过酿造或浸泡制成的具有不同作用的酒品。药酒是中国的传统产品，品种繁多，明代李时珍的《本草纲目》中就载有69种药酒，有的至今还在沿用。其功效各异，主要分为两大类：一类是滋补酒，它既是一种饮料酒，又有滋补作用，如五味子酒、男士专用酒、女士美容酒。另一类是药用酒，是利用酒精提取中药材中的有效成分，提高药物的疗效。这种酒是真正的药酒，大都在中药店出售。

❖特别提示

　　酒的品种成千上万，分类方法各不相同，按生产方式可分为蒸馏酒、发酵酒、配制酒三大类；按酒精含量可以分为低度酒、中度酒、高度酒；按照酿酒原料可分为黄酒、白酒、果酒等。而《中国酒经》则把中国酒分为三个类别：一是发酵酒。即将原料经过发酵使糖变成酒精后，用压榨方法使酒液和酒糟分开而得到酒液，再经陈酿、勾兑而成的酒，包括啤酒、果酒、黄酒等。其特点是酒度低、营养价值较高。二是蒸馏酒。用各种原料酿造产生酒精后的发酵液、发酵醪或酒醅等，经过蒸馏技术，提取其中酒精等易挥发性物质，再经过冷凝而制成的酒，包括白酒、其他蒸馏酒。其特点是酒精含量高，几乎不含营养素，通常需要经过长期的陈酿。三是配制酒。以酿造酒（如黄酒、葡萄酒）或蒸馏酒、食用发酵酒精为酒基，用混合蒸馏、浸泡、萃取液混合等各种方法，混入香料、药材、动植物、花等，使之形成独特的风格，包括露酒、调配酒。其酒精含量介于发酵酒和蒸馏酒之间，加工周期短，营养价值依选用酒基和添加辅料不同而异。

（二）中国名酒

1. 黄酒类

　　加饭酒，产于浙江绍兴，是绍兴黄酒中的上品。它以糯米为原料，以麦曲、酒母、浆水等为辅助原料，通过浸米蒸饭、糖化发酵酿制而成。加饭酒色泽深黄带红，香气浓郁，味醇厚鲜美，饭后怡畅。

　　龙岩沉缸酒，产于福建省龙岩地区。它以上等糯米为原料，采用淋饭法搭窝操作，待窝内糖液达 3/5 时，加入红曲及米烧酒，3~4 天后再加入所剩的米烧酒，使醪液达到预定的酒度。添加两次白酒，有利于糖化发酵的进行，并使酒品温和，酸度的变化不会过快。最后，静置养胚 50~60 天后榨酒、煎酒、贮存。

2. 白酒类

　　茅台酒，是酱香型白酒中最著名的代表，因产于贵州省仁怀县茅台镇而得名。1915年荣获巴拿马万国博览会金质奖，驰名中外，誉满全球。茅台产名酒，与其独特的自然条件、赤水河水和优良的高粱做原料密不可分。每年从重阳节开始投料，经 9 个月完成一个酿酒周期，再贮存 3 年以上，然后勾兑成产品。茅台酒的特点是色泽晶莹透明，口感醇厚柔和，无烈性刺激感，入口酱香馥郁，回味悠长，饮后余香绵绵，持久不散，素有"国酒"之誉。

　　五粮液，是浓香型大曲酒中出类拔萃的佳品，由四川省宜宾五粮液酒厂生产。因选用了高粱、糯米、大米、小麦和玉米五种粮食酿造而得名。它的历史源远流长，与唐朝的"重碧"酒、宋朝的"荔枝绿"酒、明朝的"咂嘛酒"、清朝的"杂粮酒"等一脉相承。1929 年，宜宾县前清举人杨惠泉爱其酒质优点而鄙其名称，更名为"五粮液"。五粮液在酿造过程中，选用清洌优良的岷江江心水以及陈曲和陈年老窖酿造，发酵期在70天以上，并用老熟的陈泥封窖。同时，在分层蒸馏、量窖摘酒、高温量水、低温入窖、滴窖降酸、回酒发酵、双轮底发酵、勾兑调味等一系列工序上都有一套丰富而独到的经验。它无色、清澈透明，香气悠久，味醇厚，入口甘绵，入喉净爽，各味协调，恰到好处。

泸州老窖特曲，是浓香型白酒中最著名的代表，产于四川省泸州市泸州老窖酒厂。泸州最老的酒窖，建于明朝万历年间，至今已被列入全国重点保护文物。泸州曲酒的主要原料是当地的优质糯高粱，以小麦制曲，选用龙泉井水和沱江水，采取传统的混蒸连续发酵法酿造。蒸馏得酒后，再用"麻坛"贮存一两年，最后通过细致的品尝和勾兑，达到固定的标准。泸州老窖特曲的酒液晶莹清澈，酒香芬芳飘逸，酒体柔和纯正，酒味协调适度，具有窖香浓郁、清洌甘爽、饮后留香、回味悠长等特点。

汾酒，是清香型酒中的上品，因产于山西省汾阳市杏花村而得名。汾酒以晋中平原所产高粱为原料，用大麦、豌豆制成的"青茬曲"为糖化发酵剂，取古井和深井的优质水为酿造用水，采用二次发酵法，即先将蒸透的原料加曲埋入土中的缸内发酵，然后取出蒸馏，得到酒醅，再加曲发酵，将两次蒸馏的酒配合后方为成品。汾酒色泽晶莹透亮，清香雅郁，入口绵柔、甘洌，余味净爽，有色、香、味三绝之美。

西凤酒，是凤香型白酒的典型代表，产于陕西省宝鸡市凤翔区西凤酒酒厂。它以当地特产高粱为原料，用大麦、豌豆制曲，采用续渣发酵法，经过立窖、破窖、顶窖、圆窖、插窖和挑窖等工序酿造、蒸馏得酒，再贮存3年以上，然后进行精心勾兑而成。西凤酒具有醇香秀雅、甘润挺爽、诸味协调、尾净悠长的风格，融清香、浓香之优点为一体。

董酒，是药香型或董香型的典型代表，产于贵州省遵义市董公寺镇。它采用优质高粱为原料，以大米加入95味中草药制成小曲，以小麦加入40味中草药制成大曲，采用两小两大、双醅串蒸工艺，即用小曲小窖发酵成酒醅，大曲大窖发酵成香醅，两醅一次串蒸而成原酒，经分级陈贮一年以上再精心勾兑而成。董酒无色、清澈透明，香气幽雅舒适，既有大曲酒的浓郁芳香，又有小曲酒的柔绵、醇和、回甜，还有淡雅舒适的药香和爽口的微酸，入口醇和浓郁，饮后甘爽味长。由于酒质芳香奇特，在属于其他香型的白酒中独树一帜。

古井贡酒，产于安徽省亳州市古井镇。亳州是曹操、华佗的故乡，早在汉代就有名酒享誉华夏。古井酒厂现存的酿酒取水用的古井，是南北朝时梁朝中大通四年（公元532年）的遗迹，井水清澈透明，甘甜爽口。用它酿造的酒品质极佳，故名"古井贡酒"。古井贡酒以本地优质高粱为原料，以大麦、小麦、豌豆制曲，沿用陈年老发酵池，继承了混蒸、连续发酵工艺，又将现代酿酒方法加以改进，酿出了风格独特的酒品。古井贡酒清澈如水晶，香醇如幽兰，酒味醇和，浓郁甘润，黏稠挂杯，余香悠长。

郎酒，产于四川省古蔺县二郎滩镇。二郎滩镇地处赤水河中游，附近的高山深谷之中有一清泉，名为"郎泉"。郎酒即取该泉水酿制，故有此名。郎酒至今已有100多年的酿造历史。据有关资料记载，清朝末年，当地百姓发现郎泉水适宜酿酒，便开始以小曲酿制出小曲酒和香花酒。1932年，由小曲改用大曲酿酒，取名"四沙郎酒"，酒质尤佳。从此，郎酒声名鹊起。郎酒在酿造过程中，采取分两次投料、反复发酵蒸馏、7次取酒的方法，一次生产周期为9个月。每次取酒后，分次、分质贮存，封缸密闭，送入天然岩洞中，待3年后酒质香甜，再将各次酒勾兑制作成品。郎酒清澈透明，酱香浓郁，醇厚净爽，入口舒适，甜香满口，回味悠长。

3. 啤酒类

青岛啤酒，是中国啤酒的典范，产于山东省青岛啤酒厂。青岛啤酒厂的前身是日耳曼啤酒股份公司青岛公司，建于1903年8月，是我国第一座以欧洲技术建造的啤酒厂，堪称中国啤酒的摇篮。青岛啤酒以浙江余姚的二棱大麦生产麦芽为主要原料，以崂山脚下清澈甘甜的泉水为酿造用水，以优良青岛大花、青岛小花为香料，辅以德国传统酿制工艺精心酿制而成。它具有泡沫洁白细腻、酒液清亮透明、口味香醇爽口等特点。

北京啤酒，产于北京啤酒厂。北京啤酒厂始建于1941年，曾经长时间占据北京市场的霸主地位。1996年引进日本的先进技术开始对原产品进行改良。北京特制啤酒采用优质国产麦芽和新疆酒花酿造而成，泡沫洁白、细腻持久，具有幽雅的酒花香味，口味醇正、清淡爽口。

上海啤酒，是中国淡爽型啤酒的代表，产于上海啤酒厂。上海啤酒厂的前身为上海啤酒公司，建于1912年。上海啤酒选用优质麦芽和中国江南糯米为辅料，新疆优质酒花为香料，并用独特的水处理工艺制备纯净水，采用传统酿造工艺酿制而成。上海啤酒具有泡沫洁白、香味醇正等特点。

4. 果酒类

在中国的果酒中，主要以葡萄酒最为有名。

张裕红葡萄酒，产于山东烟台张裕集团有限公司。该公司的前身为烟台张裕酿酒公司，是由中国近代爱国侨领张弼士先生于1892年独资创办的中国第一个工业化生产葡萄酒的厂家。张裕红葡萄酒选用玫瑰香、玛瑙红、解百纳等葡萄品种，经低温发酵、贮存、陈酿而成，色泽如红宝石，酒液鲜艳透明，具有浓郁的葡萄香和酒香，滋味醇厚，酸甜适口，余香良好，风味独特。

长城干白葡萄酒，产于河北长城葡萄酒有限公司。它选用优质龙眼葡萄为原料，果汁经澄清处理，添加优良葡萄酒酵母，经低温发酵，并采取预防氧化、冷冻精滤等工序酿造而成。长城干白葡萄酒色泽微黄带绿，透明晶亮，果香悦人，新鲜爽口。

王朝半干白葡萄酒，产于天津王朝葡萄酿酒公司。它选用麝香葡萄为原料，经压榨、果汁净化、控温发酵、除菌过滤、隔氧操作、恒温瓶贮等工序酿成。其酒色微黄，近于无色，澄澈透明，果香浓郁，酒体丰满，微酸适口，回味悠长。

第二节 中国饮酒艺术

一、饮酒方法

自人工酿酒出现以后，酒的饮用方式就不断增多、花样百出。过去，许多人常常随性而饮，曾有人在夜晚漆黑一片中饮酒，称为"鬼饮"；有人在树梢上饮酒，称为"鹤饮"；有人在月下独酌，称为"独饮"；还有人读史击节而饮，称为"痛饮"。这里，仅按照酒的各种类别，简要介绍相应的饮用方法。

（一）黄酒的饮用法

千百年来，黄酒由于质量优良、风味独特，一直受到人们的喜爱和称颂。黄酒的饮用方法有很多奥妙，不同的饮用方法往往有不同的作用。

1. 热饮

将黄酒加温后饮用，可品尝到各种滋味，暖人心肺，且不致伤肠胃。清朝梁章钜在《浪迹续谈》中说："凡酒以初温为美，重温则味减，若急切供客，隔火温之，其味虽胜，而其性较热，于口体非宜。"黄酒的温度一般以40℃~50℃为好。热饮黄酒能驱寒除湿、活血化瘀，对腰酸背痛、手足麻木和震颤、风湿性关节炎及跌打损伤患者有一定疗效。

2. 冷饮

夏季气候炎热，黄酒可以冷饮。其方法是将酒放入冰箱直接冰镇或在酒中加冰块，后者既能降低酒温，又降低了酒度。冷饮黄酒可消食化积，有镇静作用，对消化不良、厌食、心跳过速、烦躁等有疗效。

3. 其他饮用方法

黄酒还可以与其他食物或药物相组合，产生新的饮法。如将黄酒烧开冲蛋花，加红糖，用小火熬片刻后饮用，有补中益气、强健筋骨的疗效，可防止神经衰弱、神思恍惚、头晕耳鸣、失眠健忘、肌骨萎脆等症。将黄酒和荔枝、桂圆、红枣、人参同煮服用，其功效为助阳壮力、滋补气血，对体质虚弱、元气降损、贫血等有疗效。

（二）葡萄酒的饮用法

葡萄酒的品种众多，对于不同的葡萄酒，有着不同的饮用方法，但总体而言，主要有以下三个方面。

首先，要注意酒的温度。不同种类的葡萄酒有它各自适宜的饮用温度，如果保持这个温度，那么其味道最好、效果也最佳。其中，香槟酒适宜9℃~10℃时饮用，白干葡萄酒适宜 10℃ ~11℃时饮用，桃红葡萄酒适宜 12℃ ~14℃时饮用，白甜葡萄酒适宜 13℃ ~15℃时饮用，干红葡萄酒适宜 16℃ ~18℃时饮用，浓甜葡萄酒适宜 18℃时饮用。如果不具备这些条件，在常温下饮用也可以。如果是冰箱中存放的酒，取出时应先缓缓加温后再饮用。

其次，要注意饮用的顺序。上酒时应先上白葡萄酒，后上红葡萄酒；先上新鲜的（酒龄短的、有新鲜果香的）葡萄酒，如龙眼半干白或北京的赤霞珠葡萄酒，再上陈酿葡萄酒，如北京出产的中国红白葡萄酒或玫瑰香葡萄酒；先上淡味葡萄酒，后上醇厚的葡萄酒；先上不带甜味的干酒，后上甜酒。

最后，不同的菜品配饮不同种类的酒。如果将酒与菜搭配食用，则必须注意不同的菜配不同的酒，这样既不会以酒的风味掩盖菜的风味，也不会使菜的风味掩盖了酒的风味，并能取得菜肴与美酒风味协调的效果。它们是：海鲜类菜如鱼、虾、蟹、海参等，宜饮白葡萄酒、干白葡萄酒、半干葡萄酒；一般肉类菜如猪肉、猪内脏等，宜饮淡味的红葡萄酒、桃红葡萄酒；牛排、羊肉宜饮味浓的红葡萄酒，如中国红葡萄酒、北京红葡萄酒等；家禽类菜宜饮红葡萄酒；油腻的荤菜如扣肉等宜饮干红葡萄酒；饭后甜食则宜饮白葡萄酒。

（三）白酒的饮用方法

在饮用方法上，与黄酒、葡萄酒不一样的是，白酒的饮用方法比较随意。当然，如果是饮用中国著名的白酒，还是应该讲究科学的饮用方法。一般而言，饮用白酒，首先应该"看"。即观察酒的包装、酒液的透明度，了解酒的香型、酒精度以及酒的产地、品牌等，根据这些来判断酒是否纯正，并且确定饮用量。其次是"闻"。中国白酒的香型众多，通过闻可以欣赏到不同类型白酒的芳香，这是品饮中国白酒的一大乐趣。最后是"尝"。人的舌头各部分是有分工侧重的，如舌尖对甜敏感，两侧对酸敏感，舌后部对苦涩敏感，而整个口腔和喉头对辛辣都敏感，所以品饮白酒应浅啜，让酒在舌中滋润和匀，以充分感受白酒的甜、绵、软、净、香。

❖特别提示

饮用白酒必须注意的是，由于白酒中含有乙醇，少量饮用白酒，能刺激食欲，促进消化液的分泌和血液循环，使人精神振奋并抵御寒冷，对人体有一定益处。但是，饮用白酒不宜过量，否则，将刺激胃黏膜，不利消化，轻者过度兴奋、皮肤充血、意识模糊，人的控制能力降低；重者知觉丧失、昏睡，并可能因酒精中毒导致死亡，长期饮用还会引起肝硬化和神经系统的疾病。

（四）啤酒的饮用法

饮用啤酒时，首先，要考虑酒的温度。众所周知，夏天喝冰啤酒，特别舒畅、爽口、够味。据说，世界上第一台冰箱的诞生，就是用来冰冻啤酒的。但是，啤酒在冰箱中存放时只能直放，不可横卧，更不可把刚运到的啤酒立即打开饮用。因为这样启瓶时容易使酒外溢，造成浪费。另外，也不宜将啤酒放在冰箱内冰镇太久，否则会使气泡消失，酒液浑浊，失去原有的香味。啤酒的温度太高，则苦涩味突出，且二氧化碳气体容易放出，也会影响其风味。一般来说，比较理想的啤酒温度应该在10℃左右。当然，也应考虑到季节和室温的变化对啤酒温度的影响。

其次，还要讲究酒杯。可选用厚壁深腹窄口的玻璃杯，以保持酒的泡沫和酒香，也便于观察酒液色泽和升泡现象。酒杯的容量以200~300毫升为宜。喝啤酒的酒杯应洁净，不得有油腻和污点，更不能有任何气味，否则会严重影响泡沫的持久性和风味。啤酒杯在使用前必须单独清洗干净，放在冰箱里冰冻一段时间，使酒杯外面产生一层薄霜，然后再取出注酒，饮时会感到风味别致。

最后，还必须注意倒酒的方式。倒啤酒是一种艺术，较好的方法是先在洁净的酒杯中注入1/3杯啤酒，使其产生一层细腻洁白的泡沫，然后把杯子倾斜成一定的角度，再缓缓地把酒注满。这样，得到的就是一杯上层布满泡沫、下面呈现棕黄色透明液体的啤酒，酒液透过晶亮的酒杯，给人一种愉快的享受。斟酒时速度要适中，尽量使细细的泡沫呈奶酪状高高涌起。一般杯中啤酒和泡沫的比例呈8：2时最为合适。酒瓶开启后最好一次倒完，多次倒酒会导致泡沫消失。怎样喝啤酒才爽口呢？这与泡沫有一定的关系，因为泡沫具有防止酒香和二氧化碳逸出的作用。饮用时，应将口唇挡住泡沫，在泡沫和酒的分界处大口地畅饮，而不能像喝白酒那样小口品尝。

（五）药酒的饮用方法

药酒分为治疗性药酒和保健性药酒。对于治疗性药酒，必须有明确的适应证、使用范围、使用方法、使用剂量和禁忌证的严格规定，一般应当在医生的指导下选择服用。保健性药酒虽然不像治疗性药酒那样严格要求，但是饮用仍然应十分慎重，必须根据人的体质、年龄、对酒的耐受力以及饮酒的季节等适当选择。

❖特别提示

药酒通常应在饭前饮用并以温饮为佳，便于药物迅速吸收，较快地发挥保健或治疗作用，一般不宜佐膳饮用。饮用药酒，还必须注意饮用禁忌，用量不宜过多，应根据人对酒的耐受力，每次饮10~30毫升，每日早晚饮用，或根据病情及所用药物的性质及浓度而调整。此外，饮用药酒时，应避免与不同治疗作用的药酒交叉饮用。用于治疗的药酒在饮用过程中应病愈即止，不宜长久服用。

二、酒具

酒具，在早期是指制酒、盛酒、饮酒的器具，近代大工业化制酒工艺产生后则主要指盛酒和饮酒的器具。由于社会经济的不断发展，在不同的历史时期，酒器的制作技术、材料和造型等出现相应的变化，故产生了种类繁多、令人目不暇接的酒器。按酒器的制作材料分，有天然材料酒器，如木竹制品、兽角、海螺、葫芦等；有金属酒器，如青铜制酒器、金银酒器、锡制酒器、铝制酒器、不锈钢饮酒器等；还有陶制酒器、漆制酒器、瓷制酒器、景泰蓝酒器、玻璃酒器、玉器、水晶制品以及袋装塑料软包装、纸包装容器等。这里，为了叙述方便，仅根据酒具用途对酒具类别及其名品进行介绍。

（一）盛酒类酒具

盛酒器具是指盛酒备饮的容器，类型很多，主要有尊、壶、卣、盉、皿、鉴、瓮、瓶、彝等。每一类酒器又有许多式样，有的是普通型，有的是动物造型，以尊为例，有象尊、犀尊、牛尊、羊尊、虎尊等。历史上出现过许多精美而著名的盛酒具。

1. 尊

尊，在古代统治阶级使用的礼器中，仅次于鼎，先秦时期有广义和狭义之分。广义者，凡盛酒之器，皆可称为尊。狭义者，是指一种大口而圈足的盛酒器具。此外，其形状还有圆口而方足的，有带盖的，有方形的，有带肩的；其制作材料也较广泛，常用陶、青铜、玉石等制作。在历史上，尊的名品众多，如西周的青铜鸥鸮尊，高44.6厘米，口径28.8厘米，系圆尊，有四道扉棱，沿口下饰蕉叶纹，颈饰纹带，腹不显。饰卷角和圈足饰饕餮纹，内底有铭文12行，共122字。此尊铸工精良，纹饰富有立雕感，有很高艺术价值。

2. 卣

卣是盛酒具中重要的一类。其出土遗物之多约与尊相等，但多见于商朝及西周中期。卣的名称定自宋朝。《重修宣和博古图》卷九《卣总说》："卣之为器，中尊也。"郑獬《觥记注》称："卣者，中尊也，受五斗。"卣在初期形制上的共同特征是椭圆形，大腹细颈，上有盖，盖有钮，下有圈足，侧有提梁。后来，卣更受其他器形的影响，演化成各种形状，有体圆如柱的，有体如瓿的，有体方的，有作鸥鸮形四足的，有作鸟兽形的，有长颈的等。著名的品种较多，如西周早期的太保铜鸟卣，通高23.5厘米，通体作鸟形，首顶有后垂的角，颔下有两胡，提梁饰鳞纹，有铭文"太保铸"3字。

3. 壶

壶，在礼器中盛行于西周和春秋战国时期，用途极广，与尊、卣同为盛酒器。"夫尊以壶为下，盖盛酒之器。"（《重修宣和博古图》）郑獬《觥记注》称："壶者，圜器也，受十斗，乃一石也。"壶的形制多变，在商朝时多圆腹、长颈、贯耳、有盖，也有椭圆而细颈的；西周后期贯耳的少，兽耳衔环或双耳兽形的多；春秋战国时期则多无盖，耳多蹲兽或兽面衔环。秦汉以后，陶瓷酒壶、金银酒壶蔚为大观，其形状多有嘴、有把儿或提梁，体有圆形、方形、瓠形等不一而足。其著名品种如现藏河南省博物馆的商朝陶壶，高 22 厘米，口径 7.4 厘米，黑皮陶，打磨光亮，有盖、长颈、鼓腹，腹径最大处靠近底部，圈足，颈和腹部有弦纹数周，形制十分精美。

（二）煮（温）酒器

1. 爵

爵，是指一种前有长"流"，后有尖"尾"，旁有把手的"鋬"，上有两柱，下有三足的特殊形态的酒器。爵的名称定自宋朝人。《重修宣和博古图》云："爵则又取其雀之象，盖爵之字通于雀，雀小者之道，下顺而止逆也，俯而啄抑而四顾，其虑患也。"可见，爵的造型是取雀的形状和雀鸣之义。过去，人们多称爵为饮酒器，但若查看其形制，口上两柱，腹下三长足，则发现它实不便于饮，而且从出土的爵发现有的腹下有烟炱痕，说明应是煮酒器。爵的形状还有圆底、平底，或有盖、无盖，其形制盛行于商朝及西周早期。著名品种有商朝后期的妇好爵，通高 26.8 厘米，足高 12.1 厘米，流尾部器壁较厚，柱呈伞形，浅腹平底，三足细长，呈三棱锥形，流及尾均有扉棱三道，上有兽首，柱帽顶饰涡纹，下为蕉叶纹及雷纹带，流下及腹部均饰夔纹，颈部饰蝉纹，内铭"妇好"。

2. 角

角，似爵而无柱，其两端亦无"流""尾"的区别，只有两长锐之角，如鸟翼之形，腹以下与爵同，其大小亦同，可能是爵的旁支，角下有三足，且常有盖，便于置火上温酒，故与爵同为煮（温）酒器。著名品种有现藏于广州市南越王墓博物馆的玉角，通高 18.4 厘米，口径 5.8~6.7 厘米，材质为新疆和田青玉，局部有红褐色浸痕，杯形如兽角，口呈椭圆形，角底有长而弯转的绳索式尾，缠绕于角身的下部，造型奇特，堪称稀世之珍。

3. 盉

据王国维考证，盉是酒水调和之器，用以控制酒的浓淡。盉有三足或四足，又兼煮（温）酒之用。盉流行于商朝到战国时期，其形状是大腹而窄口，前有流，后有尾，上有盖，到春秋战国时又有圈足，但已失却温酒的效用。著名品种有彩绘陶盉，高 26.5 厘米，直口圆唇，直颈，颈部安一提梁，饰似为鳞片纹，其腹下承以三兽蹄足，盉的流似一蛇头，形制精美。

（三）饮酒类酒具

1. 觥

觥类，其实是一种盛酒兼饮酒的器具。郑獬《觥记注》云："觥者受五升，毛诗注七升，罚不敬也。"这是饮酒器中最大者，其形制大体上有三类：其一，器体作兽形而有足的；其二，器腹椭圆而圈足的；其三，器腹方形的。觥流行于商朝，著名品种有西周早期的鸟纹青铜觥，通高21.1厘米，长21.8厘米，有盖，上有立兽，器前端作兽首形，腹上饰鸟纹。此觥首大足小，造型朴拙，现藏于南京博物院。

2. 觚

觚是一种长身、细腰、阔底、大口的饮酒器。其形状多为圆形，四面有棱或无棱，有腹下有小铃的，间有方形的。在先秦时期，如需温酒而饮，则用爵；不需温酒而饮，则用觚。先秦以后，仍有仿制觚形酒器的，其著名品种如明朝的玉出戟方觚，高23.8厘米，口径8.4~8.7厘米，玉呈青绿色，作方筒形，上大，中收腰，下略小。此器为明朝仿商周酒器的代表作，现藏于故宫博物院。

3. 杯

杯，又写作桮、盃等（《觥记注》）。其形制多圆形和椭圆形，敞口，有平底、圈足、高脚等。另有一种被称作"羽觞"的杯，其形状椭圆，两旁有弧形的耳。《觥记注》云："羽觞者，如生爵之形，有颈尾、羽翼。"这种"羽觞"杯多流行于战国至唐朝。杯的著名品种有元朝的白釉莲瓣式酒杯，高4厘米，口径8.1厘米，胎质坚致纯白，结构细密，白釉光润，杯体呈八个并列的莲花瓣形，小平底，圈足，现藏于河北省博物馆。

❖**拓展知识**

红酒杯的类型主要有三种，即波尔多酒杯、勃艮第酒杯和全用途的酒杯。波尔多酒杯比较高，杯口较勃艮第酒杯窄，以保留杯内波尔多红酒的香味。容量从12到18盎司。

这两种以葡萄产区命名的杯子的确可以说是为了适合不同产区的葡萄品种而量身定做的——波尔多杯更适合用于品尝波尔多产区的葡萄酒，无论是浓郁厚重的Cabernet Sauvignon还是单宁柔顺、酸度较低的Merlot，都能很好地表现；而勃艮第酒杯则在品尝勃艮第产区的酸度较高的黑皮诺葡萄（Pinot Noir）时更出色。因为舌头的不同部位对味道的敏感度是不同的——舌尖对甜味最敏感、舌后对苦味最敏感，而舌头内侧、外侧则分别对酸、咸敏感，酒杯的设计就是基于这样的人体构造，酒液包裹舌头的顺序的差别可以平衡水果甜味和单宁的酸，让口感更顺滑。

三、酒中情趣

酒的发明，使人们的生活变得更加丰富多彩，饮酒渗透到社会生活的各个方面。围绕酒产生的酒德、酒礼、酒俗、酒联、酒令等，成为中国饮食文化不可或缺的重要内容，而饮酒所具有的情趣更是多姿多彩、妙趣无穷。

（一）酒道

几千年来，中国人形成了内容丰富的饮酒之道。《礼记·乐记》中说："夫豢豕为酒，非以为祸也，而狱讼益繁，则酒之流生祸也。是故先王因为酒礼。壹献之礼，宾主百拜，终日饮酒而不得醉焉，此先王之所以备酒祸也。故酒食者，所以合欢也。"这应该是中国饮酒之道的基本精神。

1. 酒礼

中国历来是礼仪之邦，十分重视和讲究礼仪，加上地域广大、民族众多，在数千年之间，便形成了内容、方法多样的饮酒礼仪与习俗，其中最重要的有两点。

一是未饮先酹酒。酹，指洒酒于地。在敬神祭祖先山川时，必须仪态恭肃，手擎酒杯，默念祷词，先将杯中酒分倾三点，后将余酒洒成半圆形，在地上酹成三点一长钩的"心"字，表示心献之礼。这一习俗也适用于平常饮酒，苏轼词"一尊还酹江月"，说明他独饮时也在饮前酹酒。许多少数民族亦是如此，如蒙古族人"凡饮酒先酹之，以祭天地"（孟珙《蒙鞑备录》）；苗族饮酒前通常由座中长者用手指蘸酒，向天地弹酒，然后才就座欢饮。

二是饮中应干杯。即端杯敬酒，讲究"先干为敬"，受敬者也要以同样方式回报，否则罚酒。这一习俗由来已久，早在东汉，王符的《潜夫论》就记载了"引满传空"六礼，指要把杯中酒喝干，并亮底给同座检查。明代冯时化的《酒史》记述了苏州宴客"杯中余沥，有一滴，则罚一杯"。如实在酒量不济，要婉言声明，并稍饮表示敬意。

2. 酒德

酒德，指饮酒的道德规范和酒后应有的风度。合度者有德，失态者无德，恶趣者更无德。酒德二字，最早见于《尚书》和《诗经》，其含义是说饮酒者要有德行，不能像商纣王那样，"颠覆厥德，荒湛于酒"。儒家并不反对饮酒，用酒祭祀敬神、养老奉宾都是德行，是值得提倡的，但反对狂饮烂醉。中国酒德的主要内容包括三个方面。

一是量力而饮。即饮酒不在多少，贵在适量。要正确估计自己的饮酒能力，不做力不从心之饮。过量饮酒或嗜酒成癖，都将导致严重后果。《饮膳正要》指出："少饮为佳，多饮伤神损寿，易人本性，其毒甚也。醉饮过度，丧生之源。"

二是节制有度。即饮酒要注意自我克制，有十分酒量的最好只喝到六七分，至多不超过八分，这样才能做到饮酒而不乱。《三国志》裴松之注引《管辂别传》，说到管辂自励与励人的话："酒不可极，才不可尽，吾欲持酒以礼，持才以愚，何患之有也？"就是力戒贪杯与逞才。明朝莫云卿在《酗酒戒》中言：与友人饮，"唇齿间沉酒然以甘，肠胃间觉欣然以悦"，超过此限，则立即"覆斛止酒"，即将杯倒扣，以示决不再饮。

三是饮酒不能强劝。清代阮葵生的《茶余客话》引陈畿亭言："君子饮酒，率真量情；文士儒雅，概有斯致。夫唯市井仆役，以逼为恭敬，以虐为慷慨，以大醉为欢乐，士人而效斯习，必无礼无义不读书者。"这里刻画了酒林中一些近乎虐待狂的欢饮者，他们胡搅蛮缠，必置客人于醉地而后快，常常是把沉溺当豪爽，把邪恶当有趣。其实，人的酒量各异，强人饮酒，不仅败坏了饮酒的乐趣，而且容易出事甚至丧命。因此，作为主人，在款待客人时，既要热情，又要诚恳；既要热闹，又要理智，不能强人所难，执意劝饮。

3. 酒境

酒境，指的是饮酒追求的一种境界。它包括饮酒者对饮酒对象、环境、时令、情致等的取向和选择，以及饮酒后的效果。对许多中国人来说，"醉翁之意不在酒，在乎山水之间也"。也就是说，饮酒行为本身并不重要，重要的是通过这种行为所获得的各种心理感受，以及由此而带来的诸如李白那样的"斗酒诗百篇"的效果和"酒逢知己千杯少"的心理认同。可以说，饮酒境界是对单纯饮酒行为的升华，是中国酒文化特有的表现形式。

一二知己、三五良朋相聚，以酒为媒，倾吐心声。饮杯中之物，释胸中块垒，书生意气，孺子情怀，坦坦荡荡。此时，非畅饮无以淋漓尽兴，无以遣此郁结。酒，便成为增进朋友情谊的润滑剂。

一人独处，持一杯清酒，望月之隐入，四周寂静，清辉如泻，尘心尽滤，对影邀月，独语天地，物我两化，这更是许多文人"独享世界"的难得境界。所谓"醉翁之意不在酒，在乎山水之间也"。这山水，非独谓名山秀水，也是岁月的山山水水。忧伤岁月已随风而去，只留下杯底浅痕，供品咂回味。酒，成为穿越人生的时空隧道。

嗜酒的陶渊明在《归去来兮辞》中还提到过饮酒的两种境界："引壶觞以自酌，眄庭柯以怡颜。"此为饮酒之第一重境界：忘忧怡颜。"倚南窗以寄傲，审容膝之易安。"此为饮酒之第二重境界：心安傲世。实际上，陶渊明的饮酒境界是许多文人士大夫所共同追求的。

（二）酒令

饮酒行令，是中国人在饮酒时助兴的一种特有方式，是中国人的独创。它既是一种烘托、融洽饮酒气氛的娱乐活动，又是一种斗智斗巧、提高宴饮品位的文化艺术。酒令的内容涉及诗歌、谜语、对联、投壶、舞蹈、下棋、游戏、猜拳、成语、典故、人名、书名、花名、药名等方面的文化知识，大致可以分为三类。

1. 雅令

雅令的行令方法是：先推一人为令官，或出诗句，或出对子，其他人按首令之意续令，所续必在内容与形式上相符，不然则被罚饮酒。行雅令时，必须引经据典，分韵联吟，当席构思，即席应对，这就要求行酒令者既有文采和才华，又要敏捷和机智，所以它是酒令中最能展示饮者才思的项目。在形式上，雅令有作诗、联句、道名、拆字、改字等多种，因此又可以称为文字令。

如说诗令：酒不醉人人自醉 / 醉里挑灯看剑 / 剑外忽传收蓟北 / 北燕南飞（此为粘头续尾的词语令）。

再如拆字令：（首令）鑫字三个金，土申字成坤，/ 金金金，只留清气满乾坤。

（答令）犇字三个牛，矛木字成柔，/ 牛牛牛，树荫照水爱晴柔。

（答令）轰字三个车，余斗字成斜，／车车车，远上寒山石径斜。

2. 通令

通令的行令方法主要为掷骰、抽签、划拳、猜数等。通令运用范围广，一般人均可参与，很容易造成酒宴中热闹的气氛，因此较流行。但有时通令掳拳奋臂，叫号喧争，有失风度，显得粗俗、单调、嘈杂。其最常见的行酒令方式主要有两种。

一是"猜拳"。即用五个手指做成不同的姿势代表某个数，出拳时，两人同时报一个十以内的数字，以所报数字与两人手指数相加之和相等者为胜。输者就得喝酒。如果两人说的数相同，则不计胜负，重新再来一次。

二是击鼓传花。在酒宴上宾客依次坐定位置，由一人击鼓，击鼓的地方与传花的地方是分开的，以示公正。开始击鼓时，花束就开始依次传递，鼓声一落，花束落在谁手中则谁就得罚酒。因此，花束的传递很快，每个人都唯恐花束留在自己的手中。击鼓的人也得有些技巧，有时紧，有时慢，造成一种捉摸不定的气氛，更加剧了场上的紧张程度，一旦鼓声停止，大家都会不约而同地将目光投向接花者，此时大家一哄而笑，紧张的气氛一消而散。如果花束正好在两人手中，则两人可通过猜拳或其他方式决定负者。

3. 筹令

所谓筹令，是把酒令写在酒筹之上，抽到酒筹的人依照筹上酒令的规定饮酒。筹令运用较为便利，但制作要费许多工夫，要做好筹签，刻写上令辞和酒约。筹签多少不等，有十几签的，也有几十签的，这里列举几套比较宏大的筹令，由此可见其内涵丰富之一斑。

名士美人令：在 36 枝酒筹上，写上美人西施、神女、卓文君、随清娱、洛神、桃叶、桃根、绿珠、绛桃、柳枝、宠姐、薛涛、紫云、樊素、小蛮、秦若兰、贾爱卿、小鬟、朝云、琴操等二十枝美人筹，再写名士范蠡、宋玉、司马相如、司马迁、曹植、王献之、石崇、韩文公（韩愈）、李白、元稹、杜牧、白居易、陶谷、韩琦、范仲淹、苏轼等十六枝名士筹。然后分别装在美人筹筒和名士筹筒中，由女士和男士分抽酒筹，抽到范蠡者与抽到西施者交杯，而后猜拳，以此类推：宋玉与神女，司马相如与卓文君，司马迁与随清娱，曹植与洛神，王献之与桃叶、桃根，石崇与绿珠，韩愈与绛桃、柳枝，李白与宠姐，元稹与薛涛，杜牧与紫云，白居易与樊素、小蛮，陶谷与秦若兰，韩琦与贾爱卿，范仲淹与小鬟，苏轼与朝云、琴操等交杯、猜拳。

觥筹交错令：制筹 48 枝，凸凹其首，凸者涂红色，凹者涂绿色，各 24 枝。红筹上写清酒席间某人饮酒：酌首座一杯、酌位尊一杯、酌年长一杯、酌年少一杯、酌肥者一杯、酌瘦者一杯、酌身长一杯、酌身短一杯、酌先到一杯、酌后到一杯、酌后到二杯、酌后到三杯、酌左一杯、酌左第二两杯、酌左第三三杯、酌右一杯、酌右第二两杯、酌右第三三杯、酌对座一杯、酌量大三杯、酌默坐者一杯、酌主人一杯、酌学子一杯、自酌一杯。绿筹上分写饮酒的方式：左代饮、左分饮、右代饮、右分饮、对座代饮、对座分饮、后到代饮、后到分饮、量大代饮、量大分饮、多子者代饮、多妾者分饮、兄弟代饮（年世姻盟乡谊皆可）、兄弟分饮、酌者代饮（自酌另抽）、酌者分饮、饮全、饮半、饮一杯、饮两杯、饮少许、缓饮、免饮。酒令官举筒向客，抽酒筹的人先抽红筹，红筹上若写着"自酌一杯"，则本人再抽一枝绿筹，而绿筹上若写"饮两杯"，抽筹者就得饮两杯酒；若绿筹上写着"免饮"，抽筹者即不饮酒。如果抽酒筹的人抽到的红筹写"酌肥一杯"，则酒席上最胖的人须抽绿筹，绿筹上若写"右分饮"，则与身边右边的人分饮一杯酒；绿筹上若写"对座代饮"，则对座的人饮一杯。其他的则以此类推。

捉曹操令：制筹12枝，分别填上诸葛亮、曹操、蜀汉五虎将（关羽、张飞、赵云、马超、黄忠）、魏将五人（许褚、典韦、张辽、夏侯惇、夏侯渊）。由12人分抽，抽到酒筹的人不得声张，然后由抽到诸葛亮的人开始猜点曹操。若第一次就猜中，那么持曹操酒筹的人便饮五杯，若是第二次猜中则饮四杯，若第三次猜中，则持曹操酒筹的人饮三杯，持诸葛亮酒筹的人也得自饮一杯。如果猜点到蜀汉五虎将，可令其代为猜点曹操。如果猜点到魏将，则发一小令，让蜀汉五虎将之一与魏将猜拳，然后以此类推，继续进行。

（三）酒联

酒联是与酿酒、饮酒、用酒、酒名、酒具直接相关的对联，是饮酒行为与文学艺术的有机融合。按其表达的内容，酒联可分为赞酒对联、酒楼对联、节俗酒联、婚喜酒联、祝寿酒联、哀挽酒联、名胜酒联、题赠酒联、劝戒酒联等类型。中国历史上的优秀酒联，不仅言简意赅、对仗工整、音韵和谐、形式灵活、雅俗共赏，而且包括了丰富多彩的酒文化知识。

有的酒联是赞美酒的美味与情趣的。传说杜康为说明自己的酒好，曾写过这样一副对联："猛虎一杯山中醉；蛟龙两盏海底眠。"酒仙刘伶不信，连饮三盏杜康酒一醉而眠。时隔三年，杜康去刘家讨酒账，刘妻要杜康还人，杜说是醉而未死，开棺一看，刘伶面如敷粉，杜康唤他，刘伶醒来的第一句话是："杜康好酒也！"镇江市以前有家杏花春酒店，店主请人写了两副对联。其中一副是："风来隔壁千家醉，雨后开瓶十里香。"这副对联对仗工整，明白如话，朗朗上口，通俗易懂，为许多过往客人传扬，使这家小店声名鹊起，生意也因此而红火。杭州有一家叫作"仙乐处"的酒楼，有酒联曰："翘首仰仙踪，白也仙，林也仙，苏也仙，我今买醉湖山里，非仙也仙；及时行乐地，春也乐，夏也乐，秋也乐，冬来寻诗风雪中，不乐亦乐。"此联趣随境迁，风趣自然，浑然天成。

有的酒联则包含着生动的故事。相传明朝有三个朝廷官员微服出游，见一村野酒店，便坐下来饮酒。因酒店是小本生意，未备下酒好菜。其中一人便即景出了一副上联："小村店三杯五盏，无有东西"，其他二人听了，抓耳挠腮无以为对。这时，恰好店主送酒上来，便脱口为对："大明朝一统四方，不分南北。"三人听了，深为折服，自愧不如一野外村夫。此事传入朝廷，受到同僚们的侧目。三人深感江郎才尽，只好入朝表奏，辞官归里。野店村夫一副好对联，竟断送了三位朝臣的前程。明末浙江嘉兴有一家名为"东兴酒馆"的小酒店，因为顾客很少，生意清淡，濒临倒闭。一天，酒馆老板垂头丧气，准备取下招牌，关门停业。正巧有一位文人经过，就劝老板将酒馆继续开下去，并说只要挂副对联，生意就会有好转。老板便请文人写了一副对联："东不管西不管酒管，兴也罢衰也罢喝罢。"这位文人既巧妙地将"东兴"二字嵌入对联，又揭露出当时社会弊端，引起了不少人的兴趣，纷纷前来观看。于是进店饮酒的人也逐渐增多，一副对联果然使一个酒店的生意红火了起来。

此外，还有许许多多内容丰富的酒联。常常挂在酒楼的对联，有赞美酒菜、吸引顾客的，如"菜蔬本无奇，厨师巧制十样锦；酒肉真有味，顾客能闻五里香"，"佳肴美酒餐厨满；送客迎宾座不虚。登门亲尝饭菜美；过街留步闻酒香"。有劝客饮酒、助兴佐餐的，如"经济小吃饱暖快；酒肴大宴余味长"，"杯中酒不满实难过瘾；店里客怎依定要一醉"。有描写环境、突出外景的，如"短墙披藤隔闹市；小桥流水连酒家"，"筵前青幛迎人，当画里寻诗，添我得闲小坐处；槛外杨柳如许，恐客中买醉，惹他兴起故乡情"。有表达热情、诚恳待客的，如"山好好，水好好，开门一笑无烦恼；来匆匆，去匆匆，饮酒几杯各西东"，"美食烹美肴美味可口；热情温热酒热气暖心"。在节俗酒联中，有迎春酒联，如"绿酒红梅迎旭日；黄莺紫燕舞春风。春歌春酒春花烂漫；新人新事蔚然成风"。有元宵酒联，如"雪月梅柳开春景；灯鼓酒花闹元宵"，"值此良辰，任玉漏催更，还须彻夜；躬逢美酒，不金龟换盏，尚待何时"。有端午酒联，如"美酒雄黄，正气独能消五毒；锦标夺紫，遗风犹自说三闾"，"艾酒溢幽芳香传四海；龙舟掀巨浪气吞八荒"。有中秋酒联，如"几处笙歌留朗月；万家酒果乐中秋"，"东山月，西厢月，月下花前，曲曲笙歌情切切；南岭天，北港天，天涯海角，樽樽桂酒意绵绵"。有重阳节酒联，如"菊花辟恶酒；汤饼茱萸香"，"身健在，且加餐，把酒再三嘱；人已老，欢犹昨，为寿百千春"。还有祝贺结婚和寿诞的酒联，如"喜酒喜糖办喜事盈门喜；新郎新娘树新风满屋新"，"花好月圆，岭上梅花双喜字；情深爱永，筵前酒醉合欢杯"，"述先辈之立意，整百家之不齐，入此岁来年七十矣；奉觞豆于国叟，致欢欣于春酒，亲授业者盖三千焉（梁启超贺康有为七十寿联）"。也有劝戒酒联，如"断送一生唯有酒；寻思百计不如闲"，"酒肉朋友不宜结交；事业同志常须过从"，"借酒浇愁愁难解；以酒助兴兴更浓"，"一月休贪二十九日醉；百年须笑三万六千场"。

（四）酒诗

中国酒文化的特色之一是诗与酒的不解之缘，往往是诗增酒趣，酒扬诗魂；有酒必有诗，无酒不成诗；酒激发诗的灵感，诗增添酒的神韵。

上古时期，《诗经》305篇作品中有40多首与酒有关。汉魏晋南北朝时期，不少诗人都是酒中豪杰。陶渊明视酒为佳人、情人，"无夕不饮"，"既醉之后，辄题数句自娱"(《饮酒二十首》)。领一代风骚的曹操，则高唱"对酒当歌，人生几何"，"何以解忧，唯有杜康"，他的儿子曹丕、曹植常和其他建安七子一起，"簡酎流行，丝竹并奏，酒酣耳熟，仰而赋诗"。魏末晋初的"竹林七贤"全是一群"饮君子"，阮籍以酒避祸，嵇康借酒佯狂，刘伶作《酒德颂》以刺世嫉邪。南北朝时的鲍照爱酒惜酒，狂歌"但愿樽中酒酝满，莫惜床头百个钱"(《拟行路难》)；生平萧索的庾信，有"开君一壶酒，细酌对春风"等饮酒诗14首，以酒寄情，缠绵悱恻。

唐宋两朝之时，诗人词客更多的是善饮、嗜饮的发烧友。李白以"斗酒诗百篇""会须一饮三百杯"为人所共晓，赢得"酒仙"的雅名，其现存诗文1500首中，写到饮酒的达170多首，超过16%。而杜甫"少年酒豪"、嗜酒如命却鲜为人知，其实杜老先生更是"得钱即相觅，沽酒不复疑""朝回日日典春衣，每日江头尽醉归"，直到"浅把涓涓酒，深凭送此生"的信誓旦旦、死而后已的程度，其现存诗文1400多首中写到饮酒的多达300首，超过21%。另一位大诗人白居易自称"醉司马"，诗不让李杜，有关饮酒之诗800首（见方勺《泊宅编》），写讴歌饮酒之文《酒功赞》，并创"香山九老"这一诗酒之会。北宋时，范仲淹是"酒入愁肠，化作相思泪"，晏殊是"一曲新词酒一杯"，柳永是"归来中夜酒醺醺"，欧阳修是"文章太守，挥毫万字，一饮千钟"，苏轼是"酒酣胸胆尚开张""但优游卒岁，且斗尊前"。南宋时，女词人李清照可算酒中巾帼，她的"东篱把酒黄昏后""浓睡不消残酒""险韵诗成，扶头酒醒""酒美梅酸，恰称人怀抱""三杯两盏淡酒，怎敌他，晚来风急"，写尽了诗酒飘零。继之而起、驰骋诗坛的陆游，曾以《醉歌》明志："方我吸酒时，江山入胸中。肺肝生崔嵬，吐出为长虹。"借酒力发泄一腔豪情。集宋词之大成的辛弃疾，"少年使酒"，中年"曲岸持觞，垂杨系马"，晚年"一尊搔首东窗里""醉里挑灯看剑"，以酒写闲置之愁、报国之志，使人感到"势从天落"的力量。

到了元明清时期，诗酒联姻的传统仍然硕果累累。无论是马致远的"带霜烹紫蟹，煮酒烧红叶"，还是陈维崧的"残酒亿荆高，燕赵悲歌事未消"；也无论是萨都刺的"且开怀，一饮尽千钟"，还是杨慎的"惯看秋月春风。一壶浊酒喜相逢"，都可以说是美酒浇开诗之花，美诗溢出酒之香。

❖拓展知识

纵观整个酒与诗的历史，不难发现：正是酒，使诗人逸兴遄飞，追风逐电；正是诗，使美酒频添风雅，更显芳泽。这里仅列举部分酒诗，以供欣赏玩味。

短歌行（曹操）

对酒当歌，人生几何？譬如朝露，去日苦多。慨当以慷，忧思难忘。何以解忧，唯有杜康。青青子衿，悠悠我心。但为君故，沉吟至今。呦呦鹿鸣，食野之苹。我有嘉宾，鼓瑟吹笙。明明如月，何时可掇。忧从中来，不可断绝。越陌度阡，枉用相存。契阔谈宴，心念旧恩。月明星稀，乌鹊南飞。绕树三匝，何枝可依。山不厌高，海不厌深。周公吐哺，天下归心。

月下独酌（二首，李白）

花间一壶酒，独酌无相亲。举杯邀明月，对影成三人。月既不解饮，影徒随我身。暂伴月将影，行乐须及春。我歌月徘徊，我舞影零乱。醒时同交欢，醉后各分散。永结无情游，相期邈云汉。

天若不爱酒，酒星不在天。地若不爱酒，地应无酒泉。天地既爱酒，爱酒不愧天。已闻清比圣，复道浊如贤。圣贤既已饮，何必求神仙？三杯通大道，一斗合自然。但得醉中趣，勿为醒者传。

水调歌头（苏轼）

明月几时有？把酒问青天。不知天上宫阙，今夕是何年。我欲乘风归去，又恐琼楼玉宇，高处不胜寒。起舞弄清影，何似在人间！转朱阁，低绮户，照无眠。不应有恨，何事长向别时圆？人有悲欢离合，月有阴晴圆缺，此事古难全。但愿人长久，千里共婵娟。

（五）酒事

中国有关酒的逸事典故非常多。有些典故演绎成了酒名，如"不拜将军"，据说在晋朝时是指偷来的酒。此说出于《世说新语》记载的钟会偷酒的故事。大多数的饮酒逸事和典故却反映着当时的政治、经济和社会生活状况，透露着许多人生哲理，值得人们去思考、研究，总结经验，吸取教训。这里仅列举其中几例。

1. **酒池肉林**

《史记·殷本纪》描述了商朝末年纣贪酒好色的生活："（纣）以酒为池，县（悬）肉为林，使男女裸相逐其间，为长夜之饮。"纣王在摘星楼下挖了两个大池，左池里的树枝上插满肉片，叫"肉林"；右池里注满醇酒，叫"酒海"。整日里与裸男裸女追逐嬉戏，渴则喝酒，饿则吃肉。这就是历史上有名的"酒池肉林"。后人常用此形容生活奢侈、纵欲无度。由于商纣的暴政，加上酗酒，最终导致商朝的灭亡。

2. **箪醪劳师**

春秋时代，越王勾践被吴王夫差战败后，为了实现复国大略，下令鼓励人民生育，并用酒作为生育的奖品："生丈夫，二壶酒，一犬；生女子，二壶酒，一豚。"越王勾践率兵伐吴，在出师前，越中父老向勾践献上美酒，勾践将酒倒在河的上游，与将士一起迎流共饮，士卒士气大振。如今，绍兴还有"投醪河"。类似的故事在《酒谱》中也有记载：战国时，秦穆公讨伐晋国，来到河边，打算犒劳将士以资鼓励，但是酒醪却仅有一盏，有人建议说，即使只有一粒米，投入河中酿酒，也可以使大家分享，更何况有一盏酒。于是，秦穆公将这一盏酒倒入河中，三军将士饮后都醉了。这类故事说明只要与大众同甘共苦，就能获得民心、争取胜利。

3. 鸿门宴

秦朝末年，刘邦与项羽各自攻打秦国，约定先入咸阳者王之。项羽当时拥兵40万，刘邦只有10万。刘邦率先攻进咸阳后，自知力不及项羽，遂采纳张良计策，亲自到鸿门向项羽谢罪。项羽设宴招待刘邦一行。

在鸿门宴上，虽不乏美酒佳肴，却暗藏杀机，项羽的亚父范增一直主张杀掉刘邦，一再示意项羽发令，但项羽却犹豫不决，默然不应。范增召项庄舞剑为酒宴助兴，想趁机杀掉刘邦，项伯却拔剑起舞，保护了刘邦。在危急关头，刘邦部下樊哙带剑拥盾闯入军门，怒目直视项羽。项羽见此人气度不凡，得知为刘邦的参乘时即命赐酒，樊哙立而饮之，项羽命赐猪腿后又问能再饮酒否，樊哙说，臣死且不避，一杯酒还有什么值得推辞的。樊哙还乘机说了一通刘邦的好话，项羽无言以对。于是，刘邦乘机一走了之。刘邦部下张良入门为刘邦推脱，说刘邦不胜饮酒，无法前来道别，特向大王献上白璧一双，并向大将军（亚父范增）献上玉斗一双，请收下。不知深浅的项羽收下了白璧，气得范增拔剑将玉斗撞碎。后人将鸿门宴喻指暗藏杀机。

4. 文君当垆

据《史记·司马相如列传》载，临邛富户卓王孙之女文君失去丈夫后，爱上了司马相如，并与之私奔到四川成都。因家徒四壁，一贫如洗，生活难以为继，又回到临邛。司马相如将自己的车骑卖掉，买了一酒舍酤酒，文君便在柜台卖酒，司马相如则与杂工一起清洗酒器。这个故事后来成为夫妇爱情坚贞不渝的佳话。此后，临邛逐渐成为酿酒之乡，名酒辈出，而文君酒也成了历史名酒。

5. 竹林七贤

"竹林七贤"指的是晋朝七位名士阮籍、嵇康、山涛、刘伶、阮咸、向秀和王戎。他们放荡不羁，常于竹林下酣歌纵酒。其中，最为著名的酒徒是阮籍、嵇康和刘伶。阮籍饮酒是超出常人所料的。他每次与众人共饮，总是以大盆盛酒，大家围坐在酒盆四周，用手捧酒喝。如果猪群来饮酒，他不但不驱赶，还凑上去与猪一齐饮酒。据史料记载，晋文帝司马昭欲为其子求婚于阮籍之女，阮籍不愿答应，又不能明言，便借醉60天，使司马昭没有机会开口，遂作罢。刘伶曾经自称："天生刘伶，以酒为名，一饮一斛，五斗解酲。"《酒谱》记载：刘伶经常随身带着一个酒壶，乘着鹿车，一边走，一边饮酒，一仆人带着掘挖工具紧随车后，准备他什么时候醉死了，便就地把他埋了。刘伶曾写下《酒德颂》，大意是说，自己行无踪，居无室，幕天席地，纵意所如，不管是停下来还是行走，随时都提着酒杯饮酒，唯酒是务，焉知其余。其他人怎么说，自己一点都不在意。别人越要评说，自己反而更加要饮酒，喝醉了就睡，醒过来也是恍恍惚惚的，于无声处，就是一个惊雷打下来，也听不见，面对泰山视而不见，不知天气冷热，也不知世间利欲感情。刘伶的这首诗，充分反映了晋朝时期文人的心态。由于社会动荡不安、长期处于分裂状态，统治者对一些文人的政治迫害十分严重，使文人不得不借酒浇愁，或以酒避祸，以酒后狂言发泄对时政的不满。"竹林七贤"的这些事在当时颇具代表性，对后世的影响也非常大。

6. 杯酒释兵权

这则故事说的是宋朝第一个皇帝赵匡胤陈桥兵变、一举夺得政权之后，担心他的部下效仿，想解除一些大将的兵权。于是在公元 961 年，他安排酒宴，召集禁军将领石守信、王审琦等饮酒，叫他们多积金帛田宅以遗子孙，养歌儿舞女以终天年，并且解除了他们的兵权。在公元 969 年，他又召集节度使王彦超等宴饮，解除了他们的藩镇兵权。这一做法后来一直为后辈沿用，目的是防止兵变，但这样一来，兵不知将，将不知兵，能调动军队的不能直接带兵，能直接带兵的又不能调动军队，虽然成功地防止了军队的政变，却削弱了军队的作战能力，以致宋朝在与辽、金、西夏的战争中，连连败北。

❖特别提示

中国人在远古时期就酿造并饮用酒，发明了许多独特的酿酒方法。按照习惯，中国酒分为黄酒、白酒、果酒、啤酒和药酒等类型，其中以茅台、五粮液等为代表的中国名酒在世界上享有很高声誉。中国的酒具种类众多、制作精美，极具中国特色。而中国人在饮酒过程中所形成的酒德、酒礼、酒令、酒联、酒诗和酒事等，构成了中国酒文化独特而重要的内容。

❖案例分享

提高五粮液酒文化商业价值的建议 [①]

一、五粮液酒文化的商业价值

五粮液很好地继承了中国传统文化的精髓，现在生产能力达到 45 万吨的五粮液集团已经成为世界最大的酿酒生产基地。2006 年度，五粮液系列酒的出口量占全国白酒总出口量的 90% 以上。2007 年五粮液出口创汇 3 亿美元，占全国名优白酒出口的 95% 以上。五粮液不仅越来越受到国外消费者的认可，同时把五粮液所体现的包容、中庸、和谐等传统文化带到全世界。

---

① 王琪延.五粮液酒文化与其商业价值.中华文化论坛，2009（4）.

2007年，该公司进一步整合销售渠道，细分和优选客户，市场拓展取得重大进展，在经销商和消费者广泛认同的情况下，五粮液酒持续提价，仍然严重供不应求，该公司牢牢掌握着市场主动权，酒业销售继续保持了销售淡季不淡、旺季更旺的大好局面。该公司继续贯彻"逐渐减少低价位产品的生产、销售，提高中高价位品牌生产、销售"的营销战略，强势推行"1+9+8"品牌战略，产品结构继续优化，丰富产品线，进一步细分、微分市场，继续加大珍品、精品、豪华五粮液高端产品的支持力度与推广力度，有效地支持了公司经营业绩持续增长。

二、提高五粮液酒文化商业价值的建议

1. 加大力度，继续宣传五粮液文化

品牌需要历史沉淀，需要质量，更需要传播，五粮液也不例外，应该加大力度进行传播。建议通过网站、报纸杂志、磁质媒介、广播电视等多种媒体宣传企业。从形式上看可以采用电视剧、小说、电影、戏剧、相声、歌曲、大学案例、诗词、游戏、礼品等创作，反映五粮液酒以及企业文化。可在五粮液的宣传以及各种推广活动中增加休闲元素、娱乐元素、知识元素、健康元素等。建议建设"中国酒文化旅游影视城"等，使五粮液酒文化的传播更充分，进一步提高五粮液酒的知名度。

2. 建议举办各种节庆活动

五粮液集团可通过节庆等活动方式，传播五粮液酒文化，例如作为全国知名和龙头的集团公司，完全可能承办全世界或全国的酒文化节、品酒节、赛酒节等，邀请全世界著名酒商参展，通过品酒沙龙、美酒展示、世界调酒创意表演等多种形式推广"酒文化"，不仅吸引路人或游客免费品尝美酒，也会让人们感受宜宾酒城风采，提高五粮液品牌的关注度。可以断定，通过节庆活动，能够增加30%左右的营业额。

3. 实现五粮液酒厂的观光旅游向休闲旅游转变

近几年，五粮液不仅以酒，而且以其独特的工业和酒文化观光旅游吸引着四川省内外的大批游客，成为当地的一大旅游胜境。五粮液集团将在现有旅游资源的基础上整合、发展，形成一定规模、代表中国酒文化的旅游胜地，迎接国内外的游客。

建议继续做好旅游服务工作，实现观光旅游向休闲旅游的转变。要能够让游客住下来，慢慢地体验五粮液酒文化以及五粮液制作过程，品尝佳酿五粮液。不过，要想让客人住下来，必须要有住下来的理由和项目。

4. 通过科学研究，提高"好喝度"

风靡全球的软饮料可口可乐的配方，历来被公认是世界上保守得最好的商业机密。可口可乐的成功，关键就在于它的这个秘密配方，在于这个秘密配方带来的神秘感。五粮液的良好口感也是来源于"陈氏秘方"。时代在变化，有必要根据现代人健康、休闲等理念，研制更佳的五粮液。要继承和发展"传统秘方"，重点放在发展上，不断创新，提高五粮液酒的"好喝度"，培养忠实顾客，提高消费者的产品忠诚度。

5.继续支持公益事业，提高品牌的美誉度

企业的发展离不开社会的发展，近年来随着公益活动越来越受到人们的关注，通过赞助公益事业，五粮液成功地在国内外消费者的心目中树立起"高端、品位、负责"的企业形象，增强了品牌美誉度，同时也使企业品牌价值得到进一步的提升。有"百年品牌"之称，被誉为"世界名酒"的五粮液在公益领域投入了很多精力。无论是天价五粮液拍卖出 50 万元全部支援教育事业，还是孔子文化节上五粮液的高调亮相，都成为这种高级别、高层面的广告效应最佳的案例。媒体的主动宣传已经不必再让五粮液具体操作传播效应的事宜，公益活动的传播精髓也正在于此。同样，也让五粮液的文化得到了最深入人心的感应。

思考与练习

一、思考题

1.中国的酿酒技术在各个历史时期有哪些特点？

2.中国酒有哪些主要分类方法？举例说明各类酒的著名品种。

3.葡萄酒在饮用时应注意哪些问题？

4.中国的酒令主要有哪些类型？各有什么特点？

5.酒与中国诗歌有何内在联系？

二、实训题

学生以小组或个人为单位，以中国酒文化的丰富内涵为依据，撰写一副酒联并加以解析、欣赏。

参考文献

［1］中国烹饪辞典.北京：中国商业出版社，1992.

［2］任百尊.中国食经.上海：上海文化出版社，1999.

［3］陈宗懋.中国茶经.上海：上海文化出版社，1992.

［4］朱宝镛，章克昌.中国酒经.上海：上海文化出版社，2000.

［5］中国烹饪古籍丛刊.北京：中国商业出版社，1984—1989.

［6］阮元.十三经注疏.北京：中华书局，1980.

［7］熊四智，唐文.中国烹饪概论.北京：中国商业出版社，1998.

［8］陈光新.烹饪概论.北京：高等教育出版社，1998.

［9］邱庞同.中国菜肴史.青岛：青岛出版社，2001.

［10］陈光新.中国筵席宴会大典.青岛：青岛出版社，1995.

［11］唐祈.中华民族风俗辞典.南昌：江西教育出版社，1988.

［12］钟敬文.民俗学概论.上海：上海文艺出版社，1998.

［13］雷绍锋.中国风俗与礼仪.武汉：湖北人民出版社，1995.

［14］姚伟钧.饮食风俗.武汉：湖北教育出版社，2001.

［15］金正昆.社交礼仪教程.北京：中国人民大学出版社，1998.

［16］王仁湘.饮食与中国文化.北京：人民出版社，1993.

［17］王学泰.中国饮食文化史.北京：中华书局，1983.

［18］李曦.中国饮食文化.北京：高等教育出版社，2002.

［19］王子辉.中国饮食文化研究.西安：陕西人民出版社，1997.

［20］熊四智.中国人的饮食奥秘.郑州：河南人民出版社，1992.

［21］杨东涛.中国饮食美学.北京：中国轻工业出版社，1997.

［22］杜莉.川菜文化概论.成都：四川大学出版社，2003.

［23］范增平.中华茶艺学.北京：台海出版社，2001.

［24］秦浩.茶缘.呼和浩特：内蒙古人民出版社，1999.

［25］潘江东.中国餐饮业祖师爷.广州：南方日报出版社，2002.

［26］谢定源.新概念中华名菜谱丛书.上海：上海辞书出版社，2004.